# 办公软件高级应用实验指导

郑建标　主　编

谭　渊　乔韡韡　欧阳开翠　副主编

ZHEJIANG UNIVERSITY PRESS
浙江大学出版社

**图书在版编目(CIP)数据**

办公软件高级应用实验指导 / 郑建标主编. —杭州：浙江大学出版社，2019.4(2020.7重印)

ISBN 978-7-308-19037-4

Ⅰ.①办… Ⅱ.①郑… Ⅲ.①办公自动化—应用软件—自学参考资料 Ⅳ.①TP317.1

中国版本图书馆 CIP 数据核字 (2019) 第 051648 号

**办公软件高级应用实验指导**

郑建标 主 编

谭 渊 乔鞲鞲 欧阳开翠 副主编

---

**责任编辑** 吴昌雷

**责任校对** 汪志强

**封面设计** 续设计

**出版发行** 浙江大学出版社

(杭州市天目山路 148 号 邮政编码 310007)

(网址：http://www.zjupress.com)

**排　　版** 杭州林智广告有限公司

**印　　刷** 嘉兴华源印刷厂

**开　　本** 787mm×1092mm 1/16

**印　　张** 16.25

**字　　数** 419 千

**版 印 次** 2019 年 4 月第 1 版 2020 年 7 月第 2 次印刷

**书　　号** ISBN 978-7-308-19037-4

**定　　价** 45.00 元

---

# 前 言

计算机是当今社会必备的办公工具，而办公软件是基本的应用软件，高校的学生、教师以及其他多个行业的从业者都对办公软件的使用有着较高的要求。办公软件的使用对实践的要求比较高，纸上谈兵是学不好的，需要更多的实验和练习，这是编写本实验教材的初衷。

本书适合高校学生在学习办公软件高级应用（AOA）课程上机实验时作为配套教材使用。由于书中有大量相应的理论知识，因此本书也可作为办公软件高级应用课程的主教材使用。本书同时也可作为各大中小学教师，以及企事业单位人员学习办公软件高级应用的参考书。

本书中的实验是按知识点进行归类的，所以各个实验所需要的学习时间是不同的，有的20分钟就能完成，有的可能需要更长的时间。因此在具体实验课程中，需要重新安排规划，书中的实验章节并不与实际的实验安排一一对应。学校及任课教师可以根据实际情况，自行安排。

关于“VBA与宏”的实验，有点特殊。一般的初学教材对这部分内容根本不展开叙述，但对于办公软件高级应用课程来讲，有必要让学生深入了解这部分内容，甚至要让学生学会最简单的应用编程。为此在本实验中，添加了比较多的理论知识内容。但本书毕竟不是编程教材，编程也不是短期能学会的，因此对于普通学生，只要求了解程序的基本知识、读懂简单的程序、能复制粘贴程序以及能让程序执行起来即可。而对于有某种语言编程经验的教师或技术人员来说，学习这部分内容之后，就可以快速掌握VBA的入门知识，深入学习就很容易了。

同样,Office 文档保护与共享,对于各种教材来说也是冷门内容,一般不太涉及,但是本书进行了单独介绍,方便社会各界人士学习使用。

虽然本书以 MS-Office 为配套软件,但国家也倡导大家使用国产软件,现在用手机、平板电脑查看和编辑文档的应用不断增加。国内好多企事业单位都是选用 WPS 作为办公软件指定产品。WPS 不只在国内使用,在国际上同样也在普遍使用,特别是手机、平板电脑上使用的字表处理类软件在世界上是处于领先的。其他如 WPS 的云服务功能,以及和多种设备的无缝连接功能、方便性等遥遥领先于 MS-Office。因此,本书增加了 WPS 应用的相关内容,供大家学习。

本书总体分为 5 大块:Word 高级应用、Excel 高级应用、PowerPoint 高级应用、其他部分和附录。其中,Word 高级应用由谭渊和欧阳开翠老师编写,Excel 高级应用由郑建标和乔韡韡老师编写,PowerPoint 高级应用和其他部分由郑建标老师编写,附录由 4 位老师共同编写。本书在编写过程中,还得到多位同行的指导和帮助,在此表示衷心的感谢。

本书所附的实验数据和案例,尽量使用现实生活中常用的案例数据,使学习者有更多的亲近感。

由于本书大部分内容都是老师们原创编写的,再加上作者水平有限,因此在逻辑上、叙述上等存在不是,希望读者提出宝贵意见,以便本书再版时修正。

作　者

2018 年 8 月于温州

# 目　录

## Word 高级应用篇

## Excel 高级应用篇

## PowerPoint 高级应用篇

## 其他篇

# 附 录

# Word 高级应用篇

## 实验 1

# 页面设置与视图方式

## 1.1 知识要点

### 1.1.1 页面设置

文档排版首先需要进行页面的设置，页面设置可在“页面布局－页面设置”组中直接对文档的文字方向、页边距、纸张方向和大小进行设置，在该组中还可以对页面进行分栏，也可以在适当的位置加上分隔符，“页面布局”选项卡如图 1-1 所示；单击“页面设置”组右下角箭头 还可以进入图 1-2 所示的“页面设置”界面进行更多的设置。

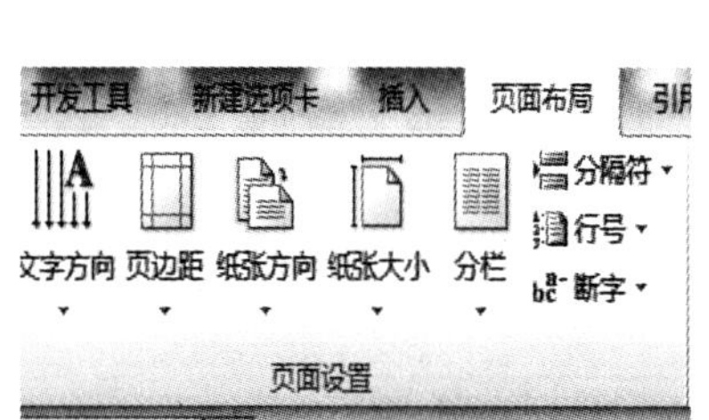

图 1-1 “页面布局”选项卡

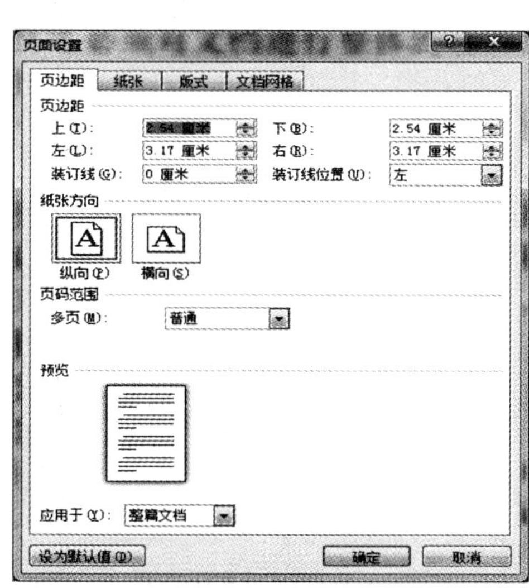

图 1-2 “页面设置”界面

在“页面设置”界面中有四个选项，其中“页边距”选项中的“多页”选项的不同设置可以打印出多种形式的文档，其设置可选项有“普通”“对称页边距”“拼页”“书籍折页”以及“反向书籍折页”等，“多页”选项如图 1-3 所示，其中：

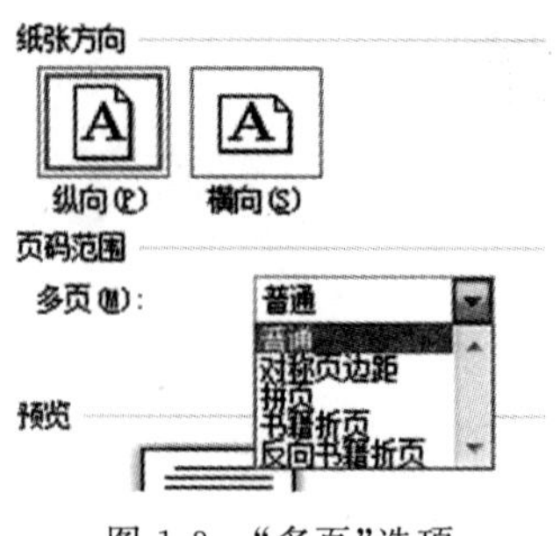


图 1-3 “多页”选项

● 普通：一般的输出打印可以选择该项，同时可设置纸张的方向为“纵向”或者“横向”。

● 对称页边距：书籍和杂志页面的设置可以选取它，同时页边距设置的标记也相应地改变，原来的左、右边距变成了内侧、外侧。

● 拼页：打印试卷时可以使用拼页。例如，在 A3 纸上可以打印两张 A4 纸。

● 书籍折页或反向书籍折页：可以设定在纸上正反面打印输出文档，每面可以打印两个文档，文字的格式和方向可以不同。例如，邀请函、毕业证书的打印等。

例如，要解决在 A3 纸上打印试卷的问题，关键是要设置纸张方向为横向，且拼页，具体可按如下操作实现：

新建一个文档，存盘为“试卷.docx”文档；单击“页面设置”组右下角箭头进入“页面设置”界面，设置纸张为 A3 纸(其大小刚好是两张 A4 纸拼接起来)；设置“多页”选项为“拼页”，“纸张方向”为“横向”，如图 1-4 所示。

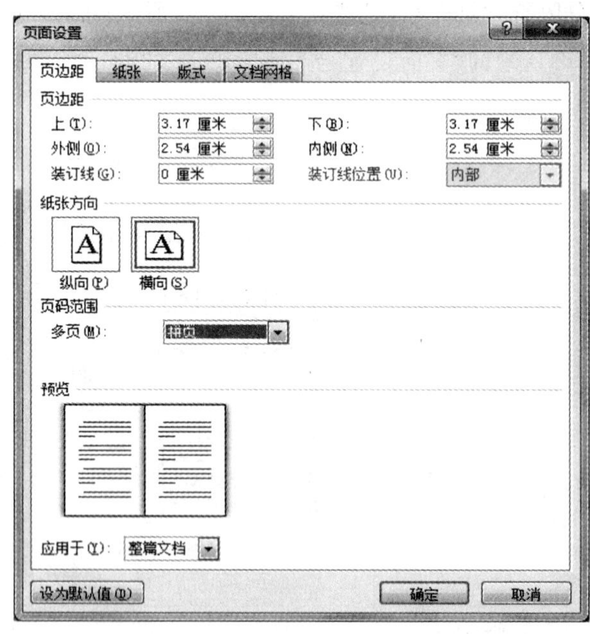


图 1-4 试卷排版中的多页设置

### 1.1.2 文档视图

1. 页面视图。Word 2010 中提供了多种视图方式，其中页面视图与导航窗格的组合是最适合采用的文档编辑方式。在进行编辑时一般将文档的导航窗格打开，在导航窗格与页面视图组合的方式下进行，此方式下不但可以快速编辑文档，还可以通过在导航窗格中对文档标题的快速选择来对文档进行快速定位，如图 1-5 所示。

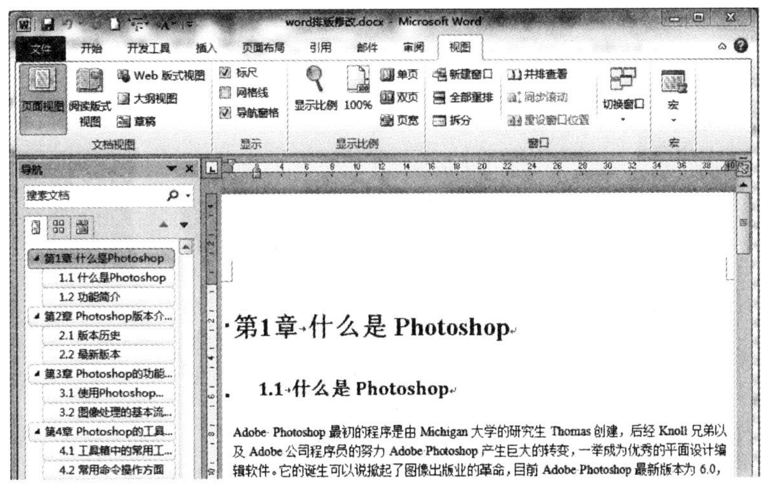

图 1-5　页面视图与导航窗格

2. 大纲视图。Word 2010 提供的大纲视图是以大纲的形式显示文档内容，是层次化组织文档结构的一种方式，是适合大纲形式文档编写的工作环境。在该视图下通过大纲格式构建和显示内容可将所有的标题和正文文本采用缩进的方式显示。

大纲级别有 1～9 级，默认与“标题 1－9”样式对应，即在页面视图中使用“标题 1”样式的文档在大纲视图中显示为“级别 1”，“标题 2”样式则显示为“级别 2”，以此类推。而页面视图中使用基于“正文”的样式的文本在大纲视图中的大纲级别则显示为“正文”。图 1-6 所示的是在大纲视图中的文档结构。

图 1-6　大纲视图中的文档结构

“大纲”功能选项卡中的几个功能选项：

显示级别文档本框：图 1-7 中所显示的级别是 1 级，系统默认显示 1 级大纲标题，对应样式是标题 1 格式；图中若显示级别为 2 级，系统则显示文本当中所有 1 级和 2 级的内容，以此类推。

显示文档：单击它可创建、插入子文档，也可以合并、拆分子文档，还可以锁定指定的子文档。

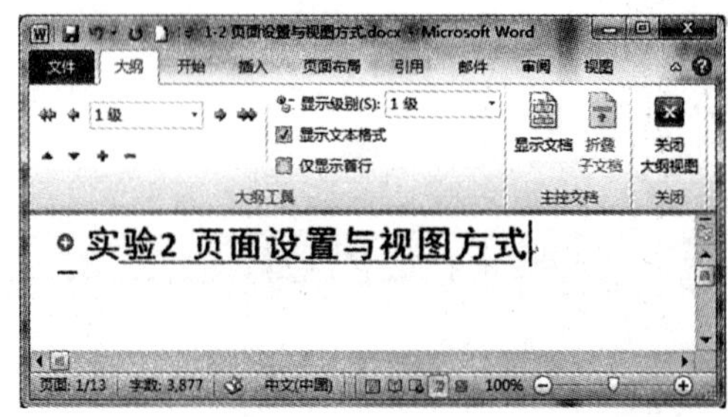


图 1-7　大纲视图下显示 1 级的文档结构

主控文档是一组单独的文件（子文档）的容器，使用主控文档可以创建并管理多个子文档。在主控文档中，每一个子文档都是主控文档的一个节，可以将已建立的文档插入到当前的主控文档中作为该主控文档的子文档，也可以将一个大型文档分割成几个小的子文档。

例如，想通过一个主控文档“main.docx”来管理两个子文档“Sub1.docx”和“Sub2.docx”的操作如下：

(1) 在大纲视图下新建一个文档“main.docx”，输入文本“Sub1”，回车，再输入文本“Sub2”，此时 Sub1 和 Sub2 文本都默认是大纲 1 级，如图 1-8 所示。

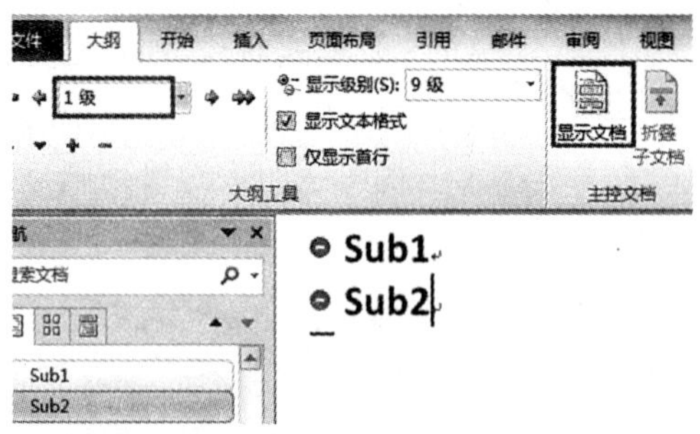


图 1-8　主控文档中的两个 1 级标题 Sub1、Sub2

(2) 单击“大纲－显示文档”使图 1-8 所示的“创建”选项可用，选中 Sub1 和 Sub2 所在的文本行，单击“创建”选项，系统就创建好了两个子文档，保存后，两个子文档分别被命名为“Sub1.docx”和“Sub2.docx”，主文档界面变化为图 1-9 所示的界面。

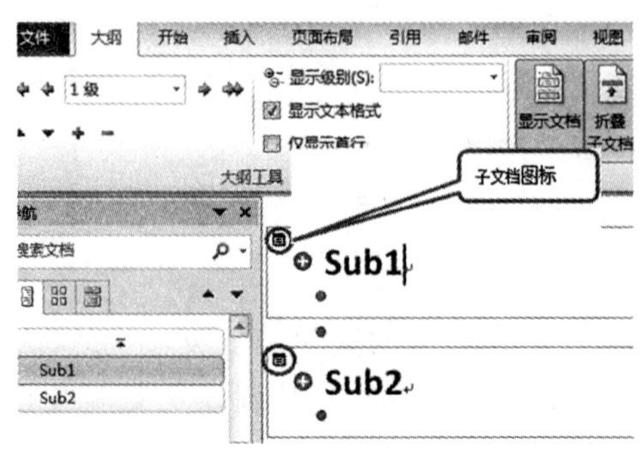


图 1-9　刚创建好的子文档在主控文档中的形式

(3) 双击子文档图标，子文档会在页面视图中单独打开，打开后可以独立编辑，编辑完成并保存后，在主控文档中子文档内容是编辑更新后的内容，单击"折叠子文档"选项，可显示子文档的路径，如图 1-10 所示。

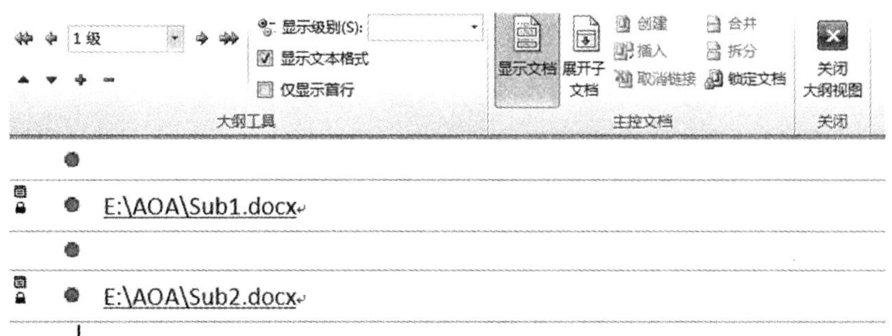


图 1-10　子文档折叠后的结构

## 1.2　实验目的

1. 熟练掌握 Word 2010 的页面布局的方法；
2. 掌握大纲视图下"大纲"功能选项卡中各功能选项的使用；
3. 掌握主控文档和子文档的概念；
4. 掌握主控文档和子文档的创建；
5. 熟练掌握主控文档组中各功能选项的使用；
6. 掌握主控文档中分节符的意义；
7. 掌握域、书签的使用。

## 1.3　实验内容

1. 创建主控文档"main1.docx"、子文档"第一章.docx"和"第二章.docx"，要求：

(1) "第一章.docx"中第一行输入文本"第一章页面布局"，样式为"标题 1"，第二、四、五行为空白行；第三行输入文本"Office 2010 中的页面布局"，为该文本设置书签"mark"；第六行插入书签"mark"标记的文本，样式均为正文。

(2) "第二章.docx"中第一行内容为"第二章样式管理"，样式为"标题 1"，第二行使用域插入该文档创建时间(格式不限)；第四行使用域插入该文档的文件名称(格式不限)，样式均为正文。

2. 将一大型文档分割成几个部分，以方便将各部分分别分派给不同的编辑进行编辑修改。

3. 多人合作编写一本书，交稿时间到后，每个人交过来的都是一个单独的 Word 电子文档，分别命名为"第一章.docx"，"第二章.docx"，……使用主控文档管理子文档的方式对这些单独的文档进行汇总管理。

## 1.4 实验分析

1. 新建三个 Word 2010 文档，分别命名为“main1.docx”、“第一章.docx”和“第二章.docx”，打开主文档“main1.docx”，在大纲视图下插入“第一章.docx”和“第二章.docx”两个文档，分别双击子文档图标，使两个子文档在页面视图中打开，并完成对两个文档的输入、保存。

2. 可以将大型文档看成一个主控文档。在大纲视图中，将凡是要分开的位置起始行升级为大纲级别(级别 1—9 均可)，选择开始到结尾的所有内容，单击“大纲视图－大纲－创建”即可。

3. 在大纲视图下新建一个空白的文档，存盘后，将独立的文档作为子文档插入进来，保存后，再切换到页面视图即可。

## 1.5 实验步骤

1. 本题可按如下步骤进行操作：

(1) 在某文件夹中建立主控文档“main1.docx”、“第一章.docx”和“第二章.docx”3 个文件。

(2) 打开“main1.docx”，切换到大纲视图，单击“大纲－显示文档－插入”，分别将“第一章.docx”、“第二章.docx”插入到主控文档中，保存，此时插入的两个子文档是空的，但在图中可以看到子文档图标，如图 1-11 所示。

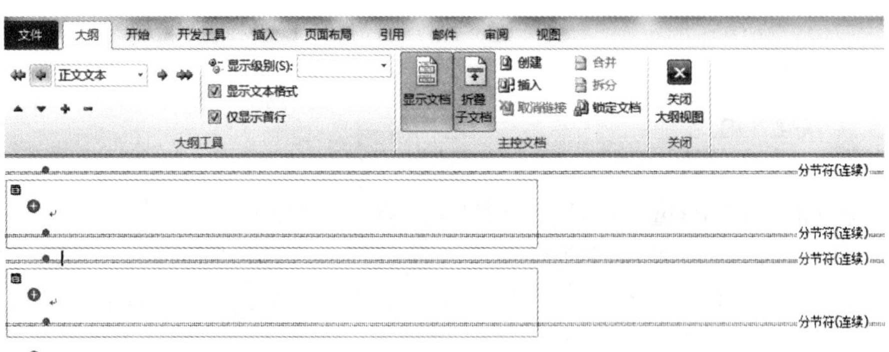


图 1-11 主控文档中插入两个子文档

(3) 分别双击子文档图标(图 1-11 中用矩形框起来的图标)，将“第一章.docx”和“第二章.docx”文档在页面视图中单独打开。

(4) 切换到“第一章.docx”文档中，在第一行输入文本“第一章页面布局”，在第三行输入文本“Office 2010 中的页面布局”如图 1-12 所示。将第三行文本选中，单击“插入－链接－书签”，在“书签”界面中输入“mark”文本，单击“添加”按钮，界面如图 1-13 所示。

(5) “回车”三次，将光标置入第六行，输入文本“Office 2010 中的页面布局”，并将该文本选中，单击“插入－超链接－书签”，选择“mark”书签，如图 1-14 所示，单击“确定”按

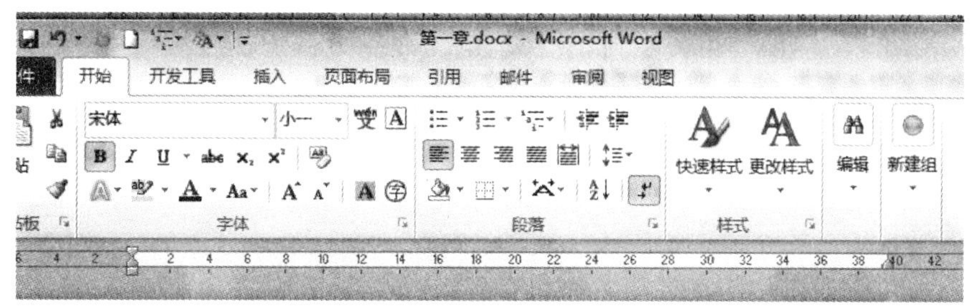

图 1-12 “第一章.docx”在页面视图中打开效果

图 1-13 创建书签

钮，保存。

(6) 切换到“第二章.docx”页面视图中，将光标置于第一行，单击“插入－文档部件－域”，打开“域”对话框，选择“类别”为“日期和时间”，再选择“CreateDate”域名，选择一个指定的时间格式，单击“确定”按钮，如图 1-15 所示，保存(注意：若需要插入带中文的时间而又无法输入时，可输入两个汉字并在汉字中间插入时间，然后再将汉字删除即可)；同样的方法插入文件名域(FileName)，如图 1-16 所示。

图 1-14 超链接到书签

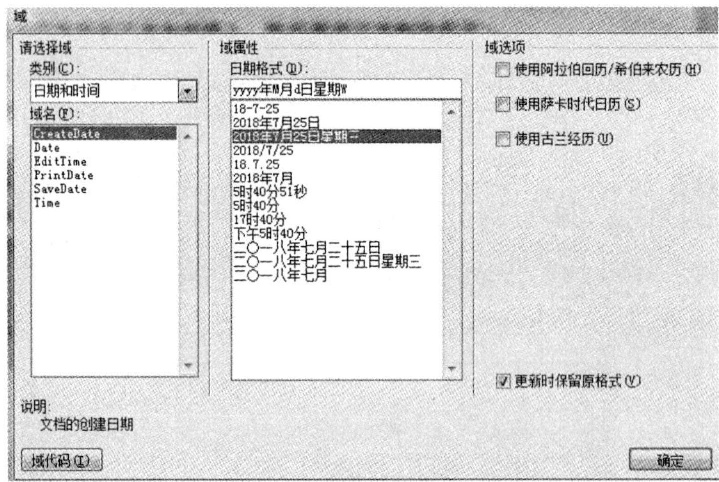


图 1-15 插入创建时间域

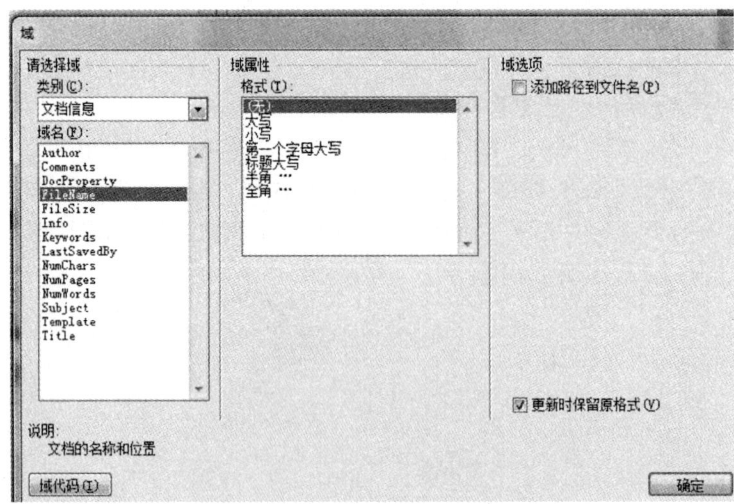


图 1-16 插入创建文件名域

(7) 切换到主控文档界面,主控文档页面效果如图 1-17 所示。

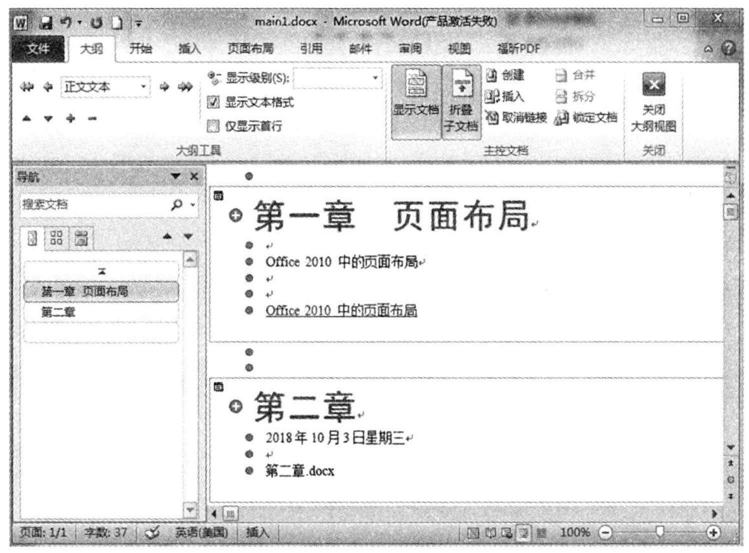

图 1-17　主控文档页面效果

2. 本题操作如下:

(1) 打开大型文档,切换到大纲视图。

(2) 将要存为单独文档内容的起始行应用"标题"级别样式(已经是标题级别样式的不需再应用)。

(3) 选取需要存为单独文档的所有内容,单击创建。

(4) 按以上(2)~(3)步,可以创建若干子文档,首次保存,系统会分别创建生成一个以第一段文字(标题)为文件名的 Word 文档,折叠后主控文档界面如图 1-18 所示。

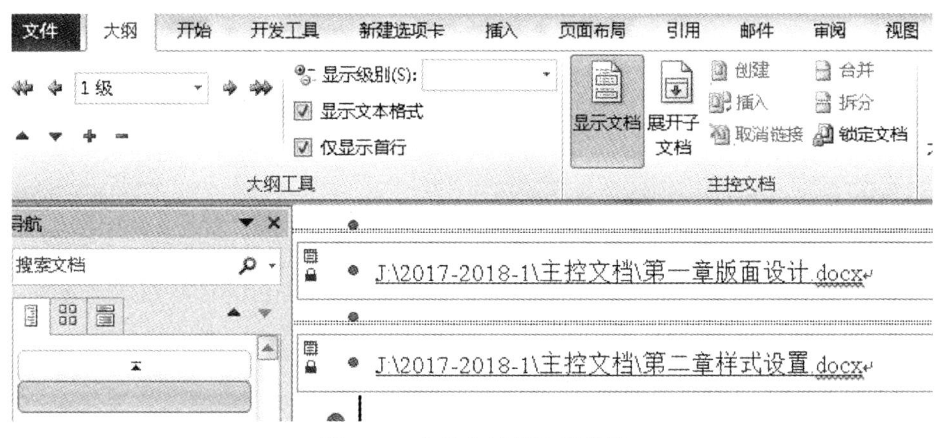

图 1-18　主控文档折叠后效果

3. 本题操作如下:

(1) 在大纲视图下,新建一个文档,保存为"教材汇总.docx",单击大纲视图下"大纲—显示文档"功能选项,使"创建"与"插入"选项可用,如图 1-19 所示。

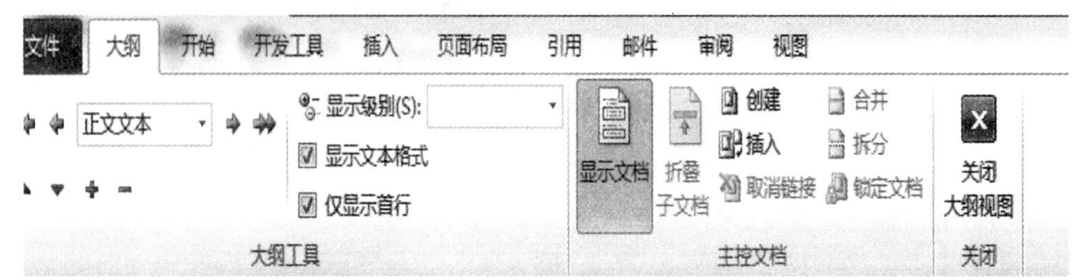


图 1-19 “大纲”选项卡下“显示文档”功能选项

(2) 多次单击“大纲—插入”选项，分别将文档“第一章.docx”“第二章.docx”以及其他章插入，保存，效果如图 1-20 所示。

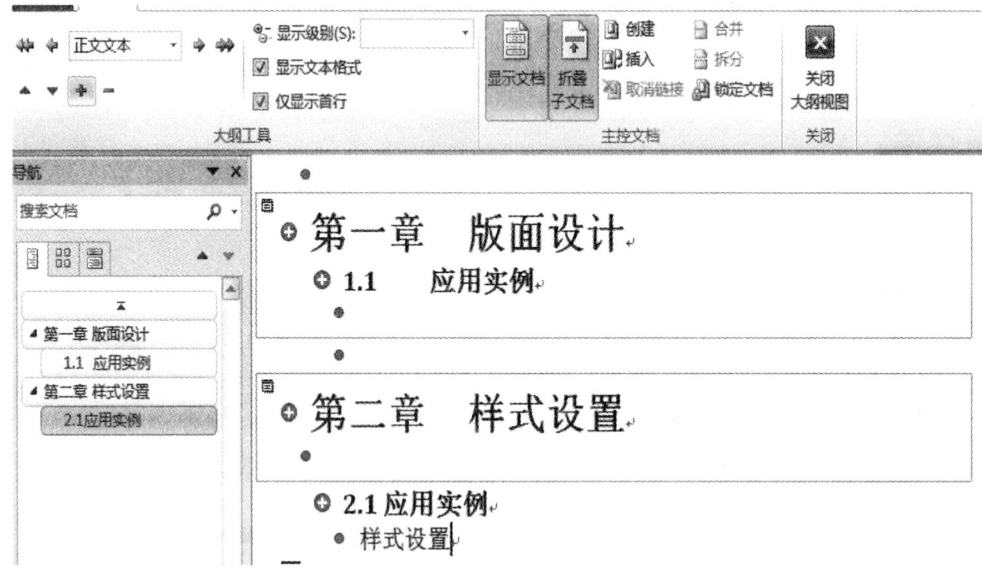


图 1-20 主控文档中的两个子控文档

(3) 切换到页面视图，观察到“教材汇总.docx”文档中包含了所有章节的内容。

主控文档视图的操作注意事项：

(1) 如图 1-20 所示，每一个框内都是一个子文档，每一个子文档都是主控文档的一个节。

(2) 双击子文档的图标 可以将该子文档以单独的文件方式打开，单独编辑该子文档后保存，主控文档中的子文档内容会相应地变为编辑修改保存后的内容。

(3) 在主控文档视图中对子文档同样可以进行编辑修改，编辑修改后若保存，子文档内容也变为修改后的内容。

(4) 单击“折叠子文档”选项，则在主控文档视图中显示每一个子文档的路径，如图 1-18 所示。

(5) 对子文档路径链接，可用 Ctrl+单击，使该子文档在页面视图中打开。

# 实验 2

# 页眉/页脚与页码

## 2.1 知识要点

### 2.1.1 分隔符

Word 2010 中的许多分隔符在文档编辑中起着非常重要的作用，Word 2010 中的分隔符主要有分页符、分栏符、分节符、自动换行符、硬回车、手动换行符等，合理应用这些分隔符可以方便、快速地排版出符合要求的版面。

1. 分页符：在需要分页的位置插入分页符，可在插入点处进行强制分页，且增加了一个页面。

2. 分栏符：常用在报纸、杂志的排版中，它将一篇文档分成多个纵栏。

3. 分节符：在建立文档时，整个文档默认为一节，在同一节中只能用相同的版面设计，一节中只能有相同的页脚和相同的页眉、相同的纸张方向、相同的页边距、相同的文字方向等。使用分节符可以将文档根据需要分为不同的节，实现在一篇文档中设置不同的纸张大小、不同的纸张方向、不同的页眉页脚、不同的文字方向等功能。

4. 自动换行符：输入字符到一行所规定的字符数时光标会自动跳转到下一行。

5. 手动换行符：按下 Shift＋Enter 组合键会使光标移到下一行，使当前段落分为两部分，但仍然是一个段落，手动换行符的标志是一个向下的箭头“↓”。

6. 硬回车：按下 Enter 键，光标移到下行，结束前一段落，开始新的段落，硬回车的标志是“↵”。

### 2.1.2 页码

1. 在“插入－页眉和页脚”组中，单击“页码”选项，可选择插入页码的位置，页码的位置可在页面顶端、页面底端、页边距等处，然后进入页码的编辑状态。

2. 在“插入－页眉和页脚”组中，单击“页眉/页脚”选项可进入页眉/页脚的编辑状态，将光标移到页眉/页脚的位置，单击“页眉和页脚工具－页眉/页脚/页码”选项，可以更新页眉/页脚的样式，也可以插入页码、更改页码的格式。

对分栏页码的设置则需要使用一些公式。例如，想将“论文.docx”文档分两栏显示，并在页脚处设置每栏从 1 开始顺序编号，可按如下操作：

1. 打开“论文.docx”文档，单击“页面布局－分栏－两栏”，将文档分成两栏；

2. 单击“插入－页眉和页脚”插入页眉/页脚并进入页眉/页脚编辑状态；

3. 将光标移到第一栏所对应的页脚位置处，在左边输入{＝2＊{page}－1}，再将光标移到第二栏右边，输入{＝2＊{page}}，输入如图 2-1 所示，该代码是分栏编号的域代码；{}是按 Ctrl＋F9 组合键产生的域特征字符；

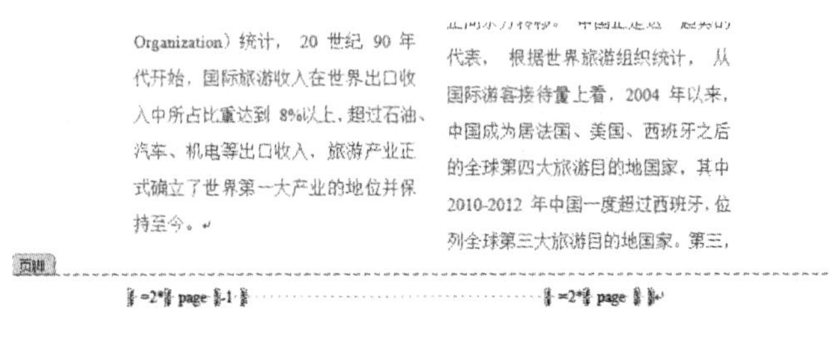

图 2-1　分两栏编号的域代码

4. 按 Alt＋F9 组合键可以实现栏编号与域代码之间的转换。

注意：若页面分为 N 栏，每一栏编号可按如下的域代码得到，其中 N 用具体的栏数替代：

第一栏：{＝N＊{page}－(N－1)}

第二栏：{＝N＊{page}－(N－2)}

……

第 N－1 栏：{＝N＊{page}－1}

第 N 栏：{＝N＊{page}}

### 2.1.3　页眉和页脚

图书、论文、杂志等上方或者下方标注标题、作者、页码等附加信息的区域称作页眉或者页脚。

页眉位于文档的上方，一般标注文章的标题、章节等，页脚位于下方，一般标注作者、页码、日期等，可以通过单击“插入－页眉和页脚”来插入，如图 2-2 所示。

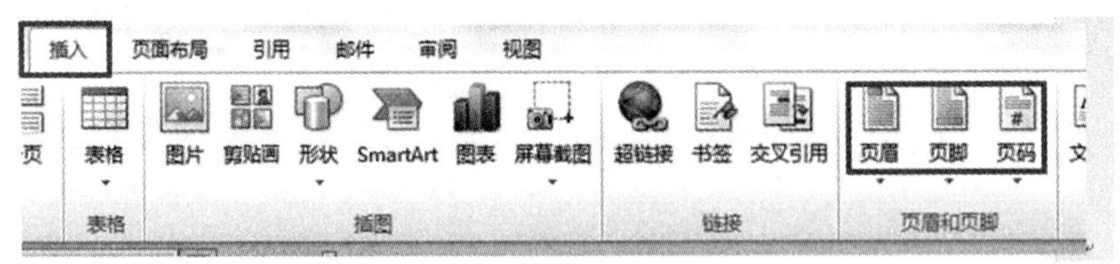


图 2-2　“插入－页眉和页脚”工具组

为了在文档中插入不同的页眉和页脚，需要使用分节符将设置不同的页眉和页脚的页面分隔开来；对于奇偶页不同的页眉/页脚的设置，需要考虑分节符的使用，同时要单击“链接到前一条页眉”按钮来取消光标所在的页眉链接到前一条页眉功能，图 2-3 是单击了“链接到前一条页眉”按钮后，该功能选项变为灰色(表示此时不可用)。

例如，为文档“论文.docx”设置页眉、页脚。要求：

1. 封面不设置页眉和页脚。

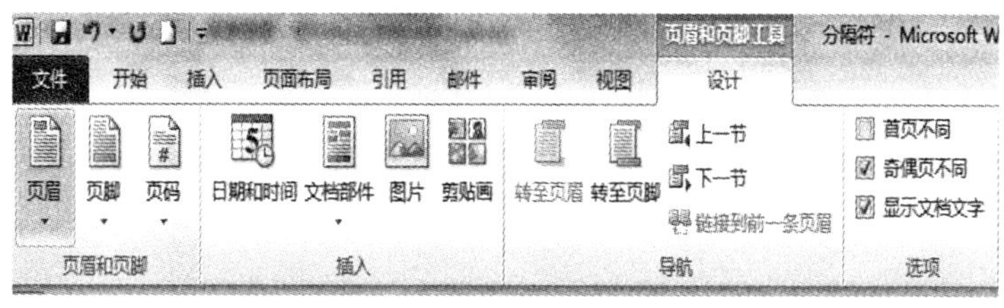


图 2-3　页眉和页脚工具

2. 对中文摘要、英文摘要部分分别设置页眉和页脚，中文摘要页面的页眉左边设置为“毕业论文”，右边设置为“摘要”。

3. “英文摘要”页面的页眉左边设置为“毕业论文”，右边设置为“Abstract”。

4. 在论文的页脚设置页码，页码的编号为罗马数字，且从 1 开始连续编号（首页不设置页码）。

可按如下操作实现：

1. 打开文档，将光标依次置入封面、中文摘要和英文摘要的结束位置处，依次单击“页面布局－分隔符－分节符号－下一节”插入分节符，需要注意的是，如果封面、中文摘要、英文摘要已经分别放在不同的页面中，则应插入“连续分节符”。

2. 单击“插入－页眉和页脚”进入页眉/页脚编辑状态。

3. 将光标置入第二节页眉处，单击图 2-4 所示的“页眉和页脚工具－链接到前一条页眉”按钮，使页眉右侧“与上一节相同”文字消失，在左边输入“毕业论文”，在右边输入“摘要”，将光标移到页脚处，同样地单击图 2-4 中的“链接到前一条页眉”按钮，使页脚右边“与上一节相同”的文字消失。

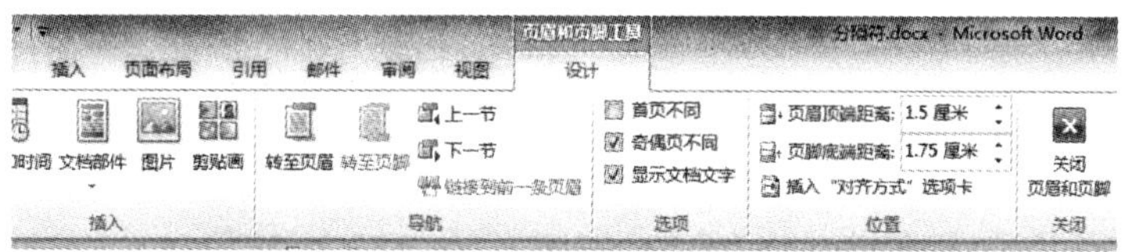


图 2-4　页眉和页脚工具

4. 单击“页眉和页脚工具－文档部件－域”打开“域”界面，在“域”界面中的“类别”选择“编号”，“域名”选择“page”域，并选择一种格式，单击“确定”按钮插入页码，如图 2-5 所示。

5. 将光标置入第三节页眉处，用同样方法使“与上一节相同”文字消失，在页眉左边输入“毕业论文”，右边输入“Abstract”，退出页眉、页脚的编辑，并存盘。

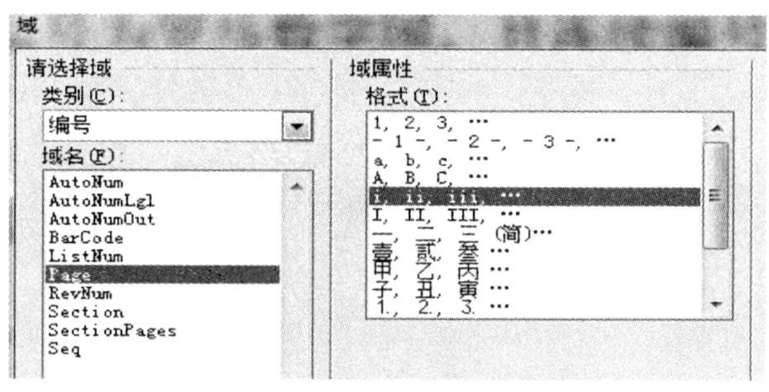


图 2-5　插入页码域界面

## 2.2 实验目的

1. 掌握页面布局功能区的各选项设置；
2. 掌握行、页、节和栏的概念；
3. 掌握分节符、分页符和分栏符的插入和应用；
4. 掌握页眉/页脚、页码的插入和编辑；
5. 掌握多样化页眉/页脚的设置；
6. 掌握域的使用。

## 2.3 实验内容

1. 对“论文分栏.docx”文档进行分页、分栏设置，要求如下：

(1) 分五页显示，第二页、第三页内容分两栏，纸张横排；

(2) 第一页、第四页、第五页不分栏，内容版面纵排，最终效果如图 2-6 所示。实际效果图见“实验 1-1 分栏.docx”完成版。*

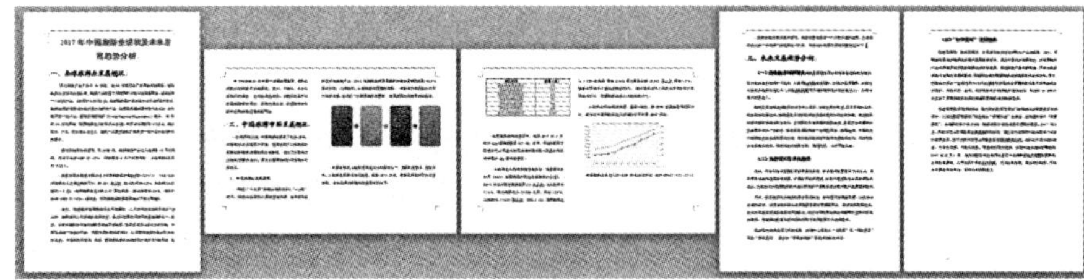

图 2-6　最终效果

2. 结业证书的设计，要求如下：

(1) 在一张 A4 上，正反面拼页打印，横向对折，从右打开。

(2) 页面(一)和页面(四)打印在 A4 纸的同一面；页面(二)和页面(三)打印在 A4 纸的另一面。

(3) 四个页面要求依次显示如下内容：

① 页面(一)显示“结业证书”四个字，上下、左右均居中对齐显示，竖排，宋体，72 号。

② 页面(二)显示两行，第一行显示“厚德浚智”，第二行显示“学成致用”，两行文字稍微错位排列，左右居中显示，竖排，隶书，48 号。

③ 页面(三)第一行显示文本“结业证书”，格式为：宋体，二号，加粗，水平居中；第二行显示文本“ 同学：”；第三行开始显示：“于　年　月　日参加江海大学第　期小教培训学习，成绩合格，予以结业。”格式为：宋体，小三，加粗；页面最右下角显示两行第一行“教育中心”，第二行显示文本“　年　月　日”，文字横排，靠右对齐，四号，宋体，加粗。

④ 页面(四)显示“培训时间：　年　月　日　到　　年　月　日”，竖排，上下居中显示。

3. 新建文档“中国省会.docx”，由三页组成，要求如下：

* 本书所有素材文件均可通过 E-mail：changlei-wu@zju.edu.cn 向责编索取。

（1）第一页中第一行内容为“杭州”，样式为“标题 1”，页面垂直对齐方式为“居中”；页面方向为纵向、纸张大小为 16 开；页眉内容设置为“中国杭州”，居中显示；页脚内容设置为“浙江省省会”，居中显示。

（2）第二页中第一行内容为“南京”，样式为“标题 2”，页面垂直对齐方式为“顶端对齐”；页面方向为横向、纸张大小为 A4；页眉内容设置为“中国南京”，居中显示；页脚内容设置为“江苏省省会”，居中显示；对该页添加行号，起始编号为“1”。

（3）第三页中第一行内容为“广州”，样式为“正文”，页面垂直对齐方式为“底端对齐”；页面方向为纵向、纸张大小为 B5；页眉内容设置为“中国广州”，居中显示；页脚内容设置为“广东省省会”，居中显示。

## 2.4 实验分析

1. 使用连续分节符将五页分隔为三个节，每个节中的排版就可与其他节不同。可分别在第一页和第三页末尾插入连续分节符后再进行分栏，在分栏界面中设置栏宽不相等，通过标尺上的“移动分栏调节滑块”对两边栏宽进行调节，直至将分栏页面内容调整到两个页面中为止。

2. 本题中，“多页”选项需要设置为“反向书籍折页”，纸张方向横向，每一页一个节。要注意的是当页面文字是水平方向的话，文字的上下居中需要设置页面的“垂直对齐方式”为“居中”；而文字竖排（垂直方向）时，而文字的左右居中则同样需要设置页面的“垂直对齐方式”为“居中”。

3. 本题可以从三个方面考虑：

（1）将三个页面用两个分节符分隔为三个节；

（2）需要对纸张大小和文本的页面垂直对齐方式进行设置；

（3）设置页眉/页脚时，注意取消“链接到前一条页眉/页脚”的功能。

## 2.5 实验步骤

1. 本题操作如下：

（1）打开“论文分栏.docx”文档，光标置入第一页末尾，单击“页面布局－分隔符－分节符－连续”，插入一个连续分节符，同样方法在第三页末尾插入一个连续分节符。

（2）将光标置入第二页或第三页中，单击“页面布局－纸张方向－横向”，将该节的纸张方向设置为横向。

（3）单击“页面布局－分栏”下拉按钮，单击底部的“更多分栏”选项，打开图 2-7 所示的分栏界面，“栏数”设置为 2，“栏宽相等”不勾选，单击“确定”按钮退出，第二页和第三页被分成了两栏。

注意：分栏后页面排版可能不美观，需要进行调整，可以通过标尺上的“移动分栏调节滑块”进行调整，也可以适当将图或表进行缩放。

（4）单击“视图－标尺”，将标尺工具打开，将鼠标指示针分别移动到“移动分栏调节滑

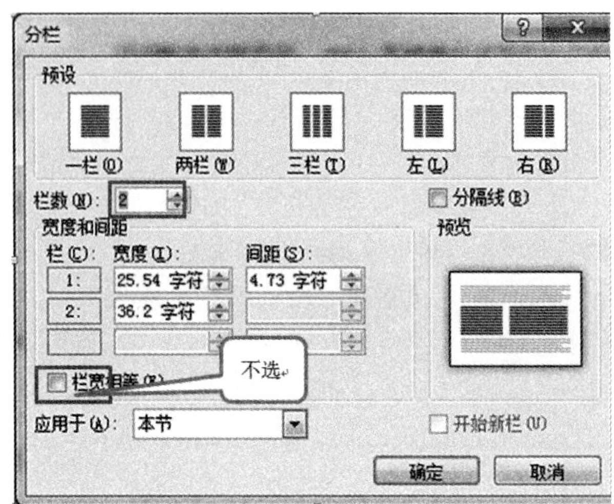


图 2-7　分 2 栏且不等栏宽选项参数

块”的左、右边距上，出现左右箭头(⇔)后按住左键并拖动鼠标调左、右栏宽直到分栏文本被调整到 2 页为止，“移动分栏调节滑块”如图 2-8 所示，最后效果如图 2-9 所示。

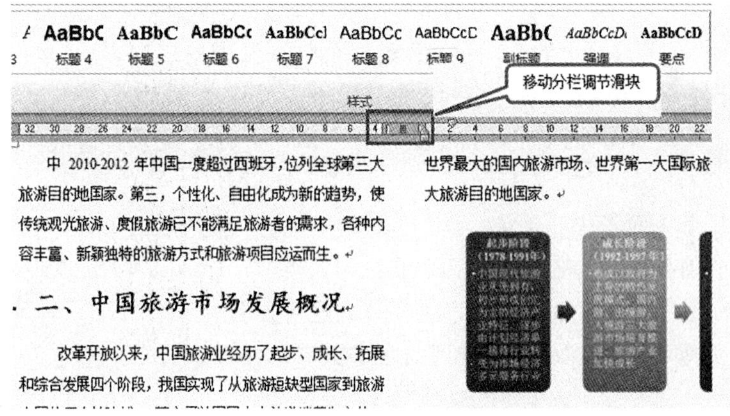


图 2-8　标尺上的移动分栏调节滑块

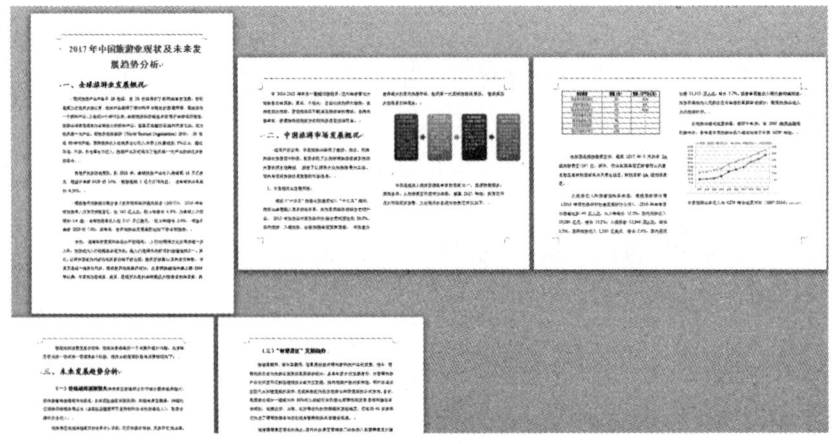

图 2-9　分栏最后效果

2. 本题操作如下：

(1) 新建一个文件，保存为“结业证书.docx”。

(2) 双击“页面布局—页面设置”组右下角箭头，打开“页面设置”对话框，“纸张大小”设置为“A4”，“纸张方向”设置为“横向”，“多页”设置为“反向书籍折页”，如图 2-10 所示，单击“确定”按钮。

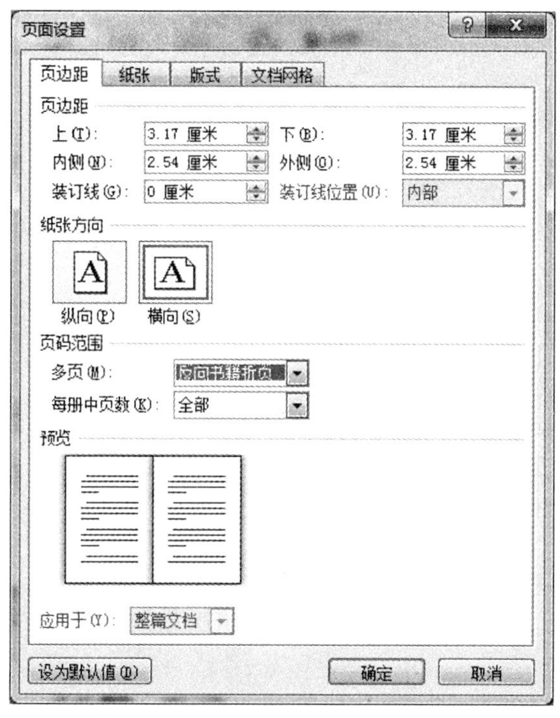


图 2-10　结业证书页面设置

(3) 单击“页面布局—分隔符—分节符—下一页”三次，插入三个带分节符的页面。

(4) 将光标置入第一页第一行，输入“结业证书”，设置字体为隶书，大小 72 号，设置段落居中对齐(如图 2-11 所示)，单击“页面布局—文字方向—垂直”，使页面文字垂直显示(如图 2-12 所示)，设置“页面设置”界面“版式”下的“垂直对齐方式”为“居中”，如图 2-13 所示，效果如图 2-14 所示。

图 2-11　字体设置

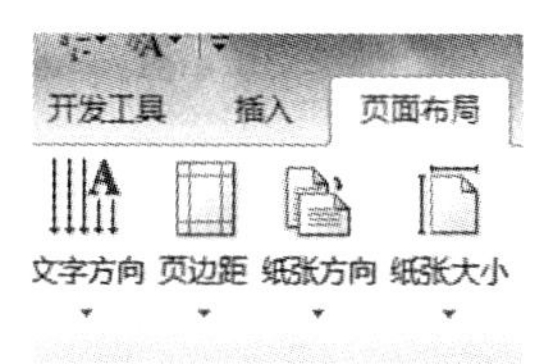


图 2-12　文字方向设置界面

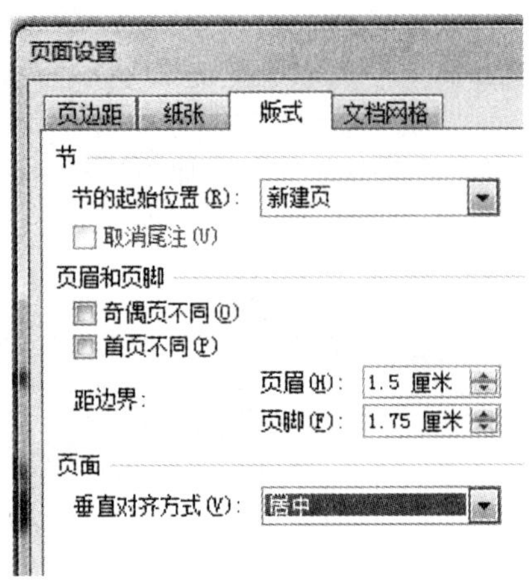


图 2-13 垂直对齐方式设置

图 2-14 第一页效果

(5) 光标置入第二页第一行，输入“厚德浚智”，第二行输入“学成致用”，两行错位，隶书，48 号，设置垂直居中。效果如图 2-15 所示。

(6) 第三页第一行输入文本“结业证书”，宋体、一号、加粗，水平居中；第二行输入“同学：”，第三行开始输入“于　年　月　日参加江海大学第　期小教培训学习，成绩合格，予以结业。”，宋体加粗，小三；页面最右下角输入两行文本，第一行文本为“教育中心”，第二行文本为“　年　月　日”，文字横排，靠右对齐，宋体、四号、加粗；效果如图 2-16 所示。

图 2-15 第二页效果

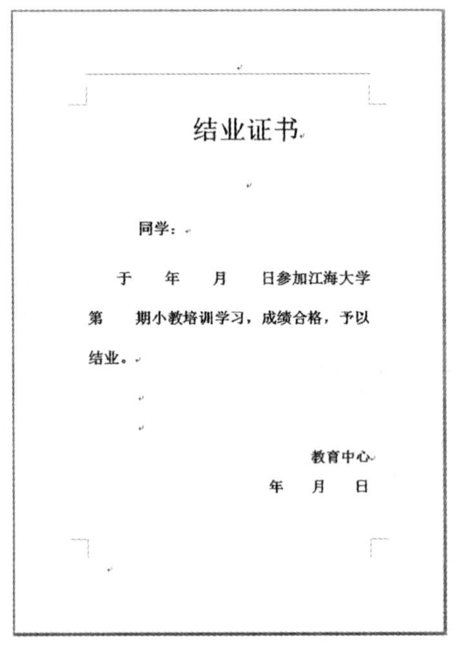


图 2-16 第三页效果

(7) 第四页第一行输入“培训时间：　年　月　日到　年　月　日”，竖排，上下居中显示。

（8）最后将每个页面的纸张方向都设置为“横向”，效果如图 2-17 所示。实际效果图见“实验 1-2 结业证书.docx”文档。

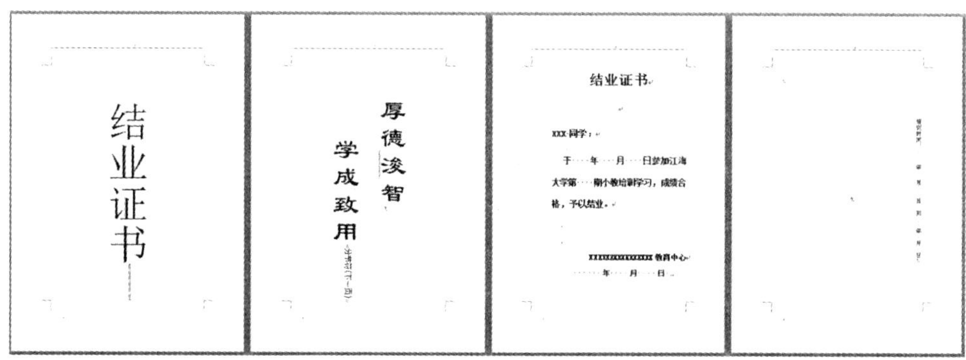


图 2-17　结业证书四页效果

3. 本题操作如下：

（1）新建一个 Word 文档，存盘为“中国省会.docx”，单击“页面设置－分隔符－分节符－下一页”两次，插入两个带分节符的页面。

（2）将光标定位在第一页的第一行，输入文字“杭州”，应用“标题 1”样式，打开“页面设置”界面，设置“版式”选项下的“页面垂直对齐方式”为“居中”（如图 2-18 所示），纸张大小为 16 开，方向为纵向。

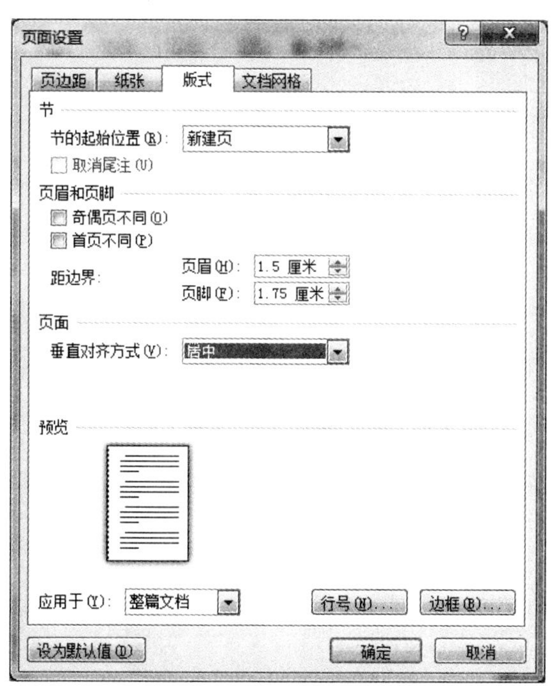


图 2-18　垂直对齐方式设置

（3）将光标定位在第二页的第一行，输入文本“南京”，应用“标题 2”样式，“页面垂直对齐方式”设置为“顶端对齐”，A4 纸，横向。

(4) 第三页第一行输入“广州”,应用“正文”样式,“页面垂直对齐方式”设置为“底端对齐”,B5 纸,纵向。

(5) 单击“插入—页眉和页脚—页眉”插入页眉,在第一节页眉区输入文本“中国杭州”,居中,在第一节页脚区输入“浙江省省会”,居中。

(6) 光标定位到第二页页眉,单击“链接到前一条页眉”按钮,使之变灰(图 2-19 所示),同时页眉/页脚右边的“与上一节相同”的字样消失,输入文本“中国南京”,居中,将光标定位到页脚区,单击“链接到前一条页眉”按钮,输入“江苏省省会”,居中;同样方法,输入第三页的页眉和页脚,居中,效果如图 2-20 所示。

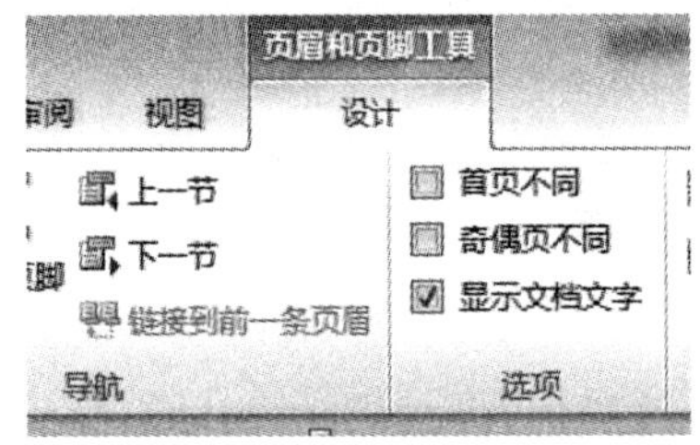


图 2-19 “页眉和页脚”工具

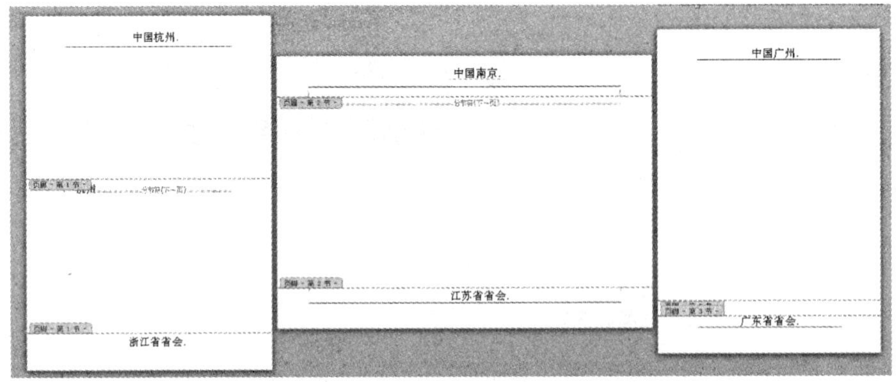


图 2-20 “中国省会.docx”最终效果

# 实验 3

# 文档样式的管理

## 3.1 知识要点

### 3.1.1 快速样式库与自定义样式

用户可以随意使用 Word 2010 中“开始—样式”组下的快速样式库中的样式，这些样式是系统预设的，如果用户需要独具特色的样式，需要自己定义。

用户自定义样式可以双击“开始—样式”组右下角的按钮打开“样式”任务窗格后创建，创建好的样式可应用到文档中。自定义样式可以进行修改和删除，在创建样式时若勾选了“自动更新”选项，则应用过该样式的文本在样式修改后会自动应用新的样式。

例如，单击“开始—样式”组右下角的箭头打开图 3-1 所示的“样式”任务窗格，单击“样式”任务窗格左下角的图标可弹出如图 3-2 所示的“根据格式设置创建新样式”界面（下文简写为“创建新样式”界面），界面中各选项可根据需要进行设置。

图 3-1 “样式”任务窗格

图 3-2 “根据格式设置创建新样式”界面

1. “样式类型”属性选项有段落、字符、列表、表格、链接段落和字符等，如图 3-3 所示，若定义的样式用于正文，则“样式类型”选择“段落”。

● 段落：可设置当前段或选中段的段落样式。

● 字符：可设置选中文本的字符样式。

● 链接段落和字符：兼有字符与段落样式功能，对于有选中文本可设置选中文本的字符样式与当前段的段落样式；对于没有选中文本，则设置光标所在的段落的字符与段落样式。

● 表格：设置表格样式，应用于表格。

● 列表：设置列表样式，应用于列表。

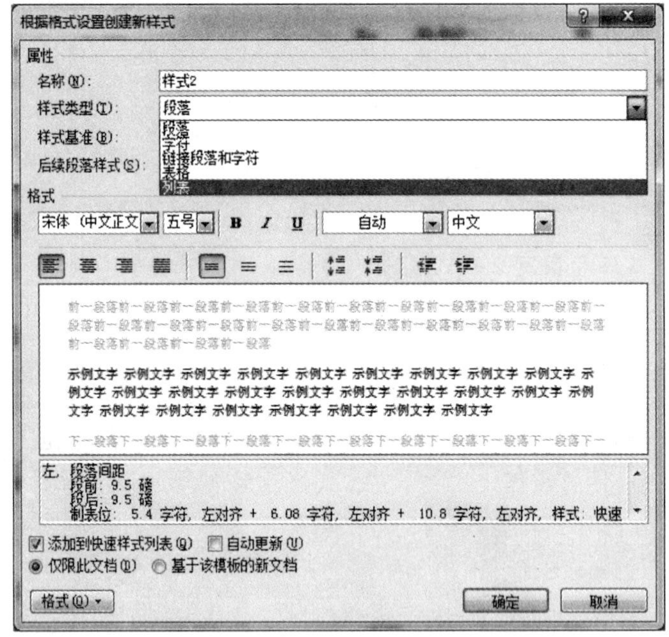


图 3-3 “样式类型”

2. “样式基准”选项可选择一个已有的样式作为基准样式，新的样式可以在该样式的基础上进行修改，若不修改，则新建样式与基准样式完全一致。

*注意：若新建样式应用在正文上，可以选择“样式基准”为“正文”，如果应用在标题上，则可选择“样式基准”为“标题”样式，一般可选择相关的样式作为基准。*

3. 添加到快速样式列表：选择此项后，新建样式自动添加到快速样式库中。

4. 自动更新：选择此项后，若该样式被修改，文档中应用到该样式的文本格式会自动更新为修改后的格式。

5. 仅限此文档：修改的样式仅在这个文档中出现。

6. 基于该模板的新文档：该样式可在基于该模板的文档中出现。

7. 格式：单击“格式”按钮，可以选择某格式项进入相应的界面设置。比如，进行字体、段落、制表位的界面设置等。

要对样式进行修改可在“样式”任务窗格中右击某一个样式，选择“修改”选项，打开如图 3-2 所示的“创建新样式”界面，修改完毕后单击“确定”按钮退出即可。

例如，要为“论文.docx”文档的正文部分设置格式为：楷体，四号字，首行缩进两个字符，段前、段后距离为 0.5 行，行距为 1.5 倍。

简单的操作就是选择文本后，在“开始－字体”组中设置字体、字号，在“开始－段落”组中设置首行缩进、段前、段后距离以及行距等，如图 3-4 所示。

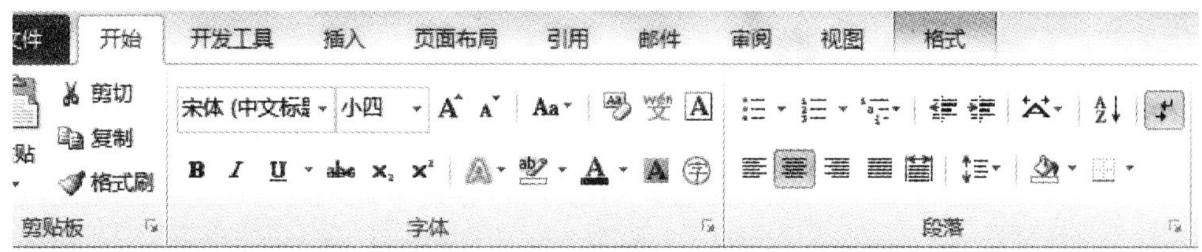


图 3-4　字体、段落组

高级的方法就是为其设置一个样式，将该样式应用到正文上，按如下方法操作：

1. 打开“样式”任务窗格，如图 3-1 所示，单击左下角的“创建新样式”图标，如图 3-5 所示，进行图中所示的设置后再单击图中左下角的“格式－段落”，打开如图 3-6 所示的“段落”设置界面，按图中所示的设置好后，单击“确定”按钮退出到图 3-5 所示的“创建新样式”界面，再单击“确定”按钮，样式 p1 创建完毕，在“样式”任务窗格中出现了 p1 样式，如图 3-7 所示。

2. 选择需要应用样式 p1 的文本，单击“样式”任务窗格中的 p1 样式，应用该样式。

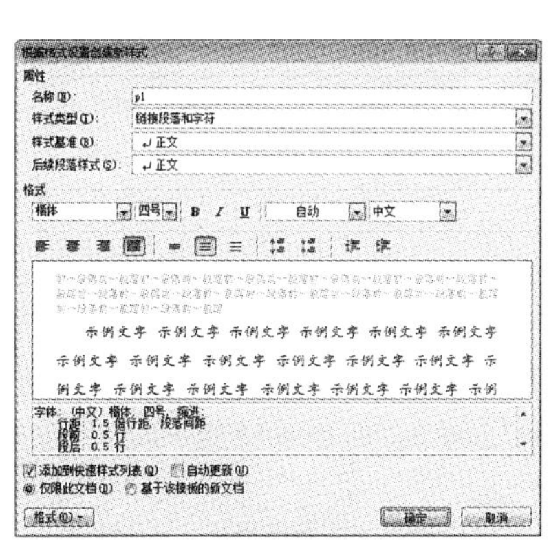


图 3-5　创建 p1 样式界面

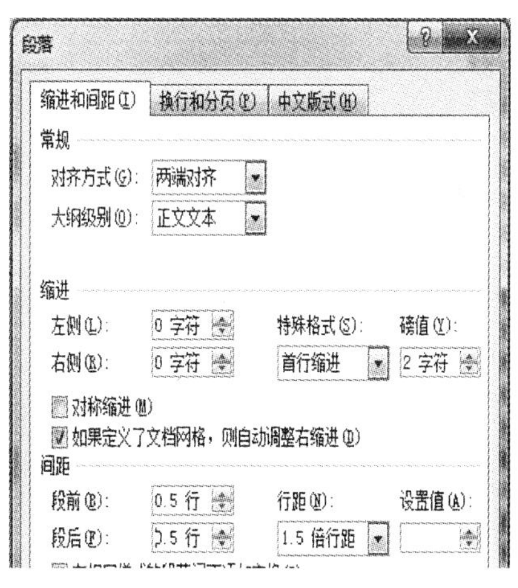


图 3-6　“段落”设置界面

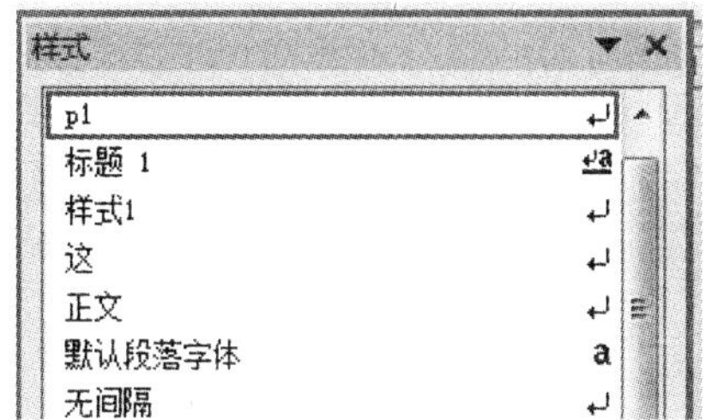


图 3-7　“样式”任务窗格中的自定义样式 p1

### 3.1.2 多级列表

设置多级列表时可将标题样式与大纲级别链接，链接后可对文档中的章、节进行自动编号，可以实现自动为图形、表格、公式或其他项目添加包含章节的题注、目录编号及内容；在页眉中还可以通过插入“域”的方法来自动插入文档标题编号及标题内容。

多级列表的设置方法可以单击“开始－段落－多级列表”，在弹出的界面中选择“定义多级列表”选项，打开如图 3-8 所示的“定义新多级列表”界面，在此界面中可进行多级列表的设置。

例如，要对文档“Word 排版.docx”进行排版，要求使用多级列表符号对章名、小节名进行自动编号，章号自动编号格式为第 X 章，小节编号为 X.Y 节，X 为“章”数字序号，Y 为“节”数字序号，可按如下操作进行：

1. 单击“开始－段落－多级列表”，在弹出的界面中选择“定义多级列表”选项，打开“定义新多级列表”界面。

2. 在“单击要修改的级别”中选择级别 1，在“此级别的编号样式”选项中选择如图 3-8 所示的格式(可根据需要选择其他编号样式)，在“输入编号的格式”的文本框中的编号前和编号后分别输入文本“第”和“章”，单击“更多”选项设置右侧的级别 1 与标题 1 对应，如图 3-9 所示。

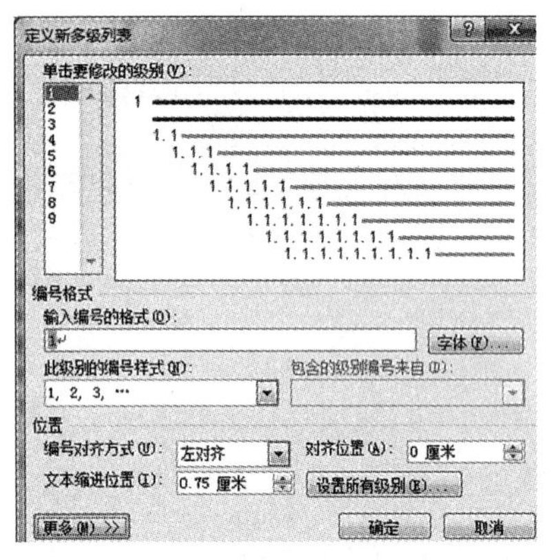

图 3-8 “定义新多级列表”界面

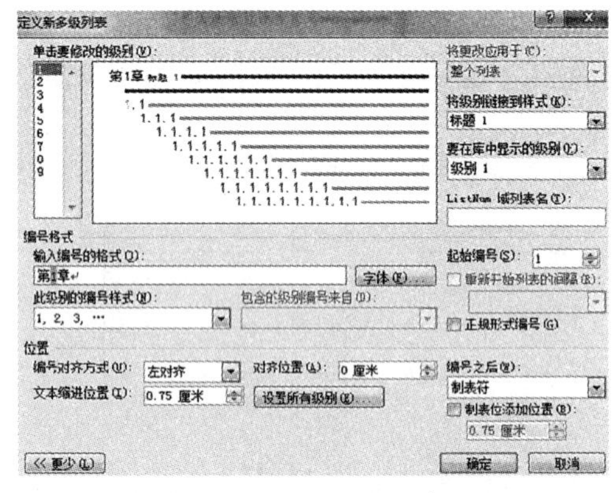

图 3-9 “定义多级列表”中级别 1 设置界面

3. 在“单击要修改的级别”中选择 2，在“输入编号的格式”选项中应包含级别 1 的编号和当前级别的编号，其中用“.”分隔，设置右侧的级别 2 与标题 2 对应，如图 3-10 所示，单击“确定”按钮，退出到文档编辑界面。

4. 将光标移到章标题行，单击“标题 1”样式，将光标移到小节标题行，单击“标题 2”样式，单击“导航窗格”中第一个选项，在“导航窗格”中显示了文档中的标题，单击标题可以快速定位到文档中该标题处，如图 3-11 所示。

注意：若编号只包括本级别(2 级)，则可以将“输入编号的格式”下文本框的内容删除，并从“此级别的编号样式”中选择一种编号样式；若需要设置编号的级别包含多个级别或定义好的多级列表样式，在文档中应用标题 1、标题 2 样式后不能得到所需要的结果时，可将“输入编号的格式”下面文本框的内容删除后，先从“包含的级别编号来自”选项的下拉列表中选择所需要的高级别(若只包含本级别，可略过)，并输入分隔符号(例如“.”)，然后再从

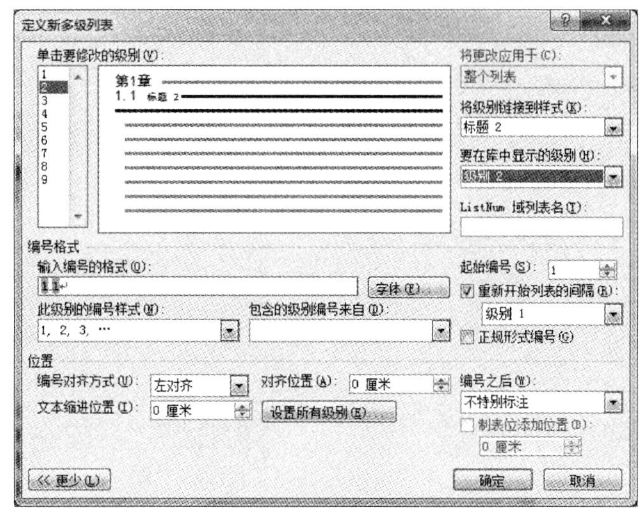


图 3-10 “定义多级列表”中级别 2 的设置

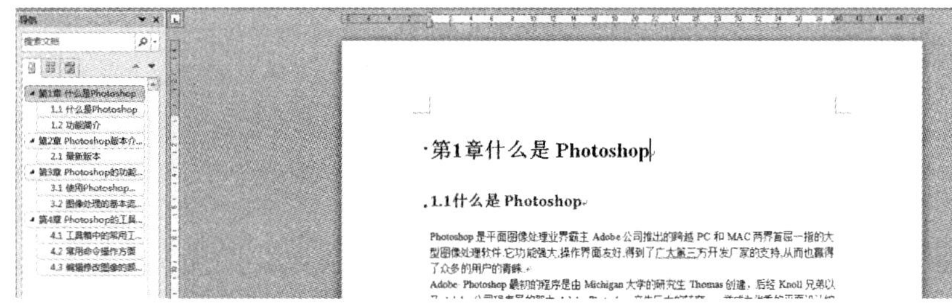


图 3-11 文档应用标题 1、标题 2 样式后的效果

“此级别的编号样式”中选择一种编号样式即可。

### 3.1.3 题注

为图形、表格添加题注，单击“引用—题注—插入题注”，打开如图 3-12 所示的“题注”界面，单击“新建标签”按钮，打开“新建标签”对话框，如图 3-13 所示，输入文本“图”，单击“确定”按钮，弹出如图 3-14 所示的“题注”界面，单击“编号”按钮，弹出如图 3-15 所示的“题注编号”界面，将“包含章节号”选项前面的复选框勾上。

注意：“题注”要包含章或节编号，需要设置多级列表中的标题样式与大纲级别链接。另外，除了第一次插入题注需要进行如上的操作外，以后每次插入题注时，系统将自动插入顺序编号的题注。

### 3.1.4 交叉引用

对文档中添加的带有编号或符号项的注释内容加以引用说明可以使用交叉引用，具体实现可通过单击“插入—链接—交叉引用”，或者单击“引用—题注—交叉引用”，打开如图 3-16所示的界面，选择一种引用类型后，相关引用类型的编号就出现在下方的文本框中，选取一个引用类型，在“引用内容”选项中选取“只有标签和编号”或其他选项，单击“插入”按钮即可，如图 3-17 所示。

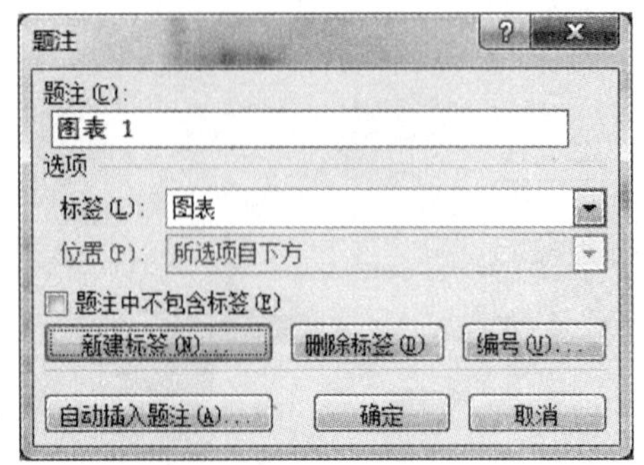


图 3-12 “题注”设置

图 3-13 新建题注“标签”对话框

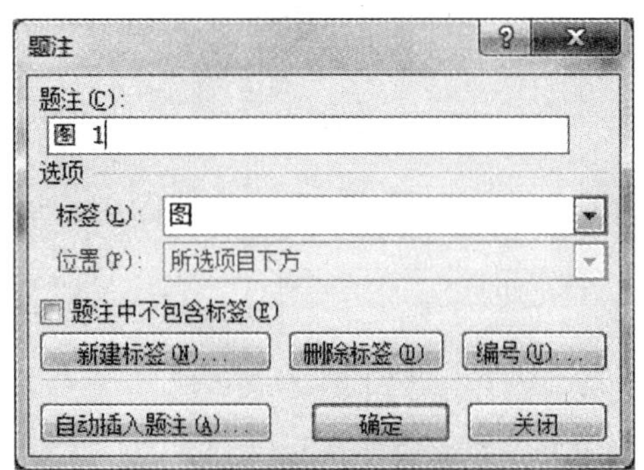


图 3-14 插入“图”标签后的题注

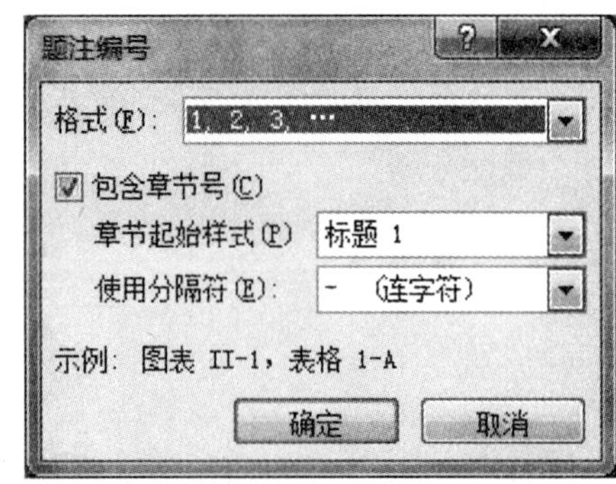


图 3-15 题注编号与章节号关联设置

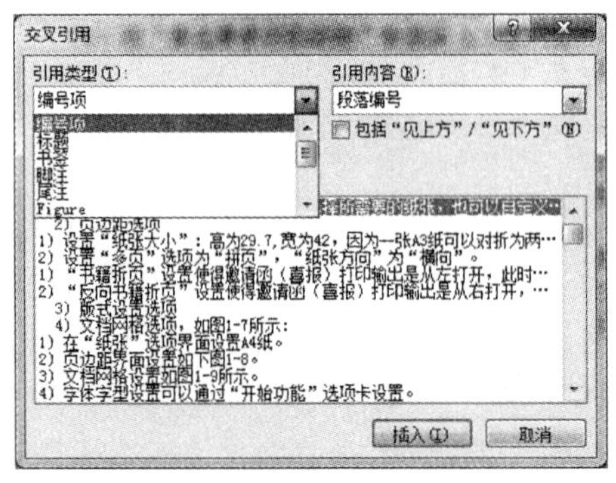


图 3-16 添加交叉引用界面

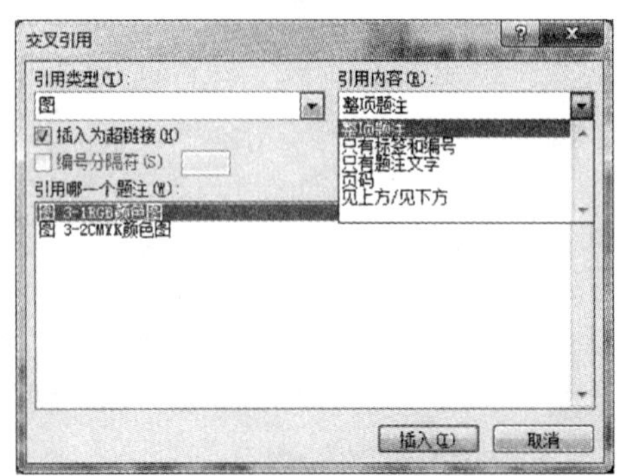


图 3-17 交叉引用的属性选项

### 3.1.5 引文和书目

使用引文和书目功能可以自动生成参考文献目录，简化用户对参考文献的管理。学术论文中若引用参考文献中的观点、数据等时，在引用位置处可以使用引文的方式对其进行标注。

具体创建时需要先创建“源”，创建“源”可单击“引用－引文与书目－管理源”打开如图3-18所示的“管理源”界面，单击“新建”按钮打开如图3-19所示的“创建源”界面，将参考文献相关的信息填写好，单击“确定”按钮，参考文献“源”创建完毕。选择“引用－引文与书目－样式”中的某一个样式，将光标置于需要插入参考文献的位置，单击“引用－引文与书目－书目－插入书目”，可将“管理源”界面中“当前列表”里的参考文献插入。

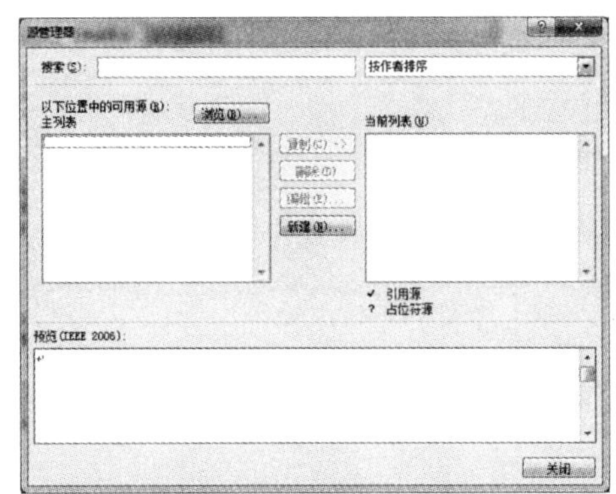


图 3-18 “管理源”界面

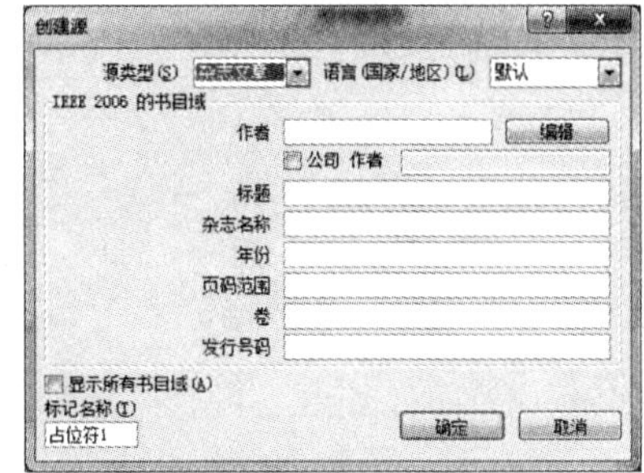


图 3-19 “创建源”界面

注意：

(1) 只有在“当前列表”中的“源”才能通过“插入书目”的方法插入到当前文档中；

(2) 在“管理源”界面中，可以通过“删除”按钮删除“当前列表”和“主列表”的源，也可以使用“复制”按钮将“主列表”中的源复制到“当前列表”中；

(3) “主列表”中的源删除之后若需要该源，并且“当前列表”中不存在该源，则需要单击图 3-18“管理源”界面中“新建”按钮重新添加。

## 3.2 实验目的

1. 熟练掌握样式的概念；
2. 熟练掌握内置样式的使用；
3. 熟练掌握自定义样式的创建与使用；
4. 熟练掌握多级列表编号的设置；
5. 熟练掌握自动生成目录的方法；
6. 进一步熟练域的使用。

## 3.3 实验内容

1. 在“论文.docx”中新建样式 p1，并使用三种方法将 p1 应用到毕业论文的正文中，p1 样式为：楷体，四号，1.5 倍行距，首行缩进 2 字符，段前、段后为 0.5 行。

2. 新建文档“AOA.docx”，由两页组成，要求如下：

(1) 第一页内容如下：

第一章版面设计

　第一节应用实例

　第二节开始文件

第二章内容编排

　第一节应用实例

第二节图文混排

第三章域与修订

第一节应用实例

第二节域的概念

其中：章和节的序号为自动编号(多级符号)，分别使用样式“标题 1”和“标题 2”。

(2) 新建样式“p2”，使其与样式“标题 1”在文字格式外观上完全一致，但不会自动添加到目录中，并应用于“第二章内容编排”中。

(3) 在第二页自动生成目录，目录单独成一节，并观察生成的目录与标题的关系。

## 3.4　实验分析

1. 打开“样式”任务窗格创建 p1，选择需要应用的文本后单击样式 p1，文本就应用了样式 p1；先使某一段落应用 p1，选中该段落，双击格式刷，再单击其他正文文本段落，被单击的段落应用了 p1 样式；通过查找/替换功能，查找文本现在的样式并替换成 p1 样式。

2. 先进行多级列表设置，再将标题 1、标题 2 样式应用到文档中章、节标题上；将光标置于第二章处，新建 p2 样式，修改“段落”设置界面中的大纲级别为正文文本；自动插入目录后第二章不在目录中。

## 3.5　实验步骤

1. 本题操作如下：

(1) 打开“论文.docx”文档，单击“开始－样式”组右下角的“新建样式”按钮打开“样式”任务窗格，如图 3-1 所示；单击左下角的箭头弹出“创建新样式”界面，如图 3-5 所示，按图中所示填写“属性”选项中的相应参数，再设置格式选项的字体和段落。

(2) 字体、字号的设置：可在“格式”选项中设置字体、字号，也可以单击左下角的“格式”按钮，选择“字体”选项进入“字体”界面进行设置，设置好后，单击“确定”按钮退出到图 3-5 所示界面。

(3) 段落的设置：单击图 3-5 左下角的“格式”按钮，选择“段落”选项进入“段落”界面进行设置，设置 1.5 倍行距，首行缩进 2 字符，段前、段后 0.5 行，如图 3-20 所示，单击“确定”按钮退出到图 3-5 所示界面，再单击“确定”按钮退出，样式 p1 建立完成。

(4) 应用样式：

① 使用“查找/替换”样式的方法应用样式，打开“查找和替换”界面，将光标置入“查找内容”文本框处，单击左下角“格式－样式”，选择正文中需要替换的样式，再将光标置入“替换为”文本框处，单击左下角“格式－样式”，选择新建的“p1”样式，单击“全部替换”；

② 选中某正文段落后单击 p1 样式，双击“开始－格式刷”，再逐一单击其他段落中的任何位置，直到全部正文单击完，单击的段落均应用了新样式 p1；

③ 将光标置于需要应用样式 p1 的段落，右击“样式”任务窗格中对应的样式，选择所有的 x(x 的大小是系统根据当时有几个与选中的段落相同的段落确定的)个实例，单击新样式

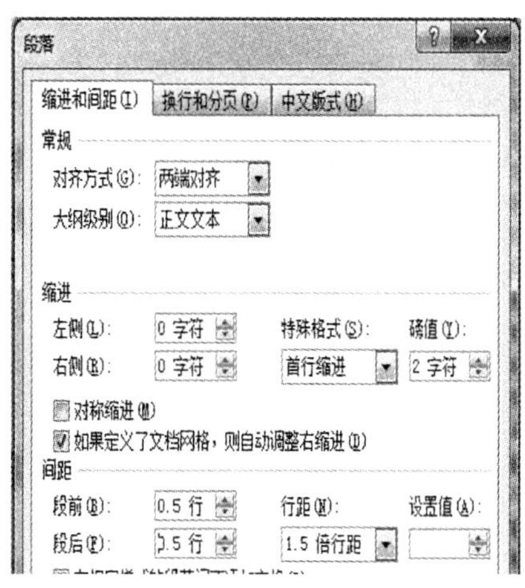


图 3-20 “段落”设置界面

p1,所有选择的实例都被应用了 p1 样式。

2. 本题操作如下:

(1) 打开“AOA.docx”文档,将“视图”功能模块下“导航窗格”和“标尺”前的复选框勾上。

(2) 单击“开始—段落—多级列表”选项,在弹出的界面中选择“定义多级列表”选项,打开“定义新多级列表”界面。

(3) 在“单击要修改的级别”中选择 1,在“此级别的编号样式”选项的下拉列表中选择大写数字编号样式,在“输入编号的格式”下的文本框中的编号前和后分别输入“第”和“章”,设置右侧的级别 1 与标题 1 对应,如图 3-21 所示。

(4) 在“单击要修改的级别”选项中选择级别 2,按图 3-22 所示设置各选项,单击“确定”按钮退出“定义新多级列表”设置界面。

(5) 将光标移到文档中“章”标题行,单击“标题 1”应用该样式,将光标移到“小节”标题行,单击“标题 2”应用该样式,单击“导航窗格”中的“浏览你的标题”选项,显示的是应用了标题样式的标题,单击某一个标题可以快速定位到文档中该标题处,如图 3-23 所示。

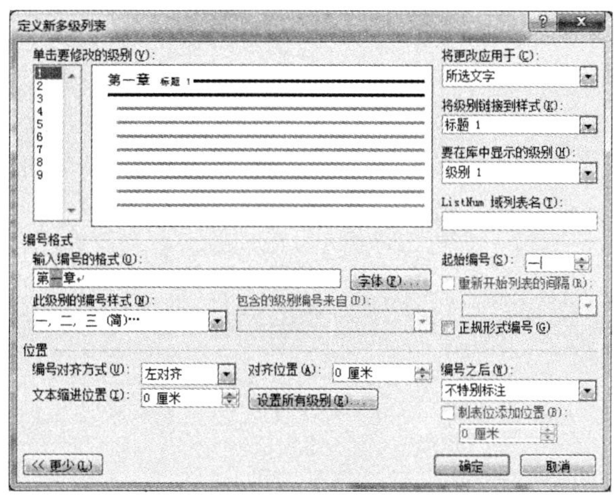


图 3-21 定义新多级列表界面(级别 1)

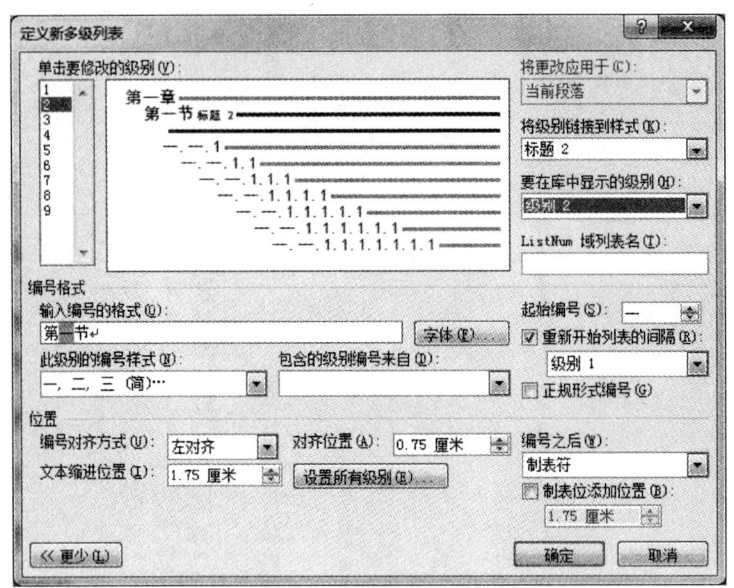


图 3-22　定义新多级列表界面(级别 2)

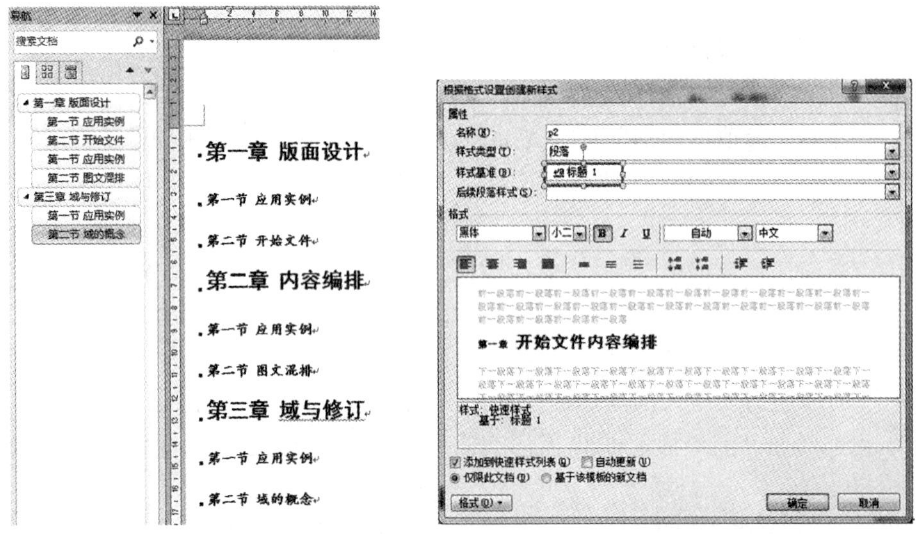


图 3-23　应用了标题 1 和标题 2 的效果　　　　图 3-24　“创建新样式”设置界面

(6) 单击图 3-1 所示的“样式”任务窗格左下角的“创建新样式”对话框，将样式基准设置为“标题 1”，相应的参数按图 3-24 所示设置，单击左下角的“格式－段落”，设置“大纲级别”为“正文文本”，如图 3-25 所示，单击“确定”按钮退到“创建新样式”界面，再单击该界面中的“确定”按钮，p2 样式建立完毕。将 p2 应用到第二章，效果如图 3-26 所示，目录如图3-27所示。

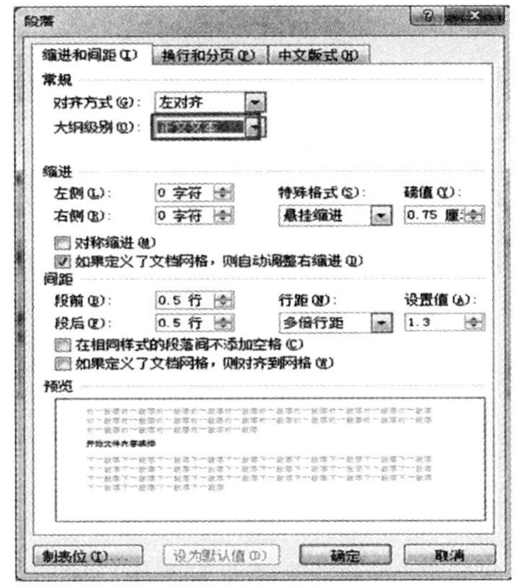


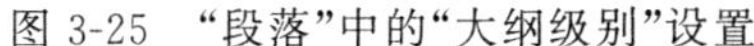
图 3-25 “段落”中的“大纲级别”设置

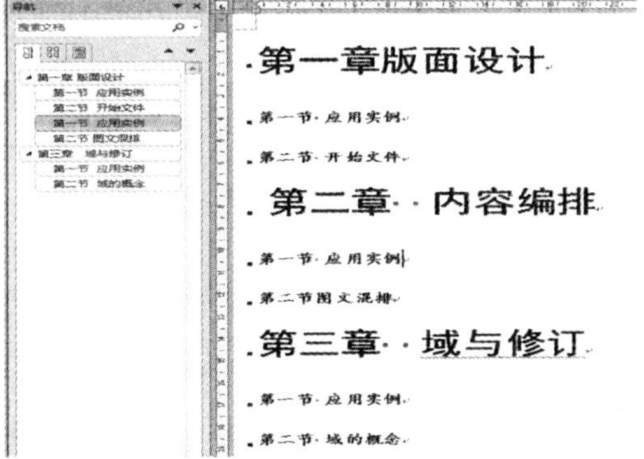


图 3-26 页面排版最后效果

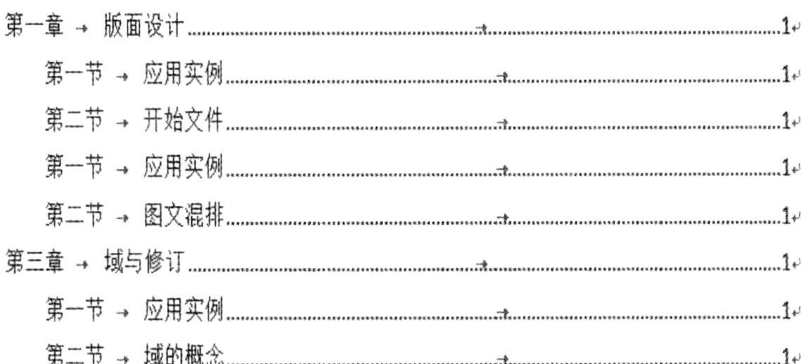


图 3-27 页面排版完成后的目录

# 实验 4

# 目录和索引

## 4.1 知识要点

### 4.1.1 目录的创建

创建目录有手动与自动两种方法：手动创建的目录称为静态目录，操作简单，但是手动创建的目录在页码发生改变时无法自动进行更新；而自动生成的目录在页码发生变化时可以更新，但生成目录项的标题文本必须应用“标题”样式。有了目录后，按下 Ctrl 键不松手并单击目录项就可以访问目录所在的页码。一般情况下，目录会单独成为一节。

添加静态目录可以通过设置制表位来完成，例如，为“论文.docx”文档添加静态目录，可以按如下操作来实现。

1. 制表位的设置：

(1) 将光标置入第一行的最左边，单击“页面布局－分隔符－分节符－下一页”插入带分节符的新页面，将光标置入新页面开始处，输入文字“目录”，应用“标题 1”样式，并回车两次。

(2) 单击“开始－段落－制表位”打开“制表位”界面，如图 4-1 所示。在“制表位位置”栏输入数字 6 作为一级目录编号的开始位置(即“章”编号的起始位置)，勾选“对齐方式”、“前导符”后，单击“设置”按钮。

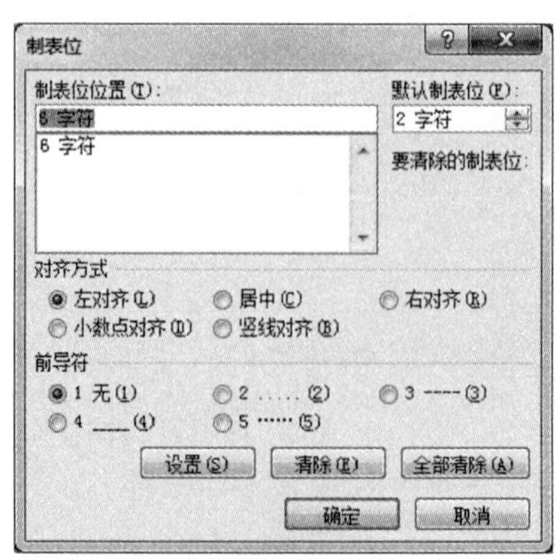


图 4-1 制表位设置 1

(3) 输入“制表位位置”为 12 作为目录编号内容的位置，设置按照图 4-2 所示的勾选，单击“设置”按钮。

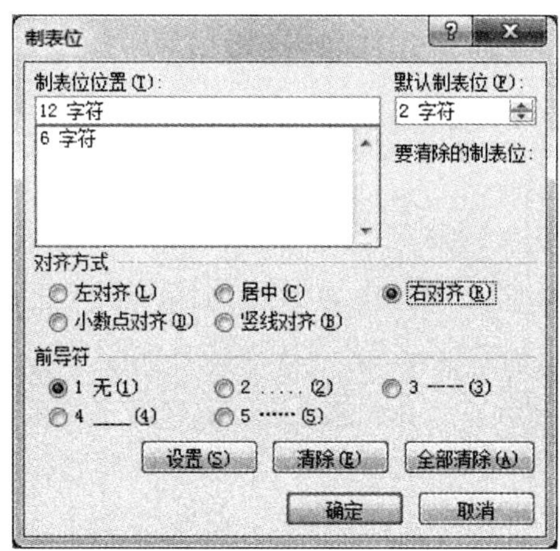


图 4-2　制表位设置 2

(4) 输入“制表位位置”为数字 38，“对齐方式”、“前导符”按照图 4-3 所示的勾选，单击“设置”按钮，结果如图 4-4 所示，单击“确定”退出。

图 4-3　制表位设置 3

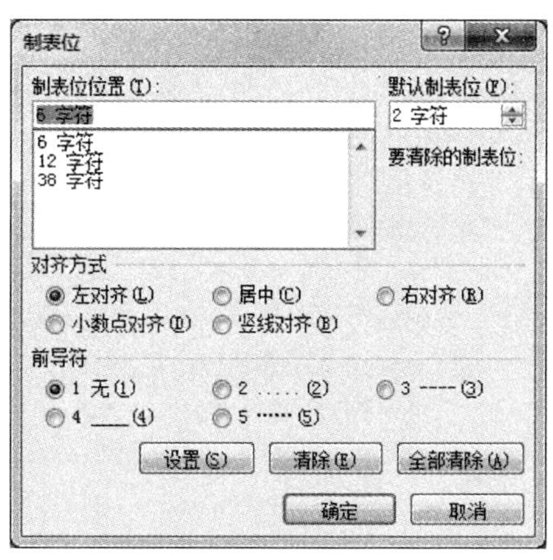


图 4-4　制表位设置 4

2. 一级目录的插入：

(1) 单击“视图—标尺”打开标尺，单击 Tab 键使插入点移到第一个制表位的位置(若需要返回到上一个制表位可单击 Backspace 键)，输入章编号 2。

(2) 单击 Tab 键使插入点移到第二个制表位的位置，输入第二章标题内容“设计方案的研究”。

(3) 单击 Tab 键产生页码的前导符，此时插入点移到第三个制表位上，输入页码，回车。

3. 二级目录的插入：单击标尺上的制表位 8(或者拖动标尺上的制作符到 8 位置)，使光标移到二级编号插入点开始的位置，输入二级目录编号，再单击 Tab 键，输入二级标题内容，再单击 Tab 键，输入页码。重复步骤(2)—(3)直到所有的目录项输入完毕，如图 4-5 所示的是手动插入的目录效果。

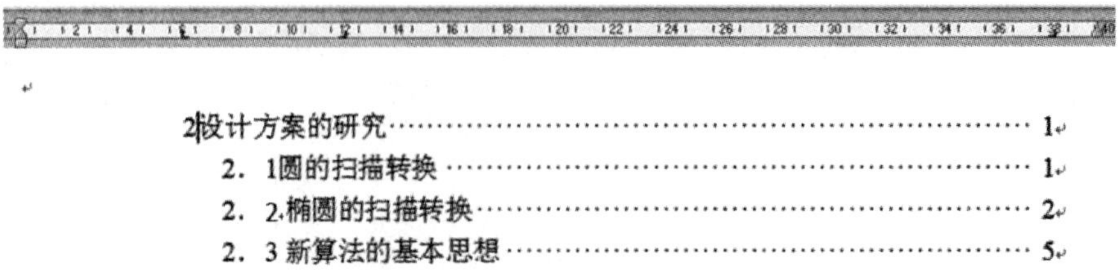

2设计方案的研究……………………………………………………1
2. 1圆的扫描转换……………………………………………………1
2. 2椭圆的扫描转换…………………………………………………2
2. 3 新算法的基本思想………………………………………………5

图 4-5　手动插入的目录

4. 为每一标题目录项添加超链接：在正文标题处添加书签，并在目录标题项中添加对书签的超链接，然后去掉超链接中字体的颜色和下划线。光标置入超链接的对象中(不是选中)，在样式窗格中有“超链接”样式被选中，右击“超链接”样式，选择“修改－格式－字体”，将“字体的颜色”改为“自动”，“下划线”改为“无”，退出。

注意：二级目录较一级目录要左缩进一些，所以可以直接单击标尺上比第一个制表位大一点的位置，再开始输入二级目录项，依次类推。

除了以上方法以外，还可以通过“引用－目录－手动目录”创建目录，例如，为“论文.docx”文档添加静态目录，操作如下：

1. 单击“引用－目录－手动目录”，插入如图 4-6 所示的目录结构，将光标移到目录的第一行，输入章号，单击 Tab 键后输入章标题，再单击 Tab 后输入标题所在的页码。

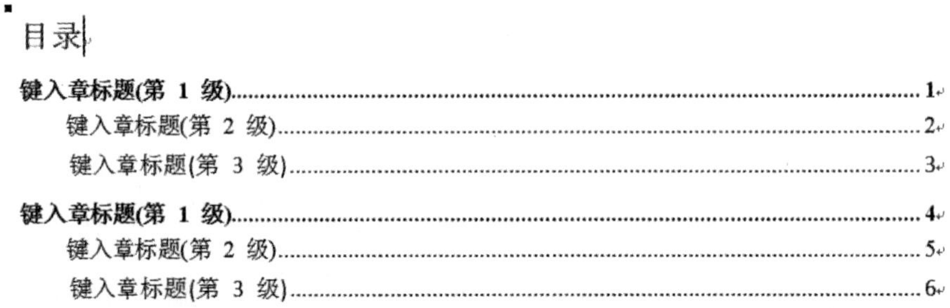

目录

**键入章标题(第 1 级)**……………………………………………………1
键入章标题(第 2 级)……………………………………………………2
键入章标题(第 3 级)……………………………………………………3
**键入章标题(第 1 级)**……………………………………………………4
键入章标题(第 2 级)……………………………………………………5
键入章标题(第 3 级)……………………………………………………6

图 4-6　手动目录模板

2. 将光标移到目录的第二行，输入节号，单击 Tab 键后输入节标题，再单击 Tab 后输入节标题所在的页码。

3. 重复(1)－(2)的步骤输入所有的章和节目录，效果如图 4-7 所示。

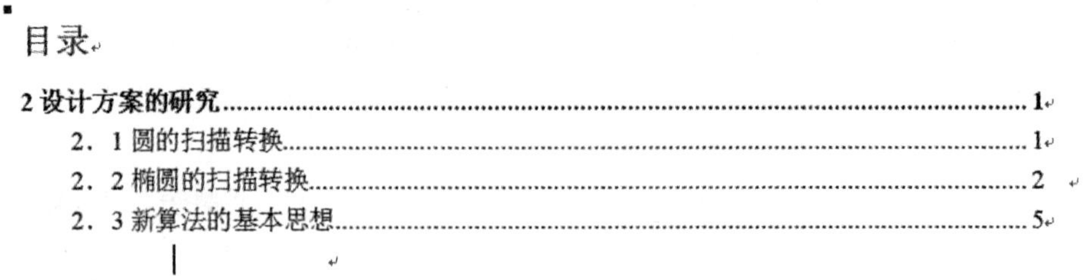

目录

**2 设计方案的研究**……………………………………………………1
2. 1 圆的扫描转换……………………………………………………1
2. 2 椭圆的扫描转换…………………………………………………2
2. 3 新算法的基本思想………………………………………………5

图 4-7　手动输入的目录

4. 为标题添加超链接可参考前面例子。

系统自动形成目录的话，需要生成目录项的标题必须应用标题样式，例如，为“论文.docx”文档添加目录可以按如下操作实现：

1. 将论文标题先应用标题 1、标题 2 样式。

2. 单击“引用－目录－插入目录”插入目录，弹出如图 4-8 所示“目录”界面，勾选“显示页码”和“页码右对齐”前面的复选框，“常规”选项中“格式”选择“来自模板”，“显示级别”根据情况选择，如果选择“3”，则表示可以显示三级标题目录项（如果存在三级的标题目录的话），选择“1”则只显示一级标题目录。

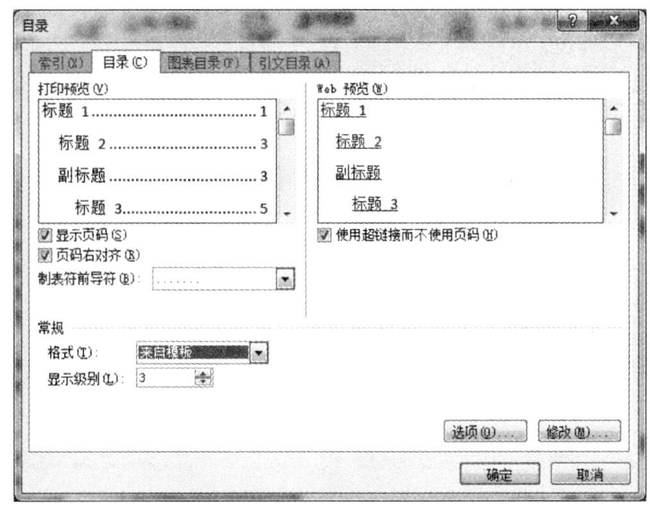


图 4-8　系统自动插入目录界面

3. 单击“确定”按钮，效果如图 4-9 所示。

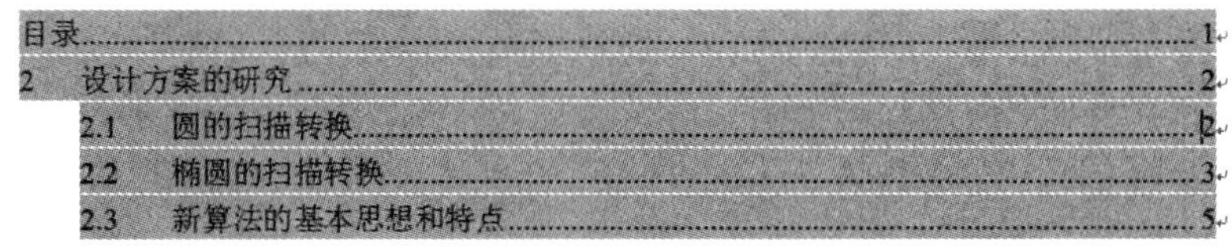

目录......1
2　设计方案的研究......2
2.1　圆的扫描转换......2
2.2　椭圆的扫描转换......3
2.3　新算法的基本思想和特点......5

图 4-9　自动插入目录

### 4.1.2　索引

索引是 Word 中提供的可以列出一篇文章中重要概念或题名等的出处、所在页码，以便快速检索查询的一项重要功能。创建关键词索引表前必须先对索引关键词建立索引项，索引项的标记分为手动标记和自动标记，而索引项又有主索引项和次索引项之分。

标记索引项要注意索引项可与关键词相同，也可以不同，但关键词必须是文档中出现过的。例如，关键词“浙江”可以用“浙江”作为索引项，也可以用“Zhejiang”作为索引项。

自动标记索引与手动标记索引不同的是自动标记索引需要建立一个索引项自动标记表文件，而手动标记索引项则可以直接在文档中手动进行索引项的标记。

若对类似于“浙江温州”中的“浙江”和“温州”进行索引的话，则可以将“浙江”作为主索引项标记，同时又可以将“浙江温州”作为次索引项标记，这样就可以查找到关键词“浙江温州”中的“浙江”和“温州”。

例如，使用手动标记的方法为“Photoshop.docx”文档中的关键字“Photoshop”建立关键字索引表。其中为关键字“Photoshop”建立主索引项为“Photoshop”；而为关键字“Adobe Photoshop”中的“Photoshop”，则建立主索引项为“Adobe”，次索引项为“Photoshop”。操作如下：

1. 选取“Photoshop”，单击“引用－索引－标记索引项”，弹出如图 4-10 所示的“标记索引项”对话框，再单击“标记全部”按钮，则文档中“Photoshop”文本被标记了索引项。

2. 选取“Adobe Photoshop”，单击“引用－索引－标记索引项”，在弹出的“标记索引项”界面中，将主索引项改为“Photoshop”和次索引项设为“Adobe Photoshop”，如图 4-11 所示，单击“标记全部”按钮。

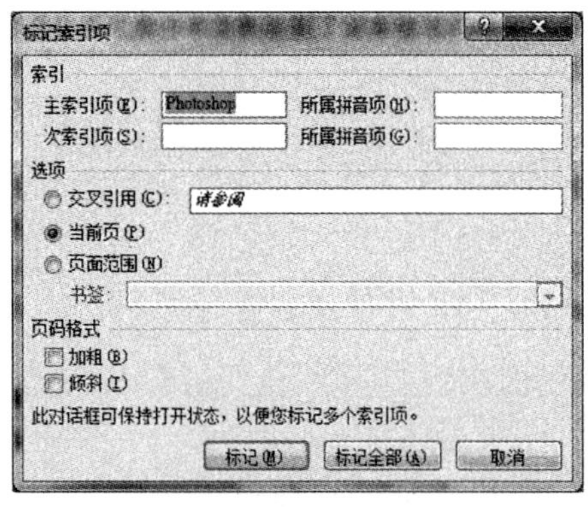


图 4-10　手动标记索引

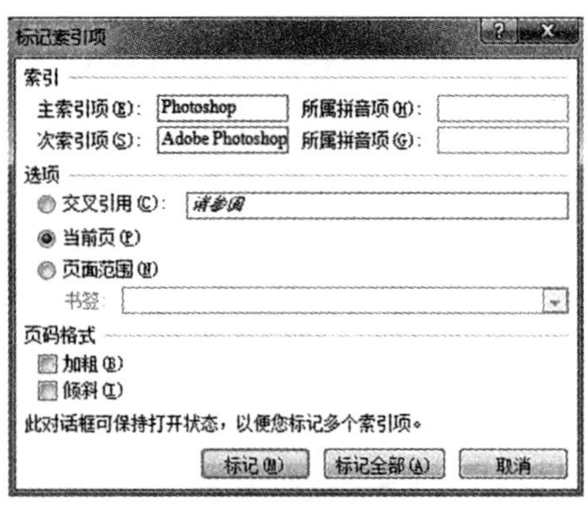


图 4-11　手动标记次索引项

3. 将光标置入文档末尾，单击“页面布局－分隔符－下一页”插入一个分节符，输入文本“关键字索引目录”，应用“标题 1”样式并回车；单击“引用－索引－插入索引”打开“索引”界面，如图 4-12 所示，选择相应的选项，单击“确定”按钮，结果如图 4-13 所示。

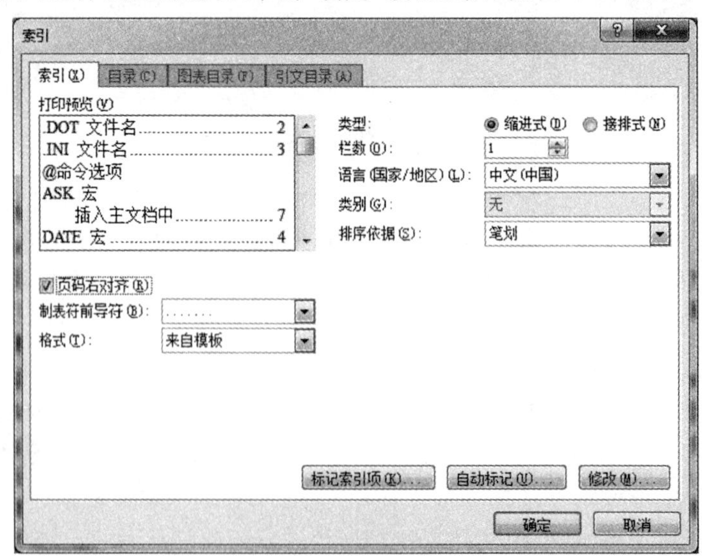


图 4-12　“索引”界面

关键字索引目录

图 4-13　关键字索引目录

上例中使用自动标记索引项的方法可按如下操作实现：

1. 建立索引项自动标记文档，插入如图 4-14 所示的 2 行 2 列的表格，保存为“myindex.docx”。

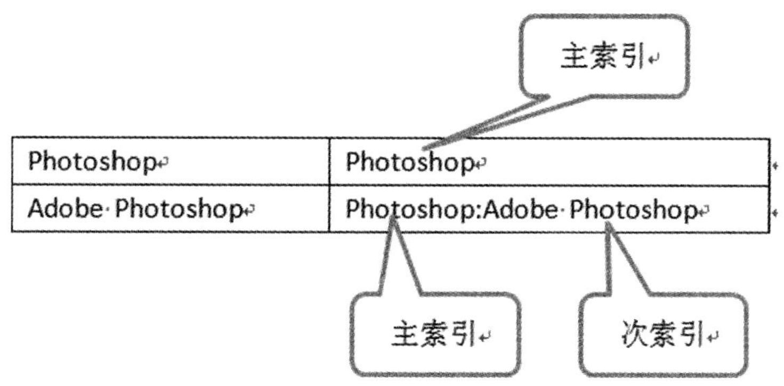



图 4-14　自动标记索引关键字表

2. 打开“Photoshop.docx”文档，单击“引用—索引—插入索引”打开“索引”对话框，单击“自动标记”按钮，在弹出的“打开自动索引标记文件”界面中输入索引项自动标记文件“myindex.docx”文档，单击“打开”按钮。

3. 将光标置入文档中需要插入关键词索引目录的位置，单击“引用—索引—插入索引”打开“索引”界面，如图 4-12 所示，选择相应的选项，单击“确定”按钮，结果如图 4-13 所示。

## 4.2　实验目的

1. 掌握静态目录创建的方法；
2. 掌握自动生成目录的方法；
3. 掌握目录格式修改的方法；
4. 掌握关键字索引表的创建的方法，深入理解索引的意义。

## 4.3　实验内容

1. 为“论文.docx”文档添加静态目录，要求如下：

(1) 一级目录编号起始位置左对齐，制表位 4 字符，无前导符；标题内容右对齐，制表位 15 字符，无前导符；页码右对齐，制表位 37 字符，前导符为“……”。

(2) 二级目录编号起始位置左对齐，制表位 6 字符，无前导符；标题内容右对齐，制表位 15 字符，无前导符；页码右对齐，制表位 37 字符，前导符为“……”。

2. 使用自动插入目录的方式为“论文.docx”文档插入目录，并修改目录标题内容的制表位为6字符，页码的制表位为38字符，其他不变。

3. 分别使用手动标记索引项和自动标记索引项的方法为“论文.docx”文档添加“关键字索引目录”，关键字有：“Bresenham 算法”、“计算机图形学”和“二步法”。

## 4.4 实验分析

1. 新建两个应用于目录的样式 m1 和 m2，分别应用于一级和二级目录所在行，应用了相应的样式后在标尺上会有三个制表位出现，在对应行相应的制表位位置处分别输入目录的编号、目录标题内容和页码。从前一个制表位移到后一个制表位可单击键盘上的 Tab 键，反之单击 Backspace 键。

2. 根据要求，本题可以从几个方面考虑：

(1) 系统自动生成目录的前提条件是生成目录的标题必须应用系统中提供的标题样式或者基于标题的样式，本题可使一级目录应用标题 1，二级目录应用标题 2。

(2) 单击目录靠近页码处位置，在标尺上可以看到两个制表位，一个在4字符的位置，另外一个是在最右边的41.51字符的位置。双击“制表位”，可打开“制表位”界面，重新设置新的制表位即可。

3. 根据要求，本题可以从几个方面考虑：

(1) 手动标记索引项可以选取“Bresenham 算法”，单击“引用－索引－标记索引项”进行标记，再选择“计算机图形学”，单击“标记索引项”界面中的主索引项输入框进行标记，同样方法对“二步法”进行索引标记后，再插入关键字索引目录即可。

(2) 自动索引项的标记需要建立一个包含对所有索引关键字进行索引的一个表格文件，再切换到需要建立关键字索引目录的文档中，先对所有的关键字进行索引，再插入关键字索引目录即可。

## 4.5 实验步骤

1. 本题步骤如下：

(1) 打开“论文.docx”文档，将光标置入文档的第一行，单击“页面布局－分隔符－分节符－下一页”，插入一个单独一节的新页面。

(2) 光标置入文档的第一行，输入文本“目录”，应用“标题 1”样式，使其居中，回车，使光标移到下一行。

(3) 单击“开始－样式”右下角的箭头，打开“样式”任务窗格，新建目录样式 m1，该样式基准为正文，如图 4-15 所示，单击界面左下角“格式－制表位”，打开“制表位”界面。

① 章目录的“编号”制表位设置：在“制表位位置”处输入 4，对齐方式为“左对齐”，前导符为无，然后单击“设置”按钮，如图 4-16 所示，“章”标题编号的制表位设置完毕。

② 章目录“内容”制表位设置：在“制表位位置”处输入 15，对齐方式为“右对齐”，前导符为无，如图 4-17 所示，单击“设置”按钮。

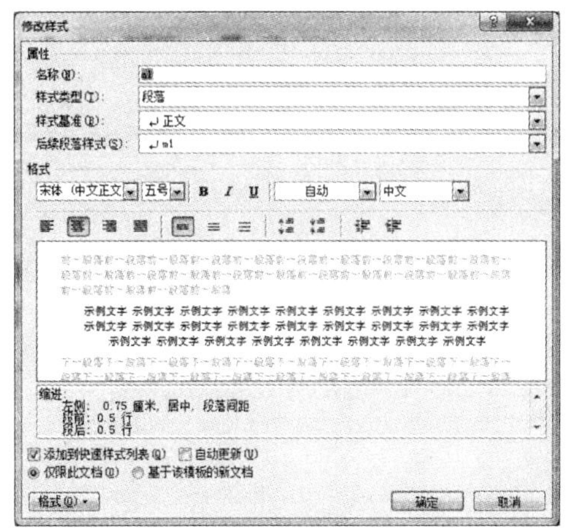


图 4-15　新建目录样式 m1

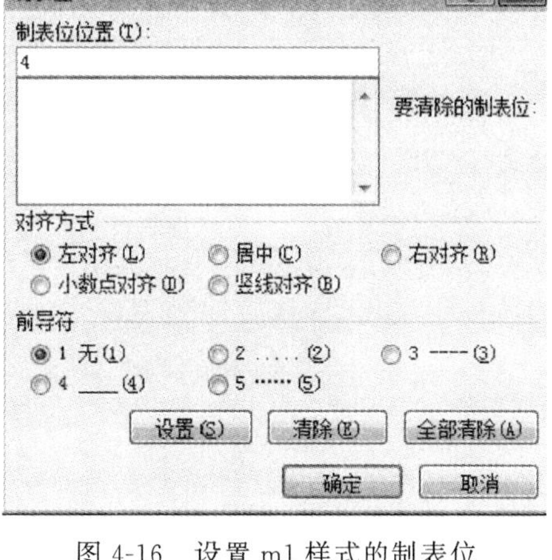


图 4-16　设置 m1 样式的制表位

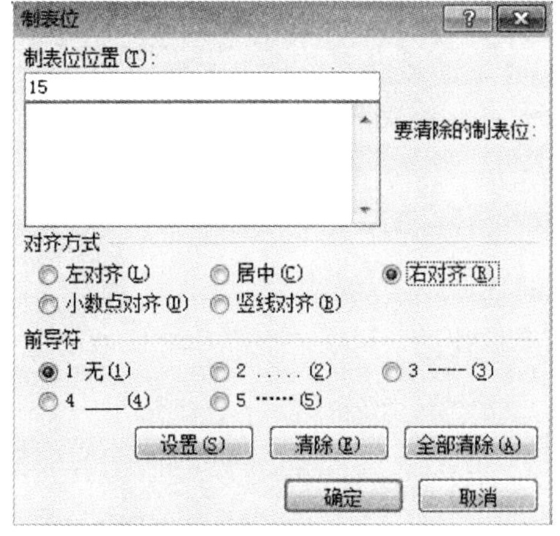


图 4-17　“章”(m1)标题的制表位设置

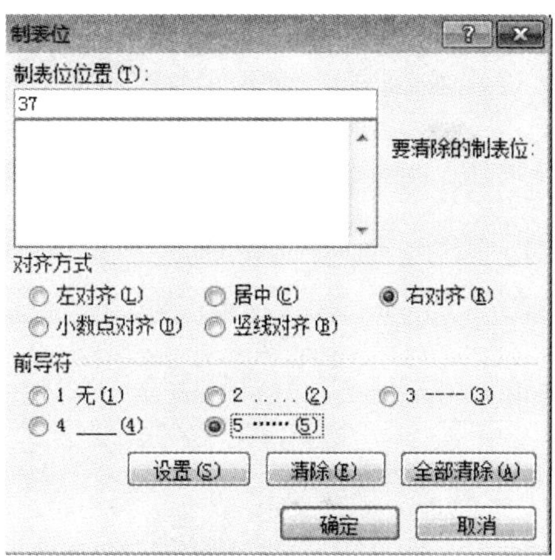


图 4-18　“节”(m2)标题的制表位设置

③ 章目录的“页码”制表位设置：在“制表位位置”处输入 37，对齐方式为“右对齐”，前导符为“……”，然后单击“设置”，如图 4-18 所示，单击“确定”按钮。

(4) 同样的方法创建样式“节”标题目录样式 m2。

(5) 目录的创建：

① 打开标尺，将光标置于放置章目录起始行，单击“样式”任务窗格中的 m1，使用 Tab 键和 Backspace 键将光标置于标尺上所指示的第一个制表位位置 4 处，输入章标题编号“第 1 章”，单击 Tab 键，使光标移到下一个制表位 15 处，输入章目录内容“系统的开发技术”，再单击 Tab 键，将光标移到下一个制表位 37 处，输入具体页码。

② 将光标置入下一行，单击“样式”任务窗格中的 m2，使用 Tab 键和 Backspace 键使光标位于制表位 6 处，输入节标题编号“1.1”，单击 Tab 键，输入“系统的开发技术”，再单击 Tab 键输入具体页码。

*注意：三级目录若也使用 m2 样式的话，只需适当改变目录的缩进即可。*

③ 重复以上步骤直到所有的目录都输入完毕，结果如图 4-19 所示。

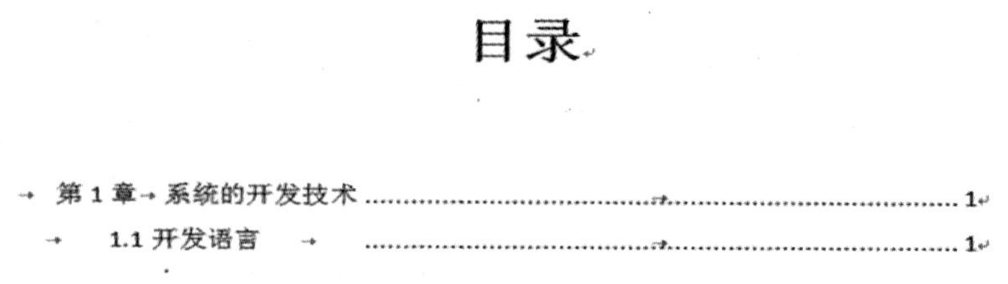

目录

第 1 章 系统的开发技术 ........................................ 1

1.1 开发语言 ........................................ 1

图 4-19 静态目录

2. 本题操作如下：

(1) 打开“论文(源).docx”文档，单击“引用—目录—插入目录”插入如图 4-20 所示的目录，从图中可以看到标尺上有两个制表位，其中一个是标题内容的制表位，另一个是页码的制表位，具体大小可以通过双击制表符查看并修改。

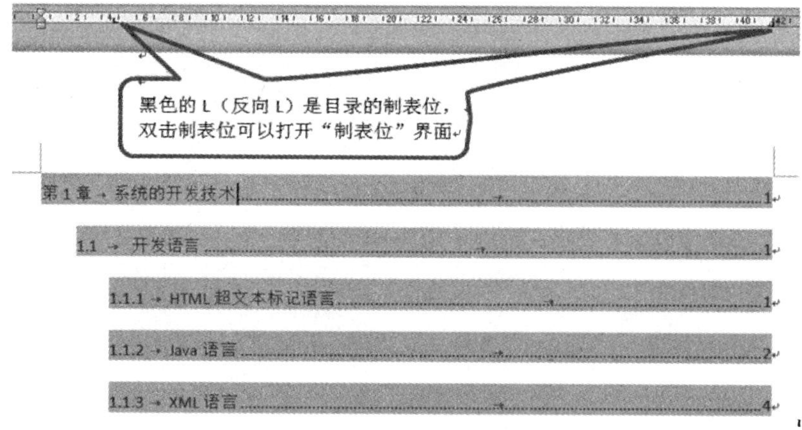


图 4-20 自动插入的目录

(2) 光标置于一级目录行，双击左边的制表位打开如图 4-21 所示的“制表位”界面，可以看到当前制表位是 4.2 字符，单击“清除”按钮将其清除，重新输入 6 字符，“对齐方式”选项为“左对齐”，“前导符”选项为“无”，单击“设置”按钮后再单击“确定”按钮，目录改变如图 4-22 所示，从图中可看出，制表位发生了变化。

(3) 双击右边的制表位打开如图 4-21 所示的“制表位”界面，可以看到 41.51 字符的制表位，选择 41.51 字符，单击“清除”按钮将其清除，重新输入 38 字符，“对齐方式”选项为“右对齐”，“前导符”选项为“2”，如图 4-23 所示；单击“设置”按钮后再单击“确定”按钮，目录发生了改变，如图 4-24 所示。

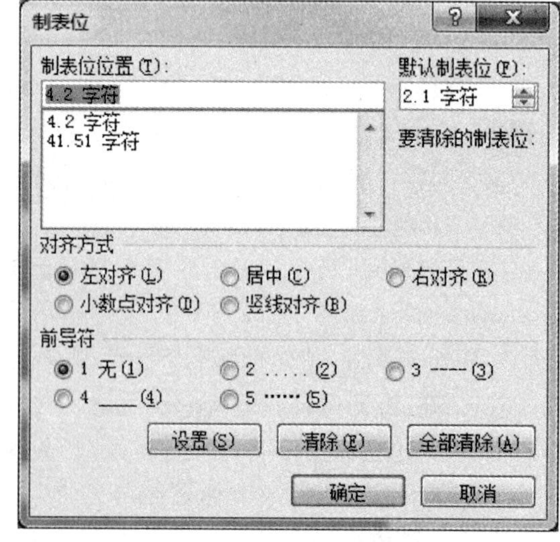


图 4-21 目录 1 内容制表位系统设置

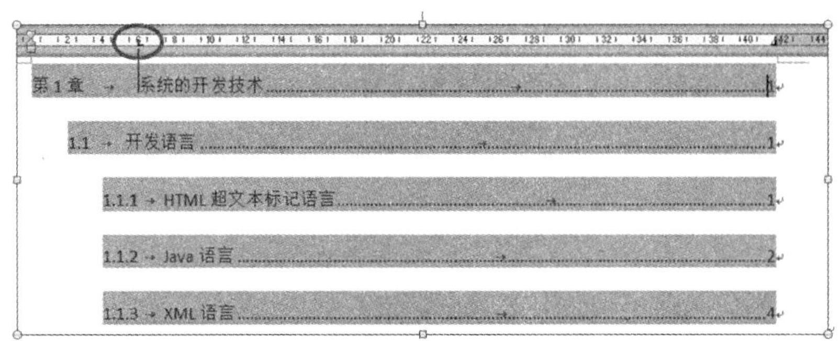


图 4-22　目录 1 内容制表位修改为 6 字符后目录

图 4-23　目录 1 页码制表位修改为 38 字符设置

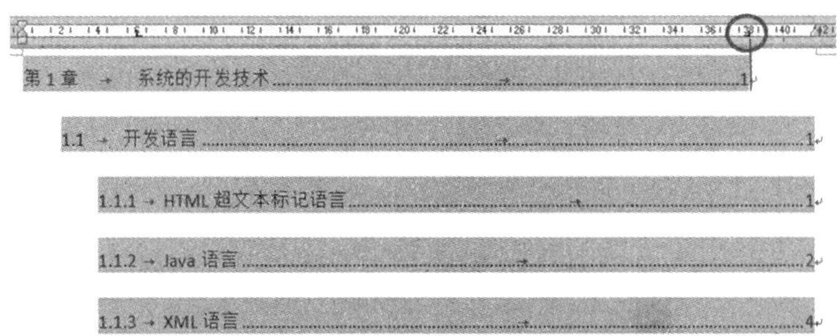


图 4-24　标题页码制表位修改为 38 字符后目录

(4) 同样的方法可以修改二级目录、三级目录的制表位。

3. 本题操作步骤如下：

(1) 手动标记索引项。

① 打开文档“论文索引(源).docx”文档，单击“开始－段落－显示/隐藏编辑标记”显示“索引项标记符”。

② 选取“计算机图形学”，单击“引用－索引－标记索引项”，打开如图 4-25 所示的“标记索引项”界面，单击“标记全部”按钮，文档中的所有“计算机图形学”均被标记为索引项。

③ 选取“Bresenham 算法”，单击“主索引项”选项，使选取的关键字填入“主索引项”右

边的文本框中，单击“标记全部”按钮。

④ 重复③操作，直到所有的关键字均被标记为索引项。

⑤ 将光标置入需要插入关键字索引目录的位置，单击“引用－索引－插入索引”，打开图 4-26 所示的“索引”界面，按该界面设置后，单击“确定”按钮，可在插入点插入关键字索引目录，如图 4-27 所示。

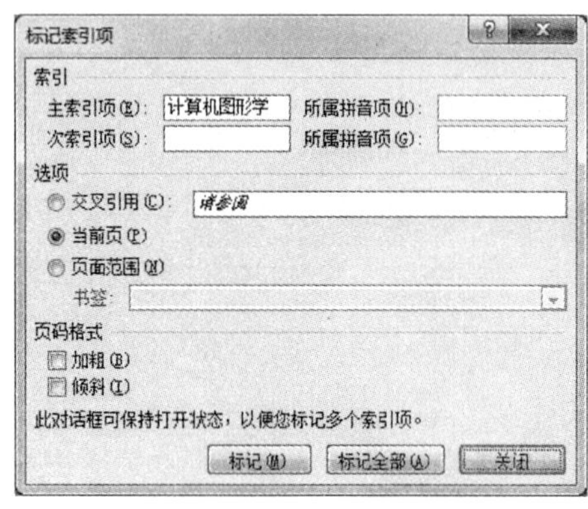


图 4-25　手动标记关键字索引项

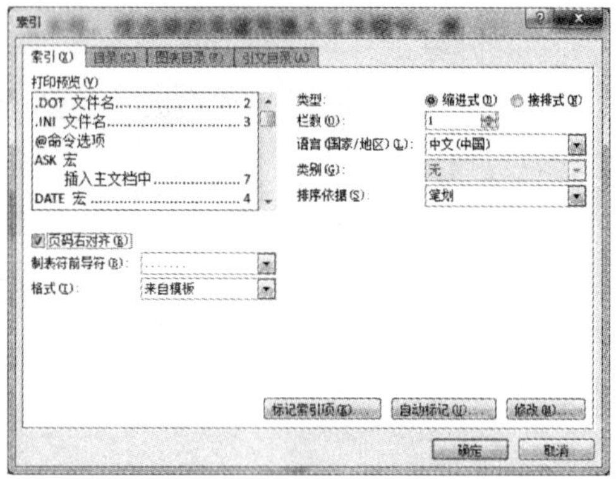


图 4-26　插入索引目录

**关键字索引目录**

Bresenham 算法……………………………… 2, 4, 7, 8, 9, 10, 11, 12, 13

二步法……………………………………………… 2, 4, 10, 19, 23

计算机图形学…………………………………… 2, 4, 5, 6, 7, 8, 21, 22

图 4-27　关键字索引目录

（2）自动标记索引项。

① 打开文档“论文源(索引).docx”文档，单击“开始－段落－显示/隐藏编辑标记”显示“索引项标记符”。

② 新建 Word 文档，存盘为“index.docx”，插入三行二列的表格，建立自动标记索引关键字表，保存，表格如图 4-28 所示。

| 计算机图形学 | 计算机图形学 |
|---|---|
| bresenham 算法 | bresenham 算法 |
| 二步法 | 二步法 |

图 4-28　自动标记索引关键字表

③ 回到“论文源(索引).docx”界面，单击“引用－索引－插入索引”，打开如图 4-26 所示的“索引”界面，单击“自动标记”按钮，在弹出的界面中，选择前面所建立的“index.docx”文档，则“论文源(索引).docx”文档中的关键字被标记为索引项。

④ 将光标置入文档中需要插入关键字索引目录的位置，单击“引用－索引－插入索引”，打开如图 4-26 所示的“索引”界面，按该界面设置后，单击“确定”按钮，结果如图 4-27 所示。

# 实验 5

# 模板、样式集与构建基块

## 5.1 知识要点

### 5.1.1 模板

模板是一个预设固定格式的文档，模板的作用是使文本风格整体一致。模板有.dotx和.dotm两种类型，.dotx模板中不存储宏，.dotm模板中存储宏。Word 2010中任何文档都衍生于模板，新建的空白文档是基于Normal.dotm而衍生的；使用样式集也可以使该模板具有不同风格，也可以将新建的文档样式存储在样式集中供其他文档套用。

文档中样式的修改若是基于所有的Normal.dotm模板文档的话，则基于Normal.dotm模板的新文档的样式都以新修改过的Normal.dotm模板为基准。

模板文件存于"C:\Users\用户名\AppData\Roaming\Microsoft\Templates"文件夹中。

用户除了可以通过系统提供的模板衍生新的文档外，还可以创建具有个性化特色的用户模板，再从该用户模板衍生出新文档；也可使用文档属性部件创建模板文档供用户使用。

1. 模板的创建。单击"文件－新建－空白文档"后弹出如图5-1所示的"新建"界面，在该界面右下角的"新建"选项中选择"模板"，单击"确定"按钮，新建了一个模板，若保存文件名为"模板1.dotx"，系统则将新建模板自动保存到"C:\Users\用户名\AppData\Roaming\Microsoft\Templates"文件夹中。

重新打开"新建"界面，如图5-2所示，个人模板中多了一个刚建好的"模板1.dotx"模板，选择"模板1.dotx"，在"新建"选项中选择"文档"，单击"确定"按钮，则基于用户自定义模板"模板1.dotx"的文档被建立。

2. 在模板中添加文档属性控件。创建一个模板除了可以预设相关的样式以外，模板的版面布局也可以预设，利用文档属性控件可以方便地完成版面的预设工作，对文档属性控件的修改必须要添加"开发工具"功能选项卡。

"开发工具"功能选项卡的添加方法如下：右击功能区的空白处，在弹出的功能列表中选择"自定义功能区"选项后打开如图5-3所示的"Word选项"界面，从"从下列位置选择命令”的下拉列表中选择“主选项卡”后，单击“开发工具”功能选项，再单击右边的“添加”按钮，再单击“确定”按钮。添加了“开发工具”选项卡的工作界面如图 5-4 所示。

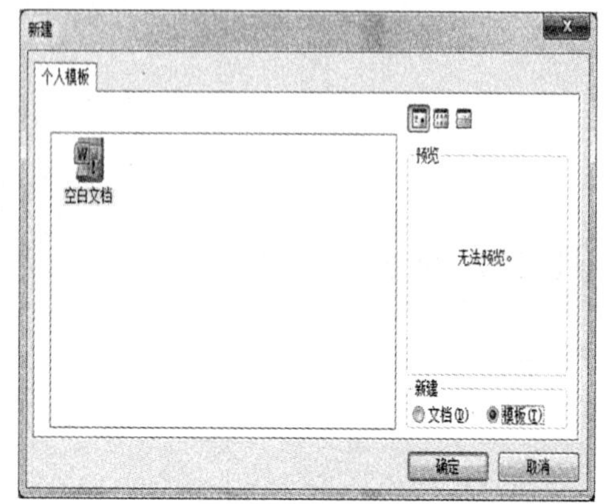


图 5-1 “新建”模板

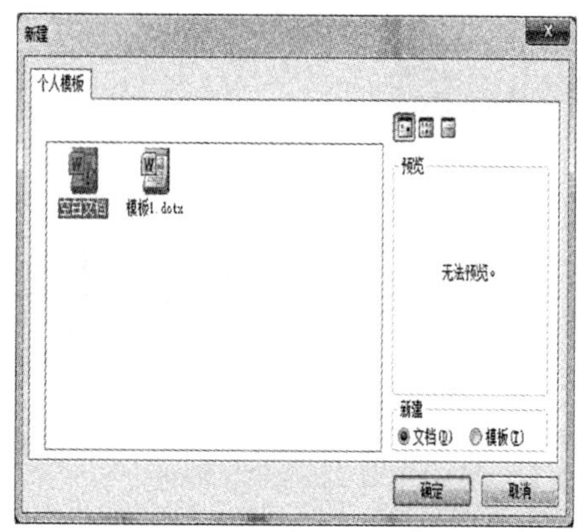


图 5-2 “新建”界面中的自定义“模板 1”

图 5-3 添加“开发工具”功能选项卡

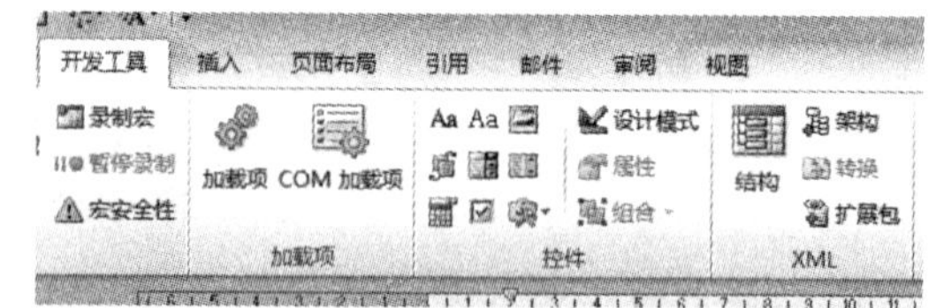


图 5-4 “开发工具”功能选项卡

例如，创建一个如图 5-5 所示版面的论文标题模板，可按如下操作进行：

(1) 单击“文件－新建”，打开“新建”界面，创建一个模板文件。

(2) 单击“插入－文本－文档部件－文档属性－标题”后，在文档模板中插入了“标题”文档属性控件，单击“开发工具－控件－属性”打开如图 5-6 所示的“内容控件属性”界面，修改该界面中的参数选项如图 5-7 所示，单击“确定”按钮。

(3) 单击“开发工具－控件－设计模式”后，将原来的控件显示内容“标题”修改为“标题内容”，修改后的效果如图 5-8 所示，其他“标题”文档属性控件按照上述方法修改即可。

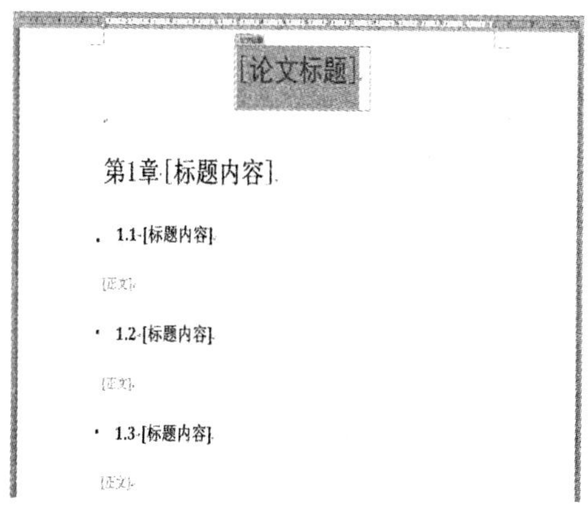


图 5-5　论文模板

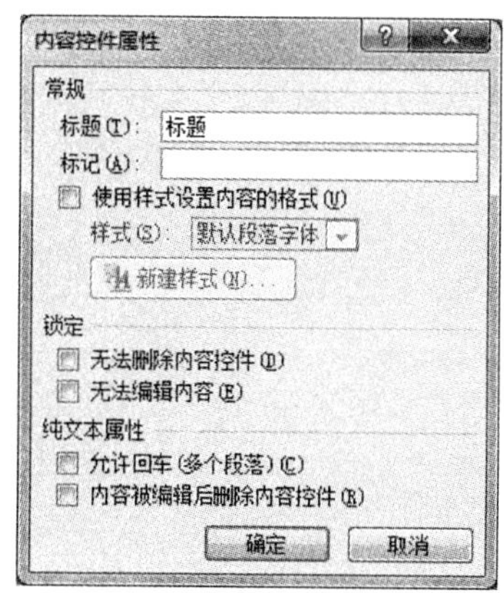


图 5-6　“标题”文档属性控件

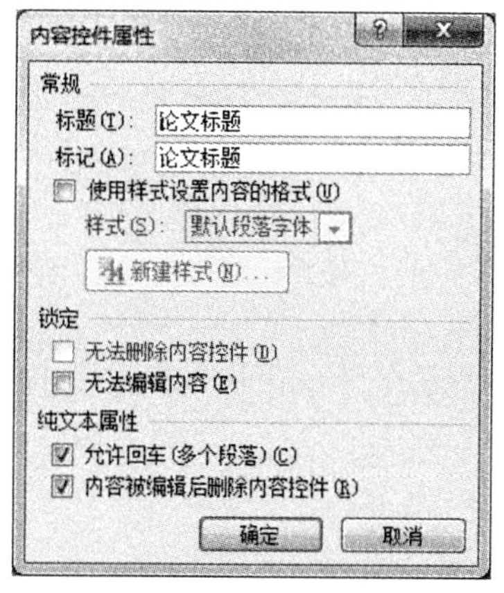


图 5-7　控件属性参数设置

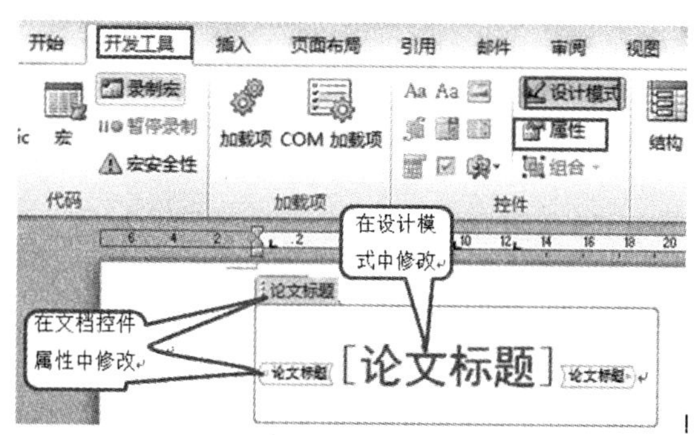


图 5-8　文档属性控件的修改

### 5.1.2　样式集

可以将一个文档中所有使用的样式存为样式集，这个样式集可供其他文档套用，具体实现可通过单击“开始－样式－更改样式－样式集－另存为快速样式集”存储即可。

单击“开始－更改样式－样式集”后，选择一个样式集（刚存的或者系统预存的），样式集就被应用到当前文档中。

### 5.1.3　构建基块

使用构建基块可以将文档中的文本块、页眉/页脚、页码、表格、目录、水印及文本框等根据内容分类建立库，具体实现可以通过选择需要保存的内容后，再单击“插入－文档部件－将所选内容保存到文档部件库”即可。

## 5.2　实验目的

1. 掌握模板的作用；
2. 掌握模板的创建和编辑的方法；
3. 掌握样式集的创建和应用方法；

4. 掌握构建基块的创建和应用的方法。

## 5.3 实验内容

1. 利用“文档属性控件”新建一个“论文模板.docx”，以方便撰写毕业设计论文的学生套用。要求：

(1) “章”标题使用“标题 1”样式且居中，“节”标题使用“标题 2”样式，论文主标题使用自定义的样式，名称为“主题标题”，黑体，一号，居中。

(2) 论文正文样式为：黑色，楷体，小四，首行缩进两个字符，段前、段后分别为 0.5 行，1.5倍行距。

2. 某高校学生撰写毕业论文，当毕业论文撰写完成时，论文要求按新样式重新排版，其中标题 1 和标题 2 以及正文样式的要求都有较大变化。处理的方法是秘书将修改过标题 1、标题 2 和正文样式的模板下发给每一位同学。本题要求：①帮助秘书创建模板文档；②帮助同学们快速应用模板文档，从而使论文按新样式快速重新排版。

3. 创建一个以自己名字为水印的构建基块，例如，名字叫“张三”时，水印为“张三水印”。

4. “论文.docx”的“章”标题应用了标题 1 样式，“节”标题应用了标题 2 样式，正文使用正文样式。完成以下各题：

(1) 修改标题 1 样式为：黑体，一号，蓝色，加粗，居中；标题 2 样式为：楷体，小四号，黑色，加粗，左对齐；正文样式为：首行缩进 2 字符，段前、段后均为 0.5 行，1.3 倍行距。

(2) 将“论文.docx”中的样式添加到样式集中，并命名为“论文”。

(3) 将“论文.docx”文档应用三种以上的样式集，并观察文档格式变化情况。

## 5.4 实验分析

1. 新建一个模板文档，通过“多级列表”设置来自动形成标题编号，设置标题内容和正文的输入位置可通过文档控件提示输入；自定义“论文正文”和“主题标题”样式，分别应用它们去格式“主题控件”和“正文控件”。

2. 本题中，原论文排版要求必须设置多级列表中标题样式与大纲级别的关联；在新建的样式模板文档中也必须要设置多级列表中标题样式与大纲级别的关联，并要修改标题 1、标题 2 和正文的样式；然后打开排版好的论文，直接将新建的模板文档导入即可将模板文档中的样式套用到排版好的论文中。

3. 新建一个文档，插入一个文本框(也可以插入艺术字)，输入“XXX 水印”文本，设置字体的大小、字形、颜色等，旋转文本框，调整好水印文本在页面中的位置，按 Ctrl＋A 全选，单击“插入－文档部件－将所选内容保存到文档部件库”，存盘即可。

4. 通过“样式”任务窗格分别右击标题 1、标题 2 和正文修改样式后，按 Ctrl＋A 全选，单击“开始－样式－更改样式－样式集－另存为快速样式集”将文档的样式存为样式集，取名为“论文”；单击“开始－样式－更改样式－样式集”列表中的任意一个样式集，则该样式集被应用于文档。

## 5.5 实验步骤

1. 本题操作如下：

（1）单击“文件一新建”，打开“新建”界面，创建一个模板文件，存盘为模板“论文模板.dotx”。

（2）单击“开始一多级列表符号”，在弹出的下拉列表选项中选择“定义新的多级列表”，设置级别 1 与标题 1 链接，级别 2 与标题 2 链接（其他均为系统默认设置），设置界面如图 5-9、图 5-10所示。

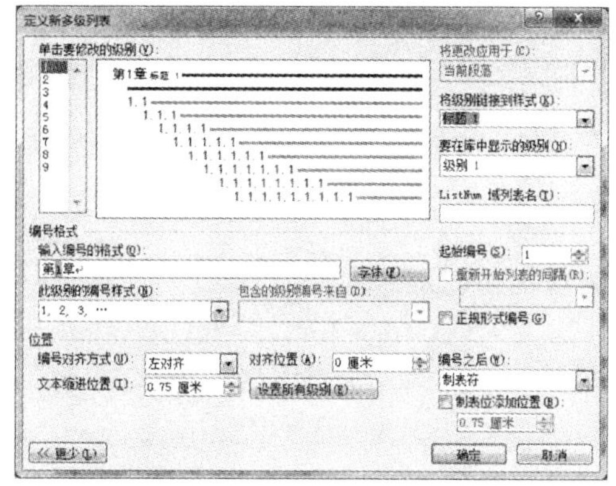


图 5-9 “定义新的多级列表”中级别 1 设置

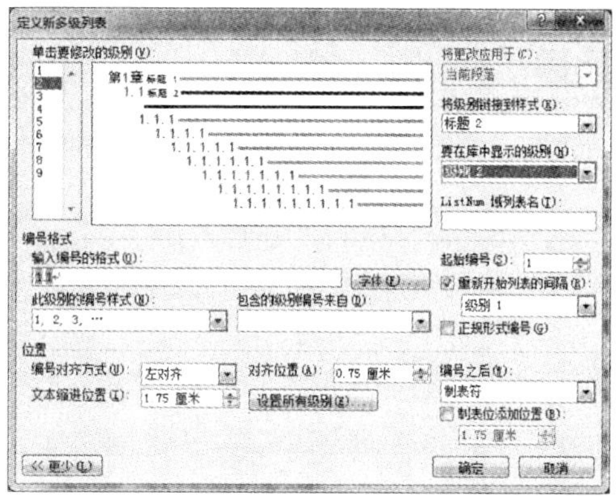


图 5-10 “定义新的多级列表”中级别 2 设置

（3）打开“样式”任务窗格，新建“主题标题”样式，选项设置如图 5-11 所示；再新建“论文正文”样式，设置如图 5-12 和图 5-13 所示；单击“样式”任务窗格中“标题 1”右侧的下拉箭头，修改“标题 1”样式的“对齐方式”为“居中”。

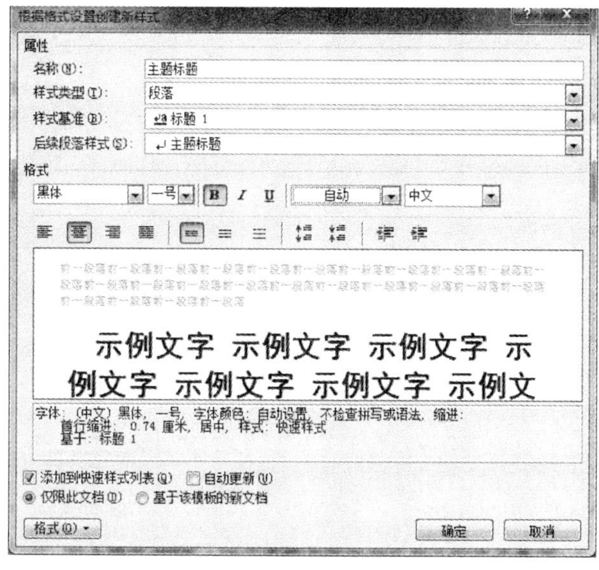


图 5-11 “主题标题”样式

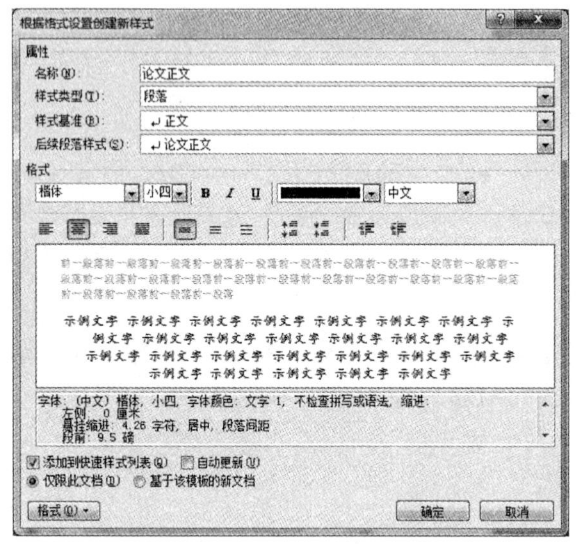


图 5-12 “论文正文”样式选项设置(1)

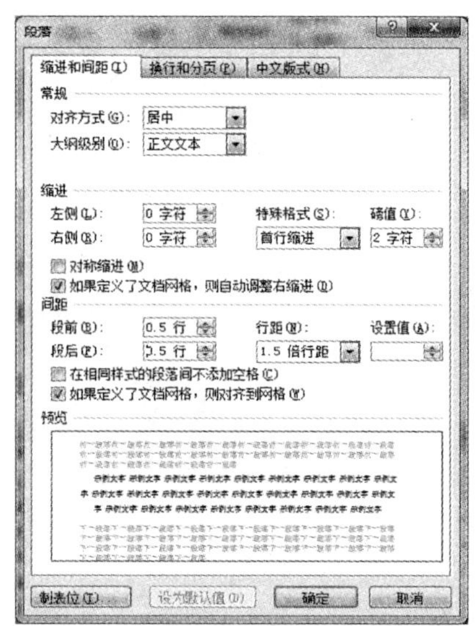


图 5-13 “论文正文”样式段落格式设置(2)

(4) 右击功能区的空白处,选择“自定义功能区”选项,打开“Word 选项”界面,从“从下列位置选择命令”的下拉列表中选择“主选项卡”,单击“开发工具”选项,单击右边的“添加”按钮,单击“确定”按钮,在 Word 的工作界面中添加“开发工具”功能选项卡。

(5) 将光标置入第一行,单击“插入－文本－文档部件－文档属性－标题”插入“标题”文档属性控件,单击“开发工具－控件－设计模式”,修改控件内容为“论文标题”,应用“主题标题”样式,如图 5-14 所示。

(6) 单击“开发工具－控件－属性”,按图 5-15 所示设置“标题”文档属性控件的“内容控件属性”,单击“确定”按钮后,控件的效果如图 5-16 所示。

标题 [论文标题] 标题

图 5-14 论文标题控件的设计模式

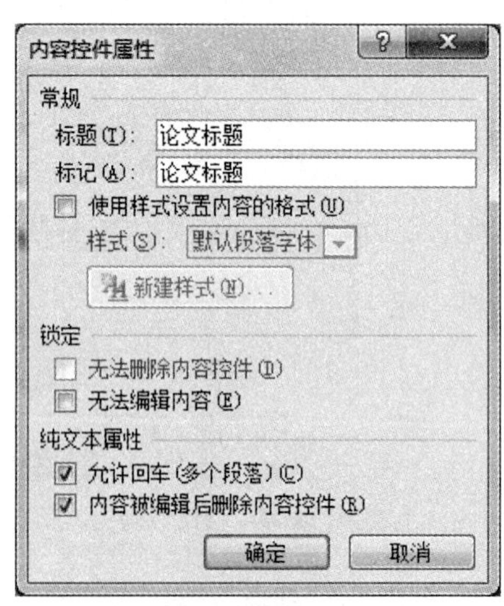


图 5-15 论文标题内容控制属性设置界面

(7) 将光标移到第三行,单击“标题 1”样式;将光标移到第四行,单击“标题 2”样式;将光

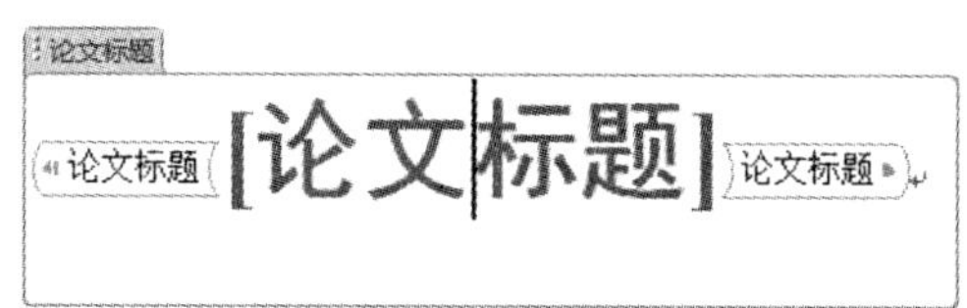


图 5-16　设计模式下论文标题控件的最后效果

标移到第五行，单击“论文正文”；分别插入“标题”文档属性控件到第一章编号后、第一节编号后以及正文的位置处，按照(5)和(6)的方法分别修改控件内容为“标题内容”、“标题内容”和“正文”。

(8) 复制前面制作好的第 1 章的所有内容，将光标移到最后一行，粘贴五次，可以得到共 6 章的标题及控件。

(9) 参考文献和附录部分的设置，可将第 5 章和第 6 章的编号删除，更改控件内容为“参考文献”和“附录”。

注意：在删除第 5 章和第 6 章的编号后，若前面各章、节编号消失可按一次 Ctrl＋Z 恢复，结果如图 5-17 和图 5-18 所示。

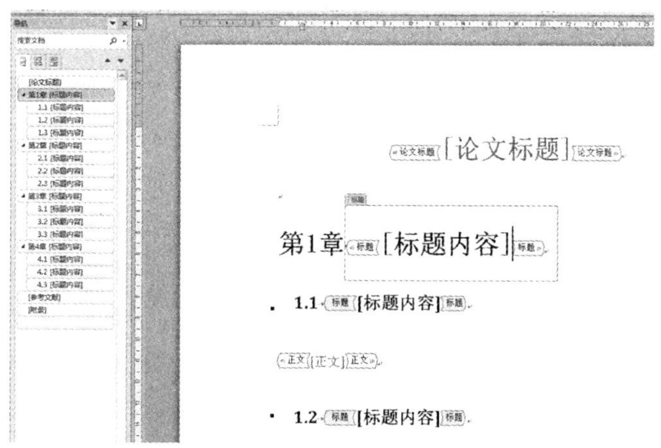


图 5-17　论文模板结果(1)

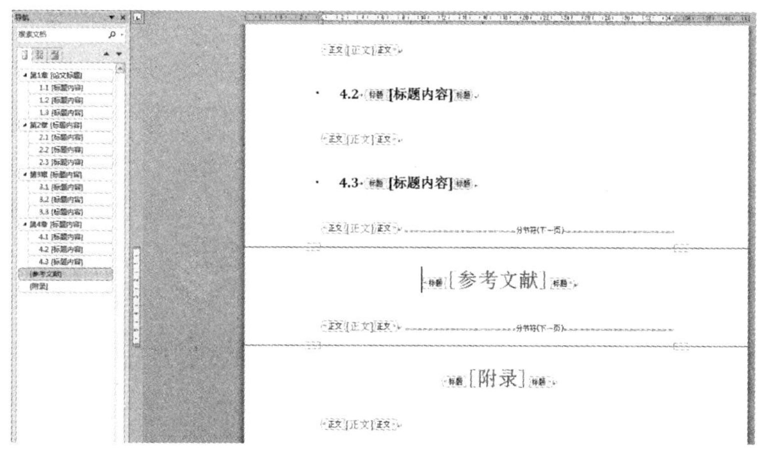


图 5-18　论文模板结果(2)

2. 本题操作如下：

（1）打开排版好的论文“论文排版.docx”，多级列表设置如图 5-19 和图 5-20 所示。

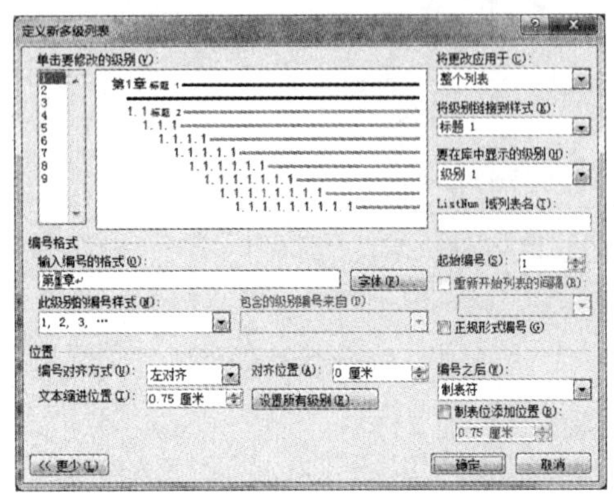

图 5-19　多级列表中级别 1 的设置

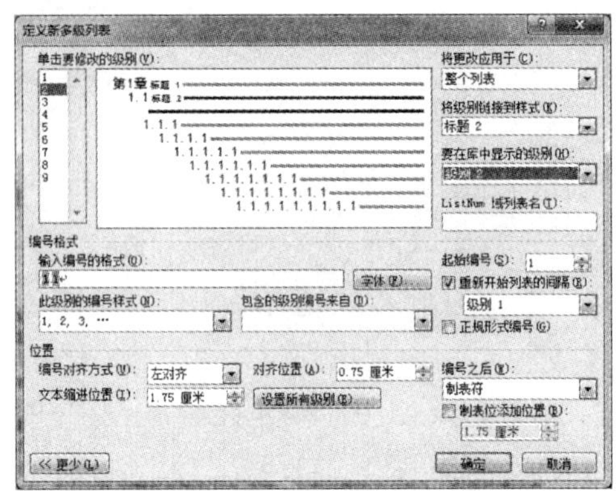

图 5-20　多级列表中级别 2 的设置

（2）新建一个模板文档，存盘为“新论文样式模板.dotx”，“多级列表”设置与图 5-19 和图 5-20 所示的设置一致，打开“样式”任务窗格，右击“标题 1”，修改样式为所需要的样式，以同样的方法修改标题 2 和正文样式，存盘。

（3）切换到“论文排版.docx”界面，单击“样式”窗格最下方的“管理样式”图标，打开如图 5-21 所示的“管理样式”窗口界面，单击左下角的“导入/导出”按钮，打开如图 5-22 所示的“管理器”界面，单击图中右边的“关闭文件”按钮，使右边窗口中无任何样式，如图 5-23 所示，再单击图中“打开文件”按钮，选择“新论文模板.dotx”文档，将新模板样式导入管理器，如图 5-24 所示。

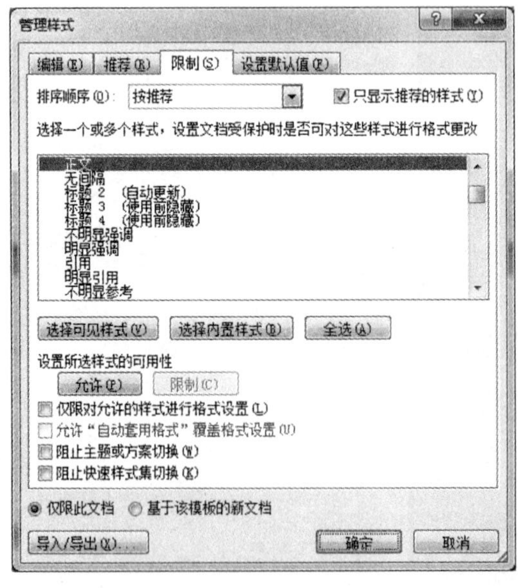


图 5-21　管理样式界面

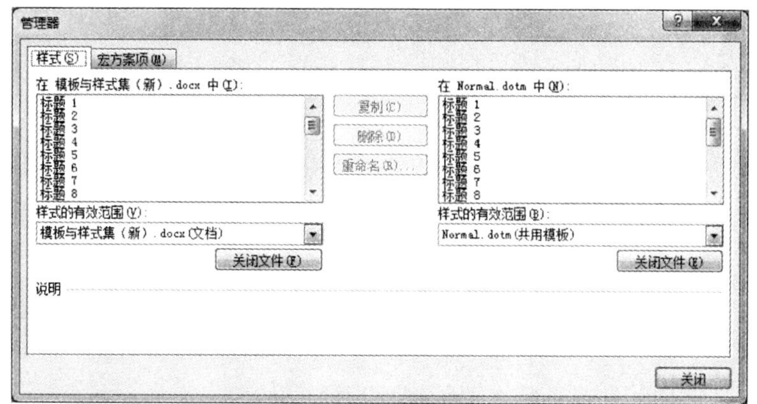


图 5-22　管理器

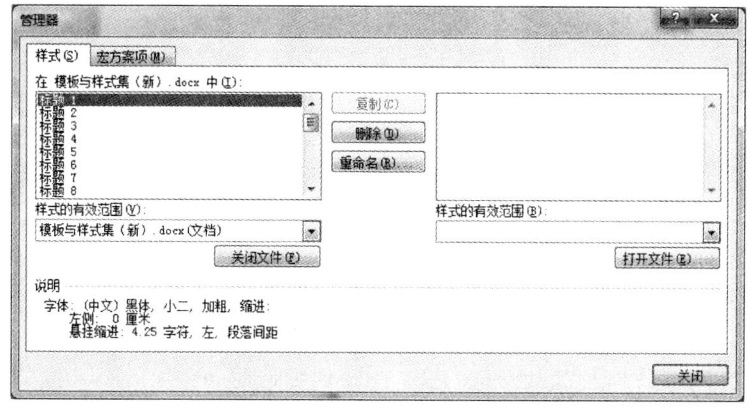


图 5-23　关闭文件后的管理器

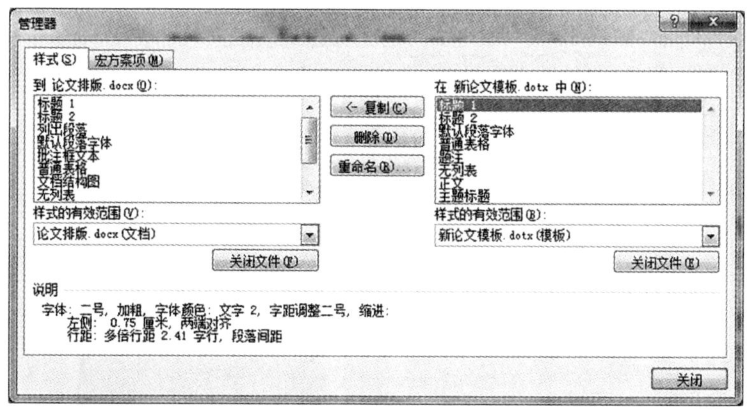


图 5-24　导入样式模板

(4) 选择图 5-24 中的标题 1、标题 2 和正文样式，单击“复制”按钮，将导入的新论文模板中的标题 1、标题 2 和正文样式复制到当前打开的“论文排版.docx”中，单击“关闭”按钮，可看到标题 1、标题 2 和正文被应用到“论文排版.docx”文档中。

3. 本题操作如下：

(1) 新建一个文档，插入文本框，输入文本“张三(用自己的姓名替代)水印”，设置文本为：72 号字，宋体，红色强调颜色 2，淡红 80%。

(2) 单击文本框，旋转到如图 5-25 所示的位置，按 Ctrl＋A 键选择整个文档内容，单击"插入－文档部件－将所选内容保存到文档部件库"，弹出如图 5-26 所示的"新建构建基块"界面，其中"名称"选项是新建的构建基块的名称，这里输入"张三水印"，"库"选项可从下拉列表选项中选择"水印"(可将新建的构建基块保存到水印库中)，其他为系统默认设置，单击"确定"按钮，构建基块"张三水印"创建完成。

图 5-25　张三水印页面

图 5-26　存储水印到构建基块库参数设置

(3) 查看刚创建好的"张三水印"构建基块：单击"插入－文档部件－构建基块管理器"，可在打开的"构建基块管理器"的"水印"库中查看到"张三水印"构建基块，如图 5-27 所示，单击"插入"按钮，可将"张三水印"文本作为水印插入到当前文档中。

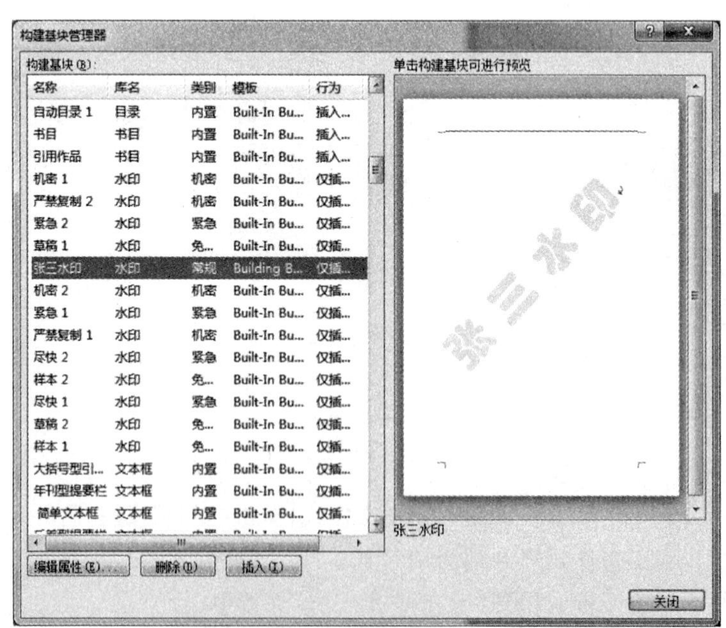


图 5-27　创建的"张三水印"存储在构建基块管理器中

(4) 两种“张三水印”构建基块的应用方法：

① 新建一个文档，可以通过(3)的方法插入水印。

② 单击“页面布局—水印”功能选项，再单击“常规”选项下的“张三水印”，在页面中插入刚制作的“张三水印”。

4. 本题操作如下：

(1) 打开“论文.docx”文档，打开“样式”任务窗格，分别右击“标题 1”、“标题 2”和“正文”样式，单击“修改”，“标题 1”和“标题 2”样式分别按图 5-28、图 5-29 所示进行修改，“正文”样式按图 5-30 所示设置段落属性，修改完成后单击“确定”按钮退出。

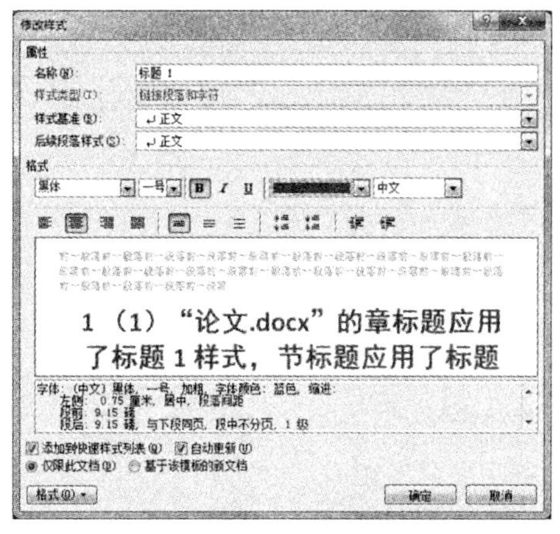


图 5-28 “标题 1”样式的修改

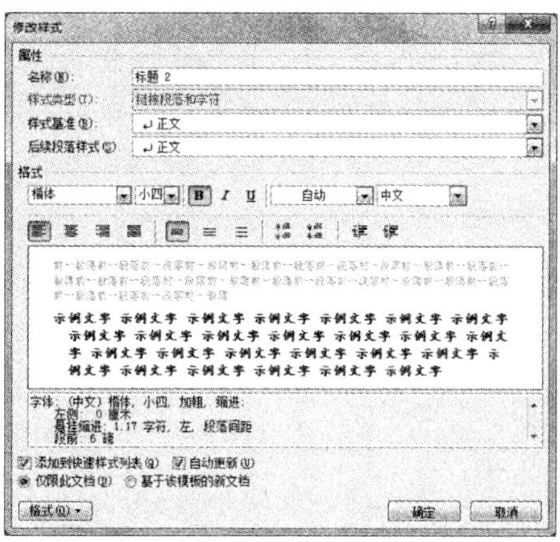


图 5-29 “标题 2”样式的修改

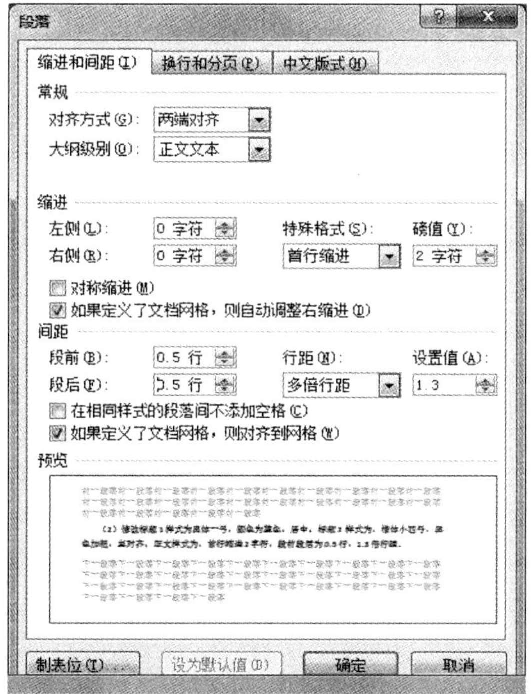


图 5-30 “正文”样式段落格式的修改

(2) 按 Ctrl+A,单击"开始－更改样式－样式集－另存为快速样式集",展开如图 5-31 所示的列表,可将选择的样式保存为"论文"。

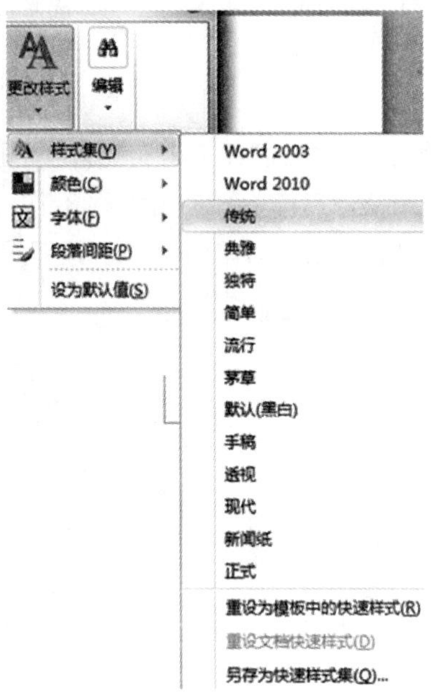


图 5-31 "样式集"的列表示意图

(3) 单击"开始－更改样式－样式集",在图 5-31 所示的列表中选择一个样式集,则该样式集被应用于当前文档,观察文档格式的变化,用同样的方法将其他样式集应用到文档中。

# 实验 6

# 长文档编辑

## 6.1 知识要点

长文档的排版涉及页面设置、页眉和页脚、样式、目录、分节、多级列表、题注等众多知识点，看似很长很复杂，但梳理后，主要由以下一些操作来完成。

### 6.1.1 页面设置

开始编辑时，先设置文档的页边距、纸张大小和纸张方向。

### 6.1.2 标题样式的套用

Word 有两个样式库可供使用，第一类被称为快速样式库，位于“开始”选项卡的“样式”组。另一类是“样式”任务窗格中的样式列表。

### 6.1.3 基于标题样式的多级列表设置

根据长文档的列表要求，一次性设置好基于标题样式的多级列表，先设置第 1 级编号，再设置第 2 级编号，最后设置第 3 级编号。

*注意：要一次性把各级编号设置完全。设置完成后，Word 会自动在标题 1、标题 2、标题 3 样式所在的段落前添加完成多级编号。*

### 6.1.4 带章节编号的题注设置

单击“引用－题注－插入题注”，在“题注”对话框中，分别新建名为“图”和“表”的题注标签。一般设置“图”位于所选项目下方，而“表”位于所选项目上方。需要注意的是，如果题注包含的章节号有误，原因多是上个步骤设置各章节多级编号时出错，请返回检查各章节的多级编号。

如需要设置题注的交叉引用，只需单击“引用－题注－交叉引用”，即可将题注编号插入到论文中。

### 6.1.5 新建正文样式

正文样式，一般有一定的字体、字号和行距要求。但是不带编号，不具有大纲级别(正文文本)。可通过双击“开始－样式”组右下角的箭头，打开“样式”对话框去新建样式。

### 6.1.6 分节设置

根据需要将全文分节。单击“页面布局－分隔符－分节符”，合理选择“下一页”、“连续”、“偶数页”和“奇数页”。

### 6.1.7 创建页眉和页脚

单击“插入－页眉和页脚－页眉/页脚”进行设置。注意，若不同节的页眉和页脚不同，要取消“链接到前一条页眉”。页眉中可以插入域。如“插入－文档部件－域”，在“链接与引用”中选择 StyleRef 域提供的可选项，就可以自动引用指定样式的文字和编号到页眉位置。此外，页脚的页码格式也可设置不同的显示效果。

### 6.1.8 创建目录

单击“引用－目录－插入目录”创建全文目录。单击“引用－题注－插入表目录”，可创建文档的图目录和表目录。目录也是一种域，如当文档内容发生更改，可右击“目录”，选择“更新域”。

## 6.2 实验目的

1. 掌握长文档编辑的基本方法；
2. 掌握自定义样式的创建与使用；
3. 掌握多级列表编号的设置；
4. 掌握题注的添加与编辑；
5. 掌握脚注的添加与编辑；
6. 掌握交叉引用的使用；
7. 掌握自动生成目录的创建；
8. 掌握表目录的插入；
9. 掌握使用分节符对文章合理分页；
10. 掌握多重页眉、页脚和页码的设置；
11. 掌握常用域的使用和域的更新。

## 6.3 实验内容

对“乒乓球.docx”进行编辑，要求如下：

1. 对正文进行排版，其中：

(1) 章名使用样式“标题 1”，并居中；

编号格式为：第 X 章(例：第 1 章)，其中 X 为自动排序。

(2) 小节名使用样式“标题 2”，左对齐；

编号格式为：多级符号，X.Y(例：1.1)。X 为章数字序号，Y 为节数字序号。

(3) 新建样式，样式名为：“样式”＋学号最后两位；其中：

① 字体，中文字体为“楷体_GB2312”，西文字体为“Times New Roman”，字号为“小四”。

② 段落，首行缩进 2 个字符，段前 0.5 行，段后 0.5 行，行距 1.5 倍。

③ 其余格式保持默认设置。

(4) 将(3)中的样式应用到正文中无编号的文字。

注意：不包括章名、小节名、表文字、表和图的题注。

(5) 对正文中的图添加题注“图”，位于图下方，居中。

① 编号为“章序号”—“图在章中的序号”；

② 图的说明使用图下一行的文字，格式同编号；

③ 图居中。

(6) 对正文中出现的“如下图所示”的“下图”，使用交叉引用，改为“如图 X—Y 所示”，其中“X—Y”为图题注的编号。

(7) 对正文中的表添加题注“表”，位于表上方，居中。

① 编号为“章序号”—“表在章中的序号”；

② 表的说明使用表上一行的文字，格式同编号；

③ 表居中。

(8) 对正文中出现的“如下表所示”的“下表”，使用交叉引用，改为“如表 X—Y 所示”，其中“X—Y”为表题注的编号。

(9) 对于正文文字(不包括标题)中首次出现的“乒乓球”的地方插入脚注，添加文字“乒乓球起源于宫廷游戏，并发展成全民运动”。

2. 在正文前按顺序插入节，使用“引用”中的目录功能，生成如下内容：

(1) 第 1 节：目录。其中：

① “目录”使用样式“标题 1”，并居中；

② “目录”下为目录项。

(2) 第 2 节：图索引。其中：

① “图索引”使用样式“标题 1”，并居中；

② “图索引”下为图索引项。

(3) 第 3 节：表索引。其中：

① “表索引”使用样式“标题 1”，并居中；

② “表索引”下为表索引项。

3. 对正文做分节处理，每章为单独一节。

(1) 添加页脚。使用域，在页脚中插入页码，居中显示。其中：正文前的节，页码采用“Ⅰ，Ⅱ，Ⅲ，…”格式，页码连续；

(2) 正文中的节，页码采用“1，2，3…”格式，页码连续，并且每节总是从奇数页开始；

(3) 更新目录、图索引和表索引。

4. 添加正文的页眉。使用域，按以下要求添加内容，居中显示。其中：

(1) 对于奇数页，页眉中的文字为“章序号”＋“章名”；

(2) 对于偶数页，页眉中的文字为“节序号”＋“节名”。

最终效果如图 6-1 所示。

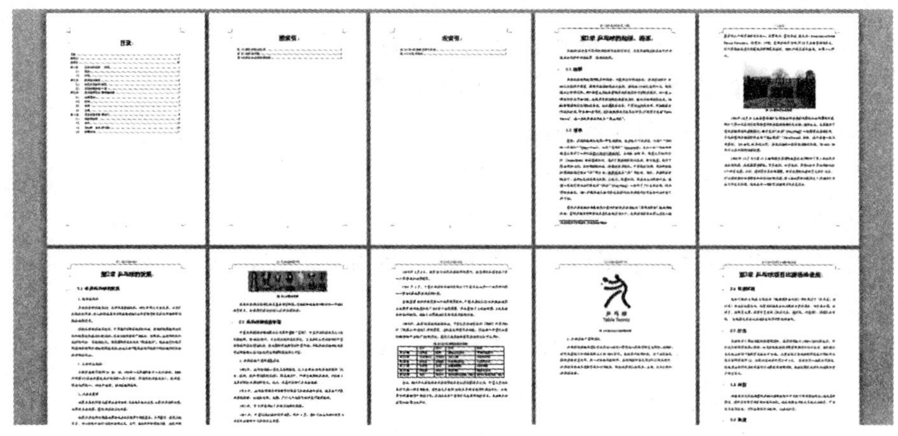

图 6-1　最终效果

## 6.4　实验分析

根据题意和要求，先定义新的多级列表，一次性定义好 1 级和 2 级编号，并将其对应到标题 1、标题 2 样式，并对文档中章节内容的文字应用标题 1 和标题 2 样式。之后，定义正文的样式，并对文档除标题、表文字、题注外的正文使用定义的正文样式。

接着对图、表分别插入带章编号的题注。对文档中相应的"如下图或下表所示"使用交叉引用，并对相应文字添加脚注。

接下去制作目录页，在所有文字前插入一节，分节符。目录、图索引、表索引各单独占一页，用分页符分开。并使用"引用"功能区的选项分别自动创建文档章节目录、表索引目录和图索引目录。

定位到对每一章名前，依据题意插入分节符(奇数页)。必要时，可切换到草稿视图，查看各个分节符是否插入正确。此时，注意观察是否有多余的分节符，可以删除。

接下来设置页眉、页脚，不同的节可以有不同的页眉、页脚。不同的节，页脚的格式也可不同。注意页码格式的设置和"链接到前一条页眉"按钮的取消和按下的灵活使用。另外，页眉中的章节编号和内容可使用域的方式来自动填入，即单击"插入－文档部件－域"，在"链接和引用"中选择 StyleRef。

最后注意更新域，预览文档最终编辑效果，并保存文件。

## 6.5　实验步骤

1. 编辑与应用样式的操作步骤如下：

(1) 将光标定位到"第一章　乒乓球的起源、沿革"，单击"开始—段落—多级列表—定义新的多级列表"，如图 6-2 所示。

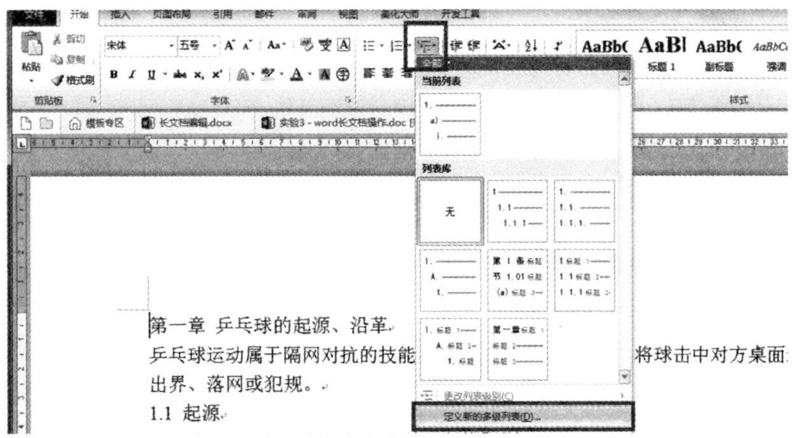


图 6-2 定义新的多级列表

（2）先后设置 1 级和 2 级的编号格式，如图 6-3、图 6-4 所示。

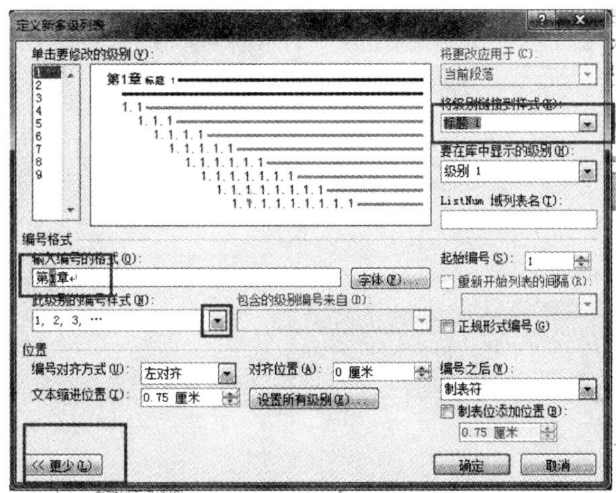


图 6-3 定义级别 1

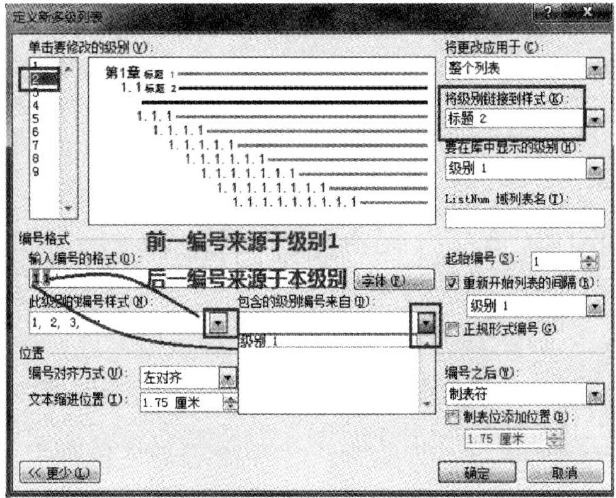


图 6-4 定义级别 2

（3）设置好后，按“确定”。将标题 1 应用于章名，将标题 2 应用于小节名，并删除多余重复的编号（原手工输入编号）。此时，在导航窗格可以看到各标题导航。若标题 2 样式没有出现在快速样式中，可通过“样式”选项卡应用。如图 6-5 至图 6-7 所示。

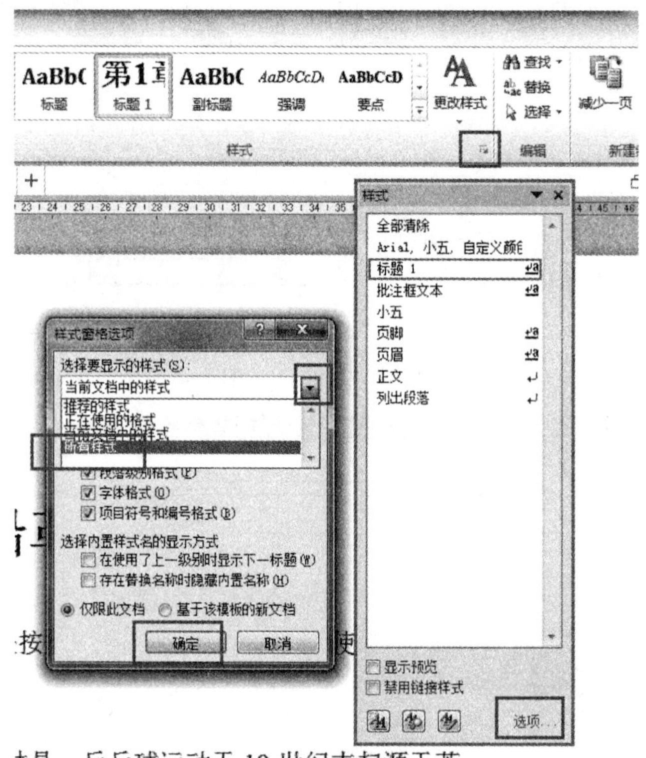


图 6-5 “样式”窗格

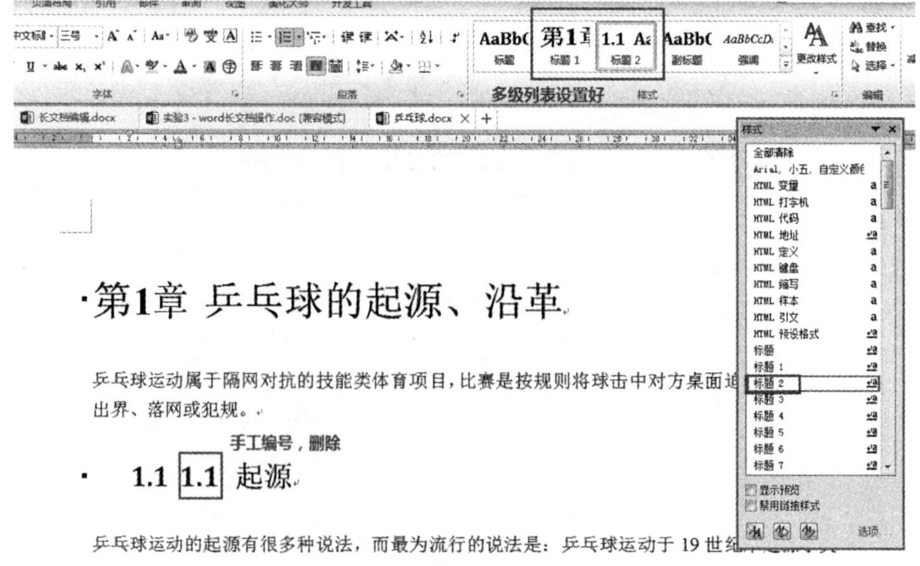


图 6-6 设置好列表后的标题样式应用

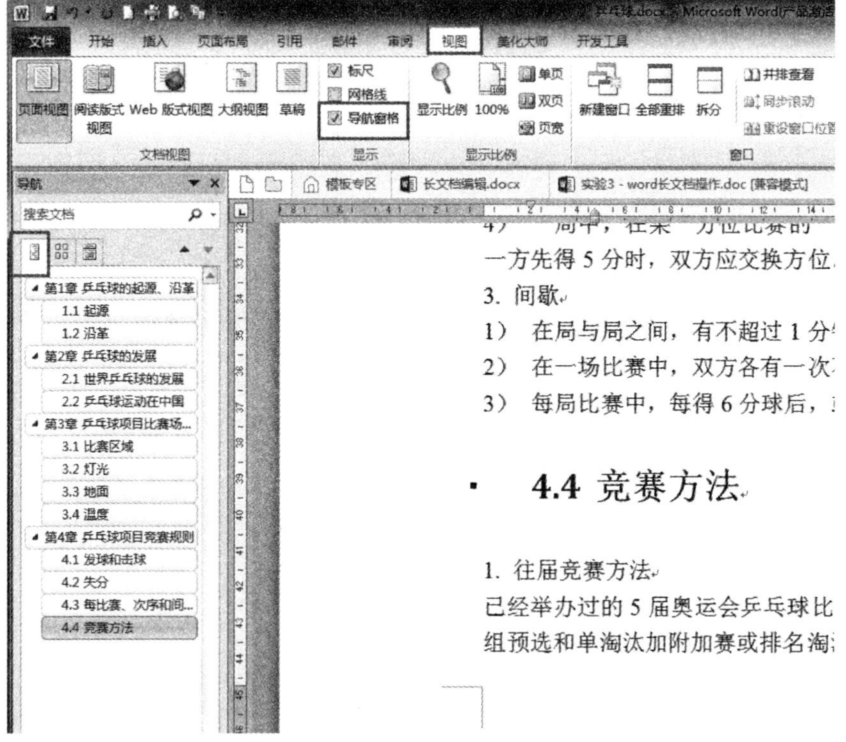

图 6-7　导航窗格中的标题导航

2. 新建样式的操作步骤如下：

将光标定位到正文。在“样式”对话框中选择“创建新样式”，新建样式名称为“张三 01”，如图 6-8、图 6-9 所示。

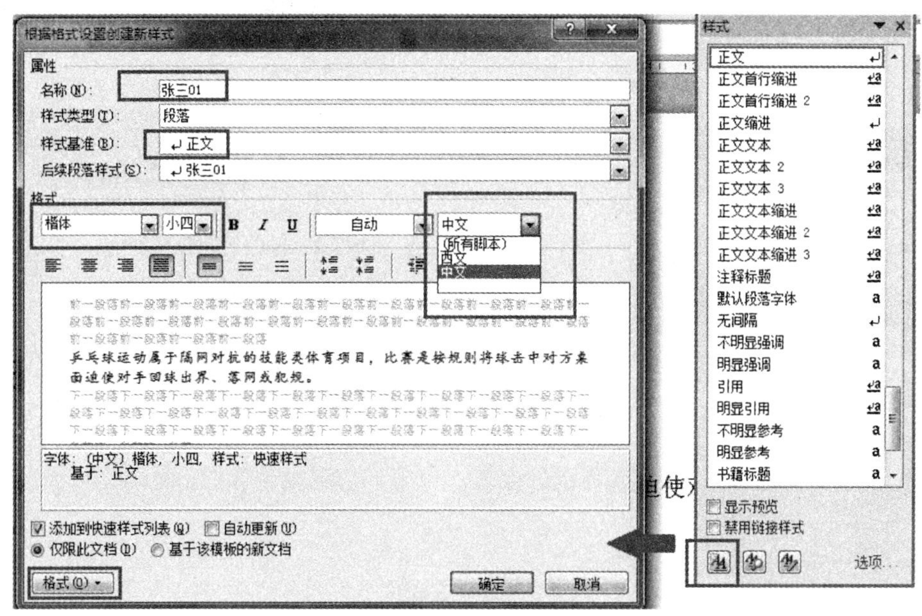

图 6-8　新建样式

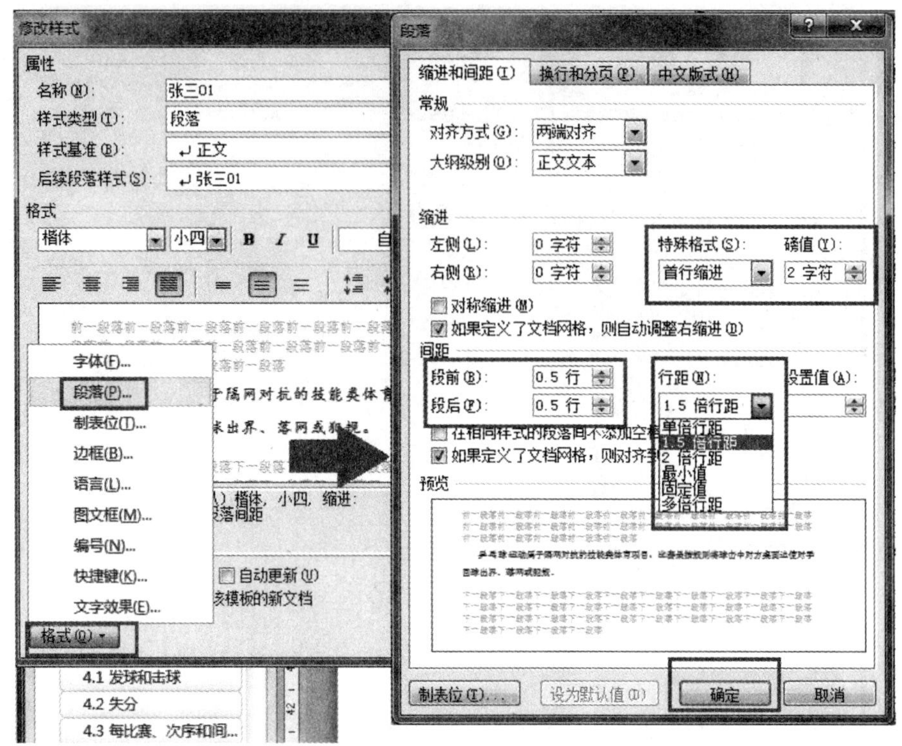

图 6-9 “段落”对话框

设置好后，将样式“张三 01”应用到除章名、小节名、表文字、表和图的题注外的正文文字中。

3. 添加题注“图”的操作步骤如下：

将光标定位在图说明(图的下一行文字)前，单击“引用—题注—插入题注”，设置“题注”对话框，如图 6-10 所示。

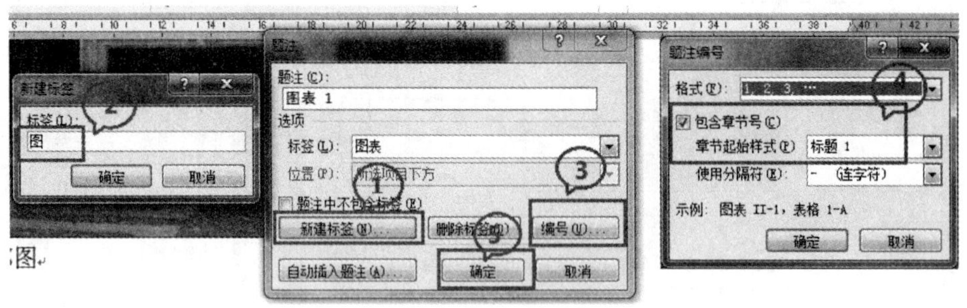

图 6-10 添加题注“图”

将图和图的题注居中，并用同样的方法依次设置所有图的题注，如图 6-11 所示。

图 6-11 居中图与图题注

4. 添加图的交叉引用的操作步骤如下:

找到文字的“如下图所示”位置,选中“下图”两个字,单击“引用—题注—交叉引用”,在弹出的“交叉引用”对话框中,选择对应的图,在“引用内容”中选择“只有标签和编号”,插入标签和编号,如图 6-12 所示。

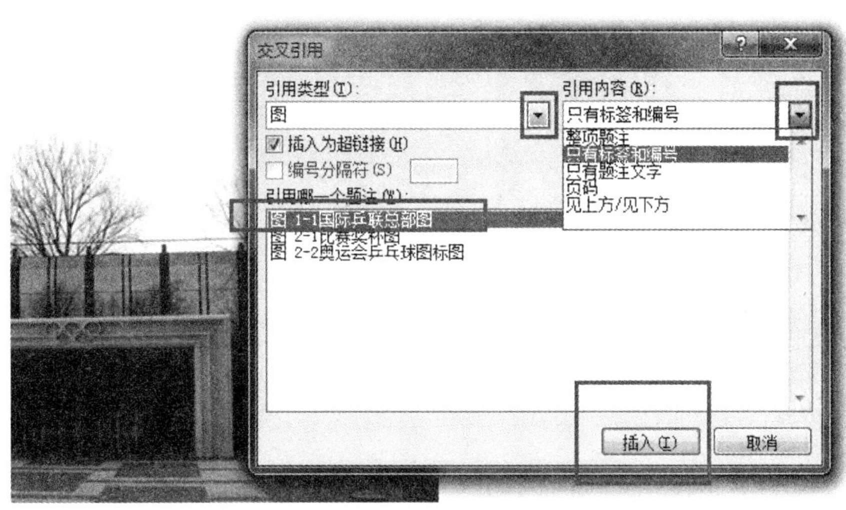


图 6-12 图的交叉引用

5. 添加题注“表”的操作步骤如下:

将光标定位在表说明(表的上一行文字)前,单击“引用—题注—插入题注”,设置“题注”对话框,如图 6-13 所示。

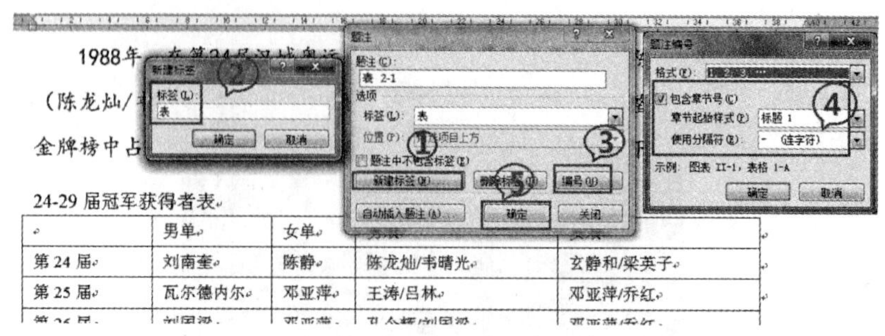

图 6-13　添加题注“表”

将表和表的题注居中，并同法依次设置所有表的题注。

6. 添加表的交叉引用的操作步骤如下：

找到表上面文字的“如下表所示”位置，选中“下表”两个字，单击“引用—题注—交叉引用”，在弹出的“交叉引用”对话框，选择对应的表，将标签和编号插入，如图 6-14 所示。

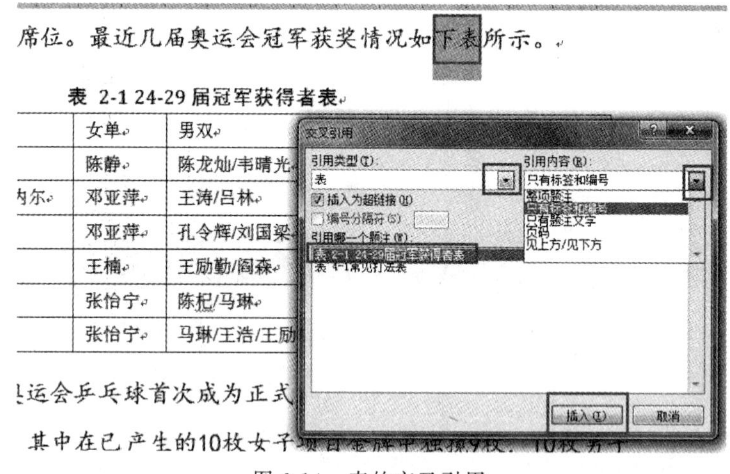

图 6-14　表的交叉引用

7. 添加脚注的操作步骤如下：

将光标定位到正文文字(不包括章节标题)中首次出现的“乒乓球”，单击“引用—脚注—插入脚注”，然后输入“乒乓球起源于宫廷游戏，并发展成全民运动”，如图 6-15 所示。

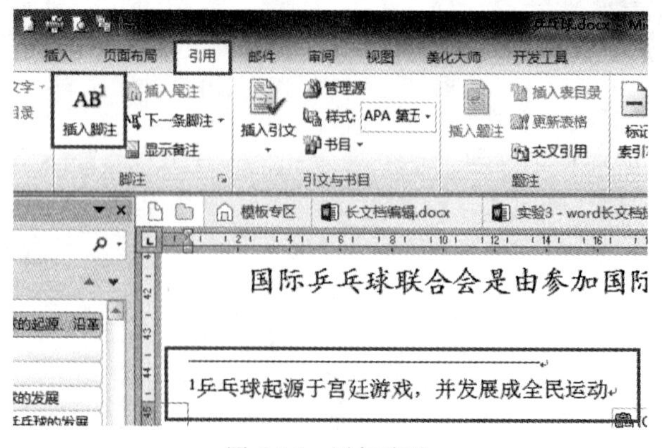

图 6-15　添加脚注

8. 目录页制作的操作步骤如下：

(1) 在正文前插入一节。单击“页面布局—分隔符—分节符—下一页”，如图 6-16 所示。

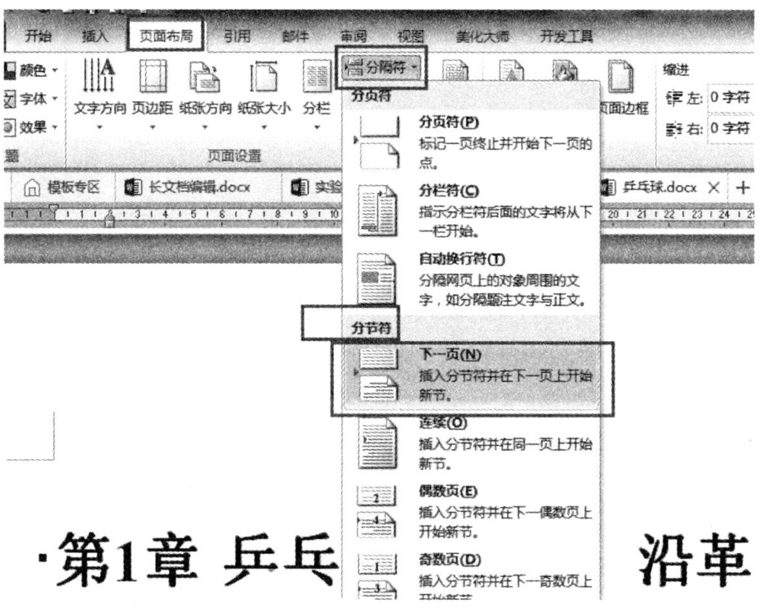


图 6-16　插入分节符(下一页)

(2) 分三行输入“目录”、“图索引”、“表索引”文字，应用标题 1 样式，但删除其章编号。在“目录”和“图索引”后分别插入分页符，使三个目录单独各占一页，如图 6-17 所示。分布后的效果如图 6-18 所示。

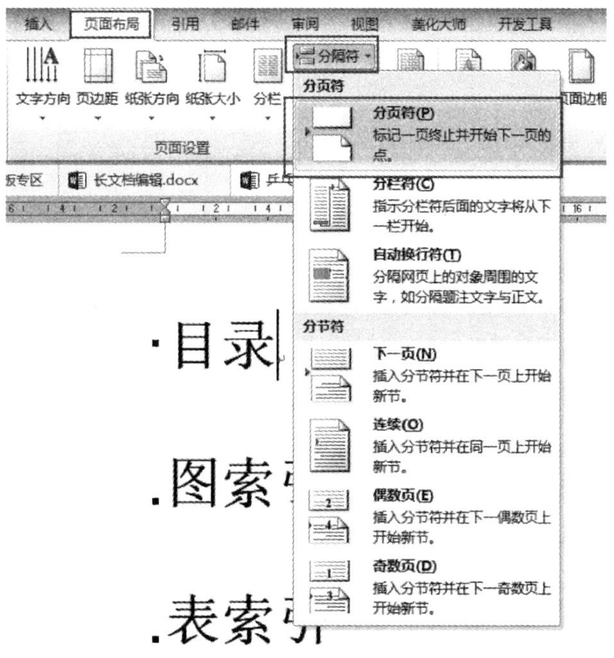


图 6-17　插入分页符

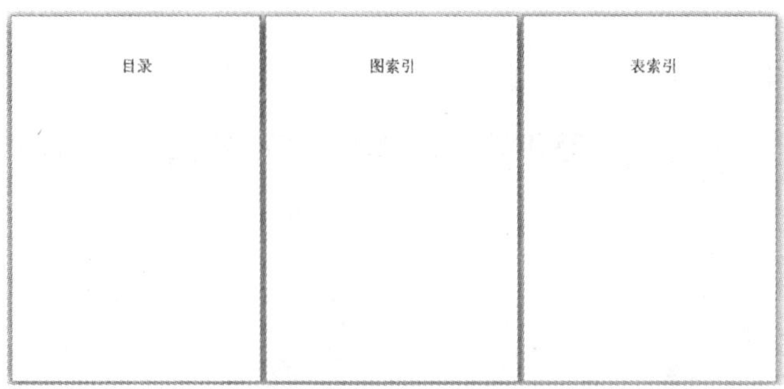


图 6-18　分页后的效果

（3）将光标定位在第一页“目录”两字后，居中，并单击“引用—目录—插入目录”，弹出“目录”对话框，单击“确定”即可，如图 6-19 所示。

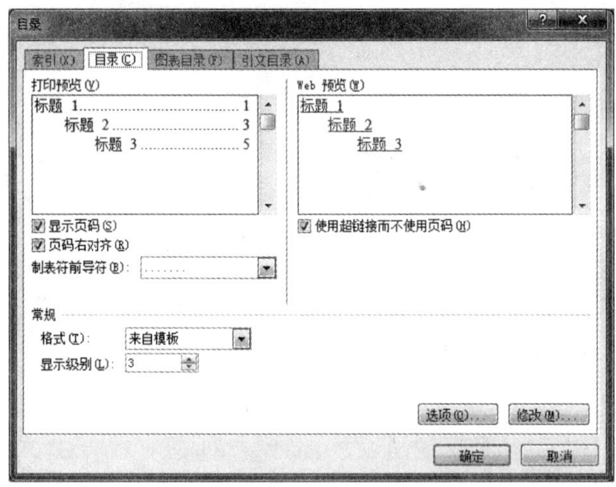


图 6-19　“目录”对话框

（4）将光标，定位在第二页“图索引”三字后，居中，并单击“引用—题注—插入表目录”，弹出“图表目录”对话框，设置题注标签为“图”，单击“确定”即可，如图 6-20 所示。

图 6-20　插入图索引

(5) 将光标定位在第三页"表索引"三字后，居中，并单击"引用－题注－插入表目录"，弹出"图表目录"对话框，设置题注标签为"表"，单击"确定"即可，如图 6-21 所示。

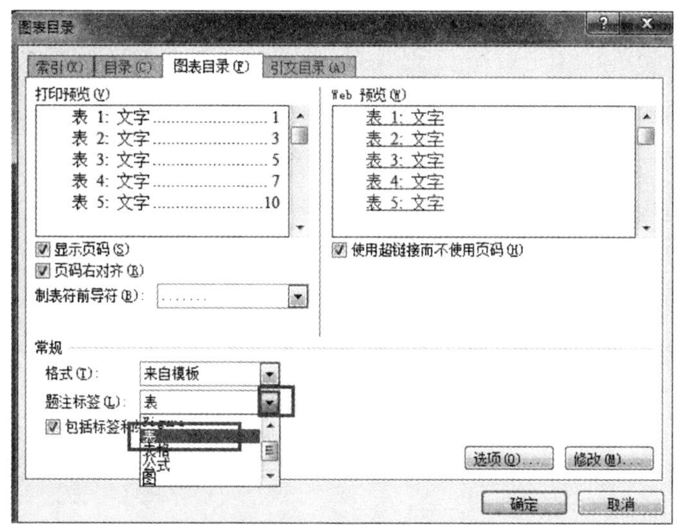


图 6-21　插入表索引

9. 对正文文章内容分节的操作步骤如下：

因为要求每章内容单独为一节，且每节总是从奇数页开始，所以将光标定位在每章的章编号后，单击"页面布局－分隔符－分节符－奇数页"，如图 6-22 所示。

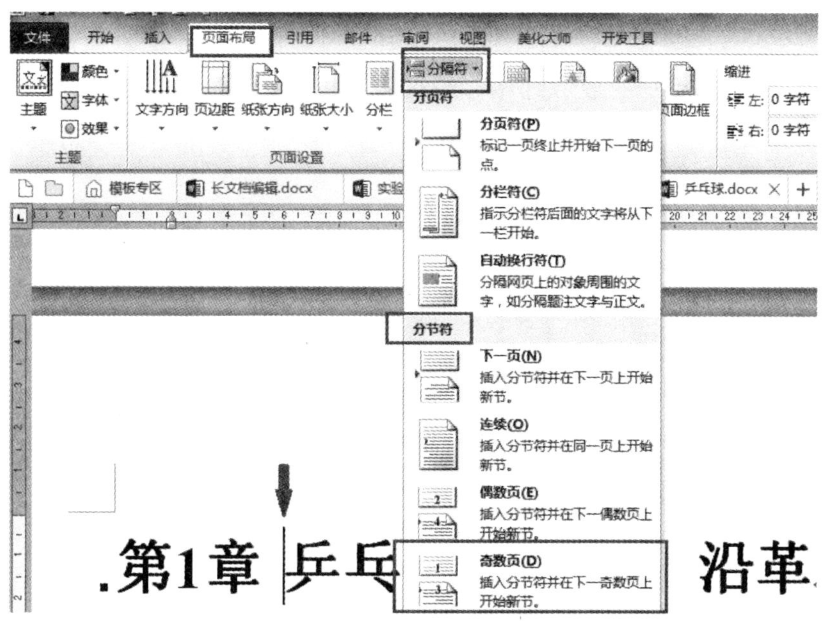


图 6-22　插入分节符(奇数页)

此时，可切换到"草稿视图"，如图 6-23 所示。在此视图中能清晰查看分节符的设置情况。特别注意在第 1 章和目录页之间应该只有一个奇数页的分节符，如有其他多余的分节符，则要删除。

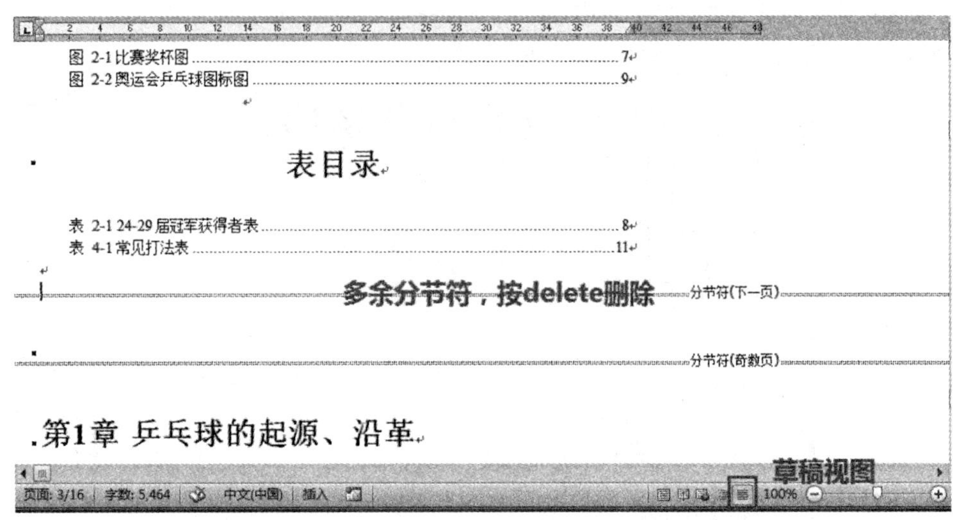

图 6-23 草稿视图

10. 添加页脚的操作步骤如下：

（1）在页面视图下，回到第 1 页“目录”页，双击页脚区，快速进入页脚编辑。单击“页码一设置页码格式”，如图 6-24 所示。

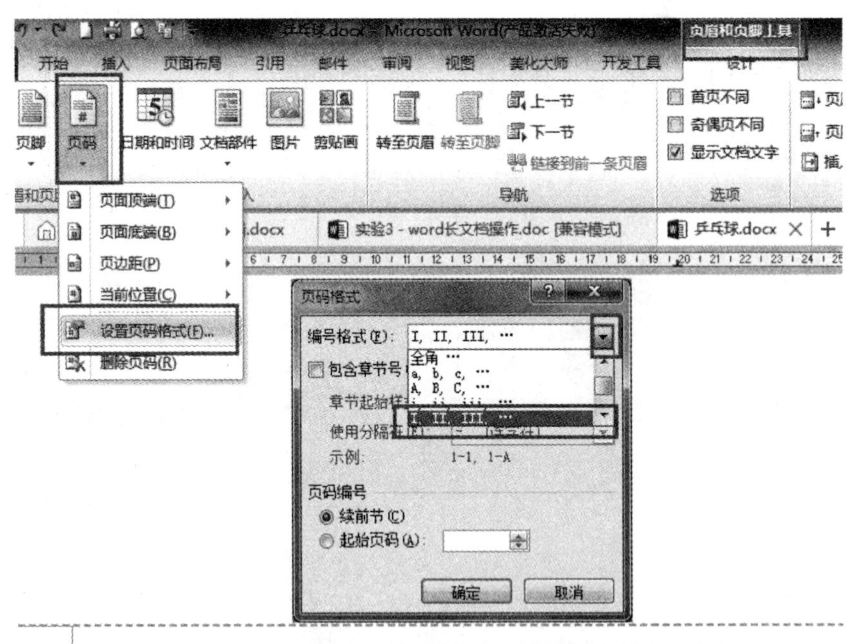

图 6-24 设置目录页的页码格式

然后，单击“页码一页码底端一普通数字 2”插入页码，如图 6-25 所示。

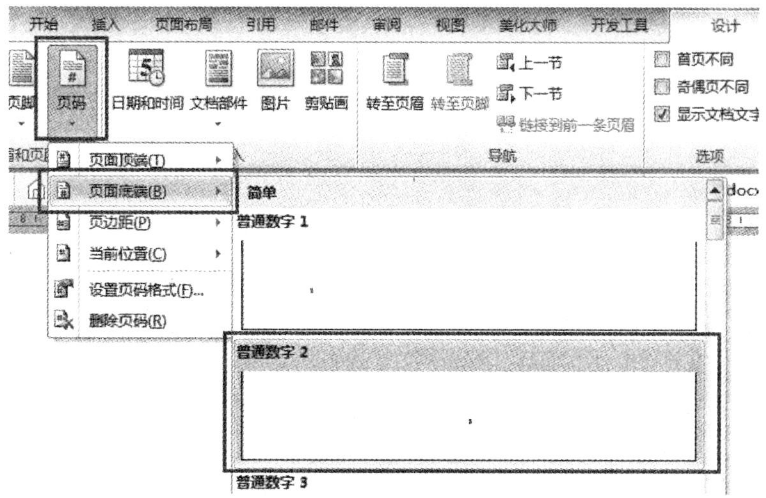


图 6-25 插入页码(页面底端)

(2) 仍在页眉页脚编辑视图下，将光标定位在“第 1 章”所在的页脚上，此时取消“链接到前一条页眉”按钮，如图 6-26 所示，并重新设置正文页的页码格式，如图 6-27 所示。

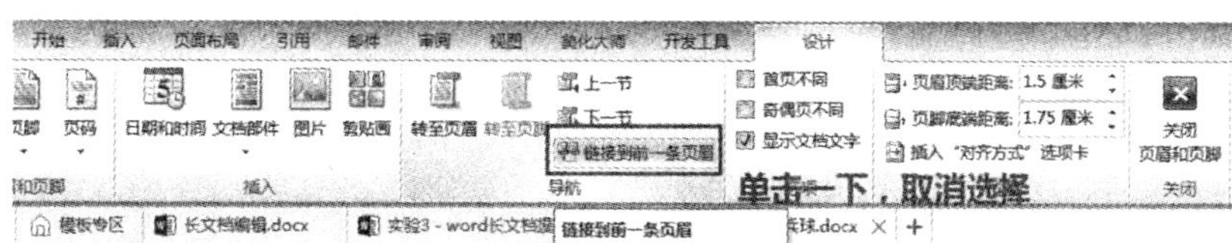


图 6-26 页眉和页脚工具

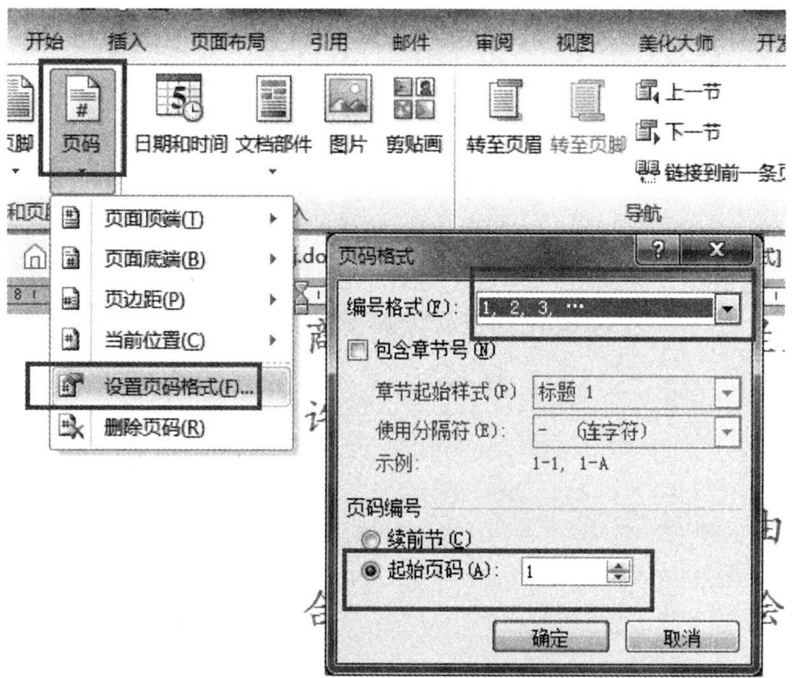


图 6-27 设置正文页的页码格式

这样，目录页和正文页的页码就设置好了。

11. 添加页眉的操作步骤如下：

(1) 在页眉页脚编辑视图下，将光标定位在第一章第一页的页眉上，取消"链接到前一条页眉"按钮，并勾选"奇偶页不同"复选框，如图 6-28 所示。

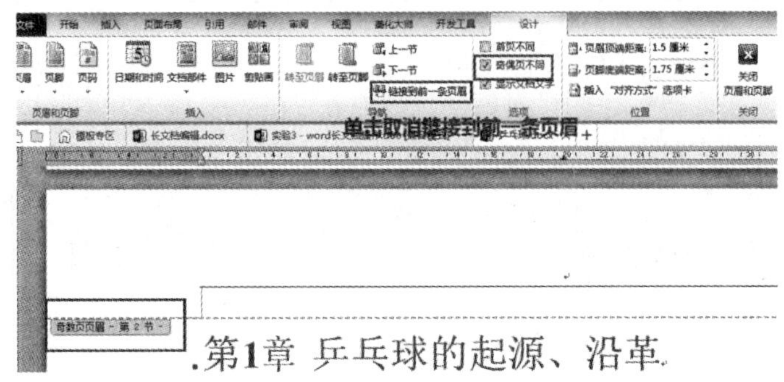


图 6-28　设置页眉的奇偶页不同

(2) 然后在页眉中，单击"插入—文档部件—域"，在"链接和引用"中选择"StyleRef"，选择"标题 1"，勾选"插入段落编号"，按"确定"，插入章编号。如图 6-29 所示。

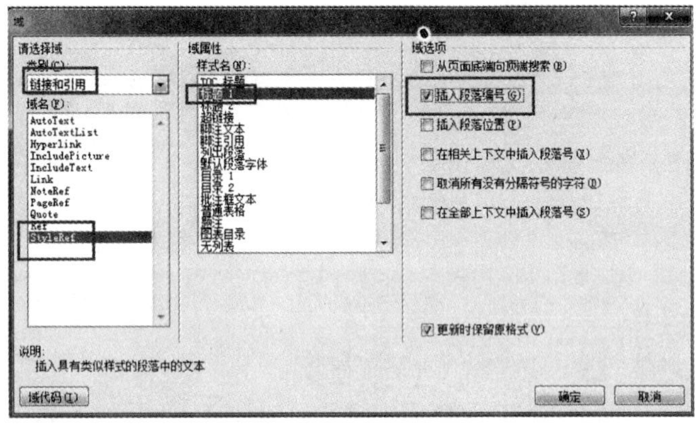

图 6-29　通过域插入章编号

(3) 再操作一次，此时去掉勾选的"插入段落编号"，按"确定"，插入章名内容。如图6-30所示。

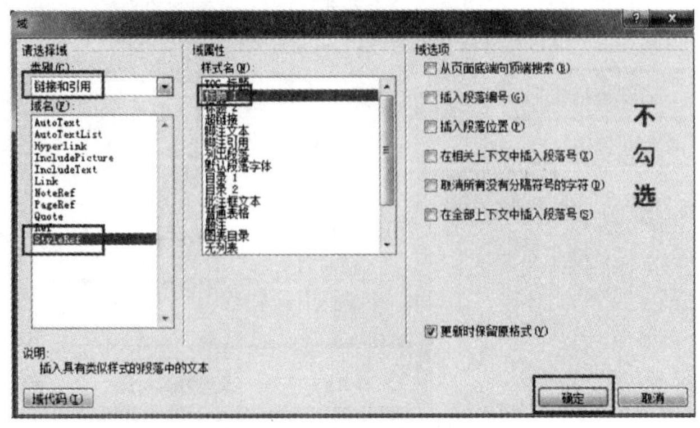


图 6-30　通过域插入章名

这样，正文奇数页的页眉就设置好了。如图 6-31 所示。

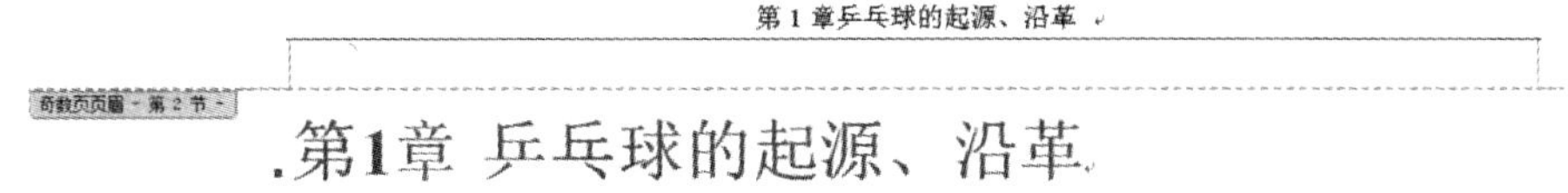


图 6-31　设好的奇数页页眉

（4）接下来设置正文偶数页页眉。在页眉页脚编辑视图下，移动光标到偶数页页眉上，单击“插入—文档部件—域”在“链接和引用”中选择“StyleRef”，选择“标题 2”，勾选“插入段落编号”，按“确定”，插入小节编号。如图 6-32 所示。

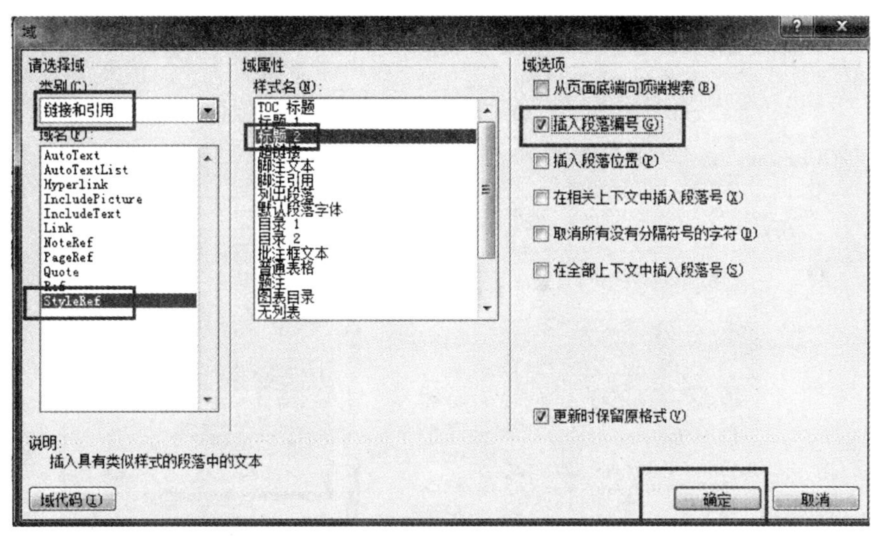


图 6-32　通过域插入节编号

（5）再操作一次，此时去掉勾选的“插入段落编号”，按“确定”，插入小节内容。如图6-33所示。

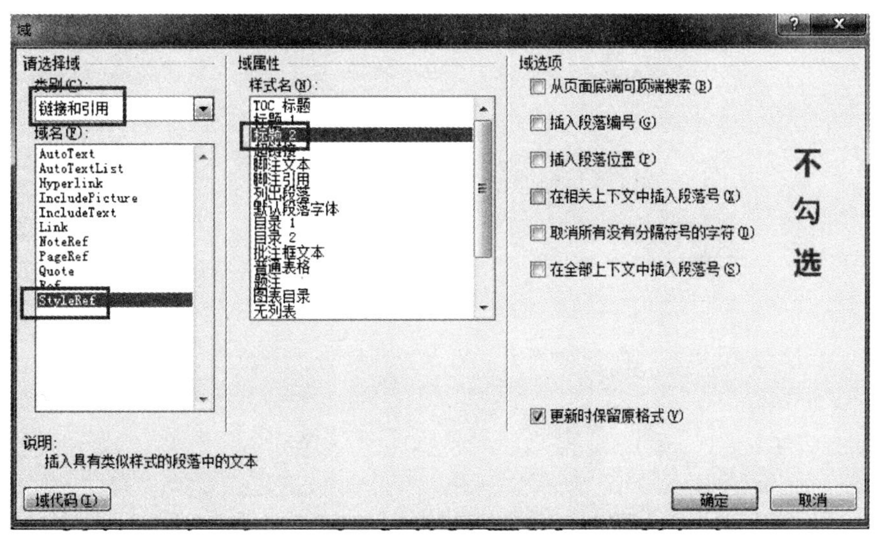


图 6-33　通过域插入小节内容

这样，正文偶数页页眉就设置好了。如图 6-34 所示。

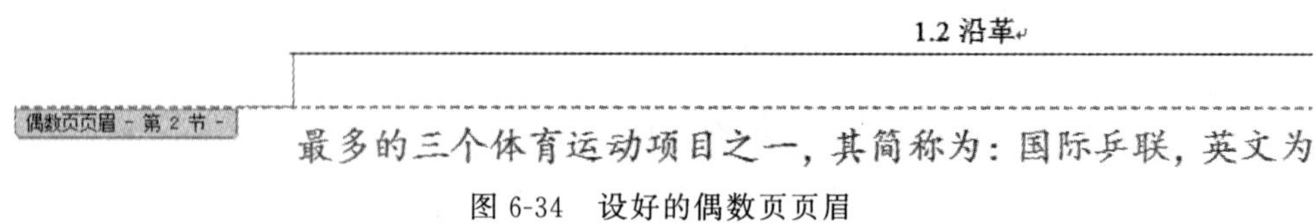


图 6-34　设好的偶数页页眉

注意：

(1) 排版完毕，发现偶数页的页码消失了，此时只需再双击偶数页页脚区，进入页眉页脚编辑，然后单击“页码—页码底端—普通数字 2”插入页码即可。

(2) 完成编辑后，因为页码变动，所以要更新目录。直接在目录上右击鼠标，选择“更新整个目录”即可，如图 6-35 所示。可用同样的方法更新图索引和表索引。

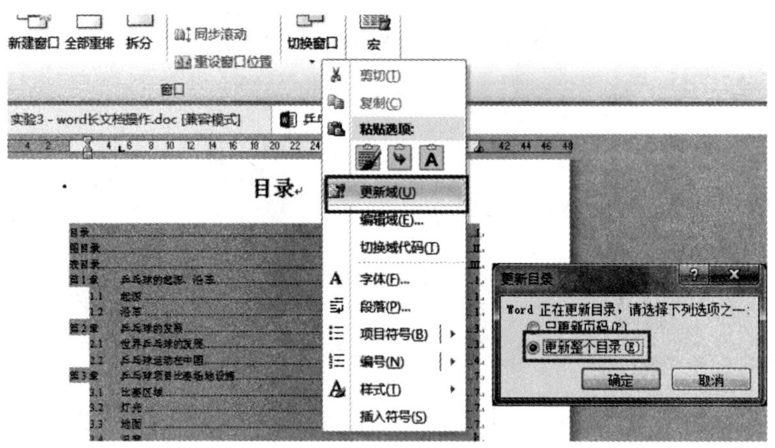


图 6-35　更新域

# 实验 7

# 域的使用基础

## 7.1 知识要点

### 7.1.1 域的概念

域是文档中的变量，域分为域代码和域结果。域代码是由域特征字符、域类型、域指令和开关组成的字符串；域结果是域代码所代表的信息。域结果根据文档的变动或相应因素的变化而自动更新。域特征字符是大括号“{}”，它不是从键盘上直接输入的。如图 7-1 所示。

域代码 { DATE \@"yyyy'年'M'月'D'日'"*MERGEFORMAT }

域结果 2018 年 8 月 16 日

图 7-1 域代码与域结果

### 7.1.2 域的插入方法

域的插入方法有两种：

1. 通过“插入－文本－文档部件－域”或“页眉和页脚工具－插入－文档部件”来插入。这种方法，会打开域对话框，选择一种域，下面会有该域的提示，并且域的属性和选项也都有提示，只需选择即可。

2. 通过按 Ctrl＋F9 插入。通过该方法插入域代码，没有提示，域名称及域属性或选项都是以英文单词组成。域代码中的名称、属性或选项，都与大小写无关。需要注意的是，手动输入域代码必须在英文半角状态下输入。

### 7.1.3 域的编辑和查看

1. 不管用哪种方法插入域，结果是一样的，都可以通过右键“编辑域”对域进行编辑，编辑是以对话框方式进行的。

2. 按 Shift＋F9，可以在域代码和域结果之间切换；按 Alt＋F9，可以显示或者隐藏文档中所有的域代码。

3. 按 F9 可对选中内容中的域刷新，若需要刷新全文，必须先用 Ctrl＋A 选中全文，再刷新。

4. 更多关于域的快捷操作请参考附录 1。

### 7.1.4 部分常用域

(1) Page：当前页码；

(2) Section：当前节；

(3) NumPages：总页数；

(4) Date、Time：当前时间日期；

(5) Author：文章作者；

(6) FileName：文件名；

(7) StyleRef：样式引用。

## 7.2 实验目的

1. 理解和掌握域的概念；
2. 掌握域的手动输入与编辑；
3. 掌握通过域对话框插入域；
4. 掌握常用域的使用；
5. 掌握使用 TC 域和 TOC 域编制目录。

## 7.3 实验内容

1. 使用域输入上划线 $\overline{\mathrm{Y}}$ 和分数 $\frac{a}{b}$。

2. 使用域输入当前日期、文档总页数、文档总字数、文档标题样式编号和内容。

3. 使用 TC 域和 TOC 域编制目录，为"热爱生命的故事.docx"编制目录。

## 7.4 实验分析

1. 手动输入域，先按 Ctrl+F9 插入域特征字符，然后输入域代码，再按 Shift+F9 切换查看域结果。

2. 使用域对话框输入。

3. 使用域对话框，先在每个故事前插入 TC 目录项域，然后，再使用域对话框，插入 TOC，创建目录项域的目录。

## 7.5 实验步骤

1. 本题操作如下：

(1) 先按 Ctrl+F9，插入域特征字符{}。

（2）输入 EQ \x\to(Y)，按 Shift+F9 后可得到 $\overline{\mathrm{Y}}$。（注：代码 EQ 后有个空格）

（3）按 Ctrl+F9，然后输入 EQ \f(a,b)，按 Shift+F9 后可得到 $\frac{a}{b}$。（注：代码 EQ 后有个空格）

2. 本题操作如下：

（1）单击“插入－文本－文档部件－域”，打开“域”对话框。

（2）选择类别“日期和时间”，域名“Date”，按“确定”插入当前日期的时间域。如图 7-2 所示。

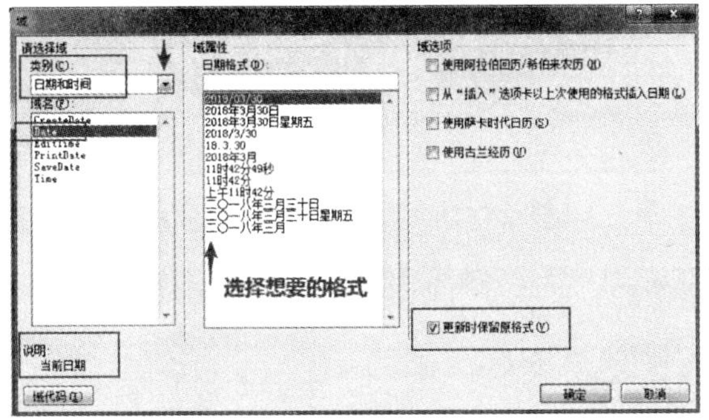


图 7-2　插入 Date 域

（3）在域对话框中，选择类别“文档信息”，域名“NumPages”、“NumWords”，插入文档的总页数和文档的总字数。如图 7-3、图 7-4 所示。

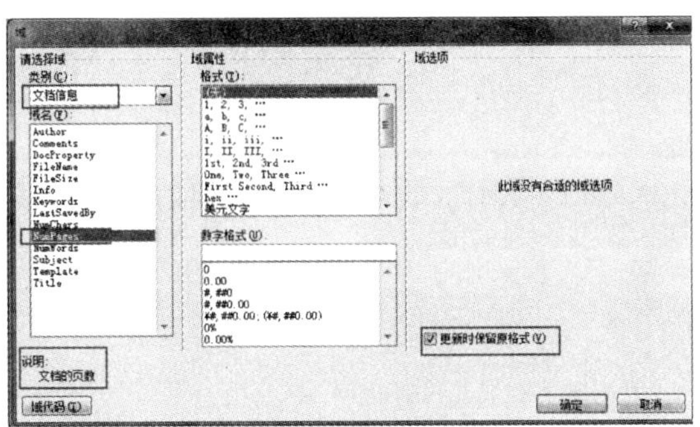

图 7-3　插入 NumPages 域

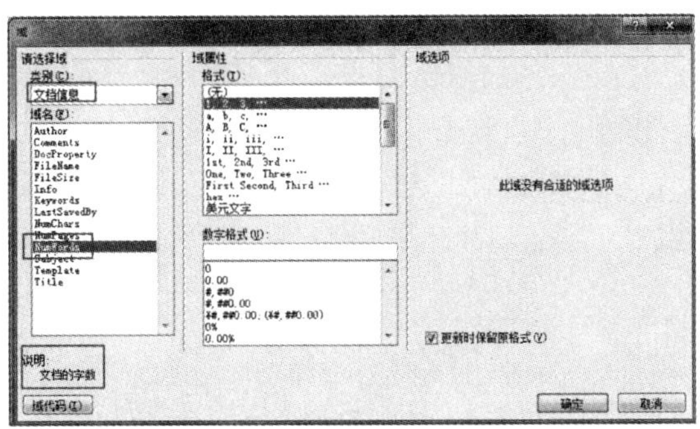

图 7-4　插入 NumWords 域

(4) 在域对话框中，选择类别“链接和引用”，域名“StyleRef”，插入文档中标题样式的编号和标题样式的内容。如图 7-5、图 7-6 所示。

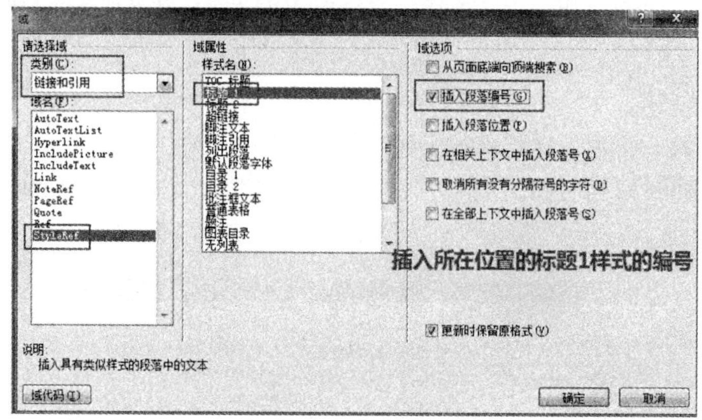


图 7-5　通过 StyleRef 域插入标题 1 样式的编号

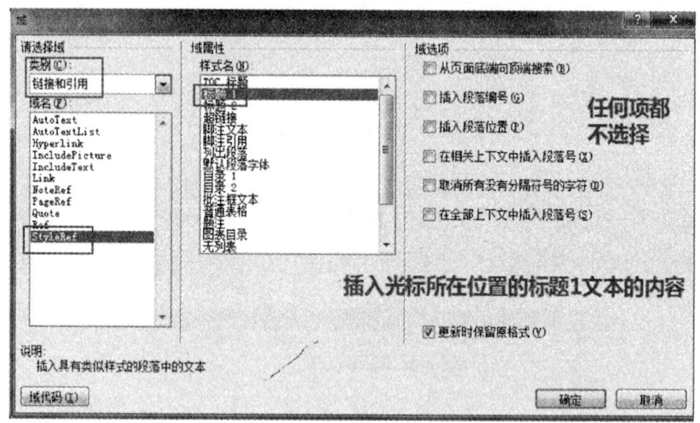


图 7-6　通过 StyleRef 域插入标题 1 样式的文本内容

注意：当文档内容做了修改，导致某些域的结果有变化，如总字数等，可按 F9 进行域的更新。

3. 本题操作如下：

(1) 将光标定位在第二页标题“海伦·凯勒”前，单击“插入－文本－文档部件－域”，打开“域”对话框。

(2) 选择类别“索引和目录”，域名“TC”，在域属性文字项中填入“故事 1”，按“确定”，如图 7-7 所示。

(3) 同理，在第三、四、六页标题“轮椅上的勇士—霍金”、“张海迪”、“种子的力量”前分别插入 TC 域“故事 2”、“故事 3”和“故事 4”，如图 7-8 所示。

(4) 回到第一页，在“热爱生命的故事”下一行，单击“插入－文本－文档部件－域”，打开域对话框。

(5) 选择类别“索引和目录”，域名“TOC”，单击“目录”按钮，如图 7-9 所示。

(6) 在目录对话框中单击“选项”按钮，设置以标记的目录项域创建目录，如图 7-10 所示。

海伦·凯勒

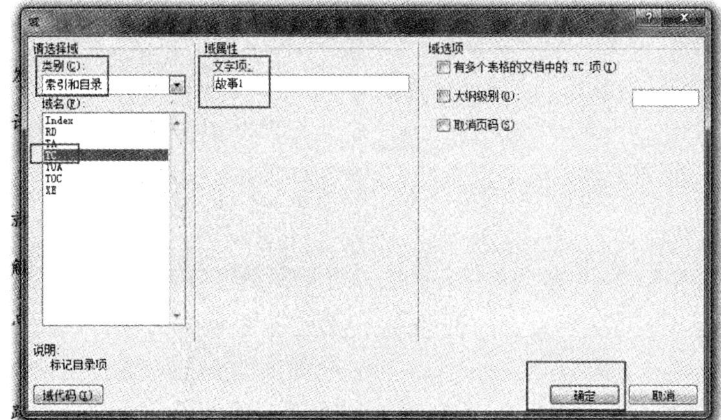


图 7-7　插入 TC 域“故事 1”

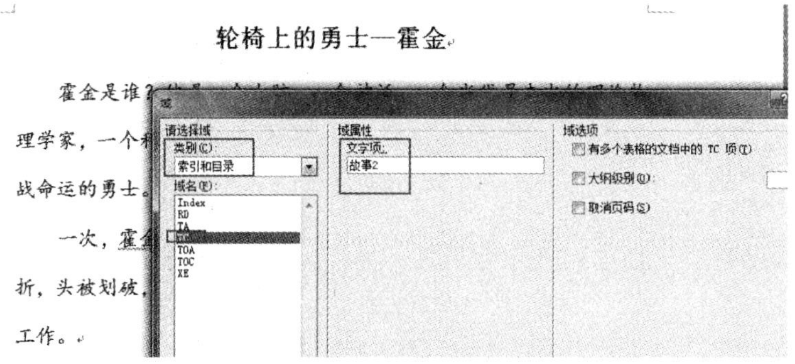


图 7-8　插入 TC 域“故事 2”

热爱生命的故事

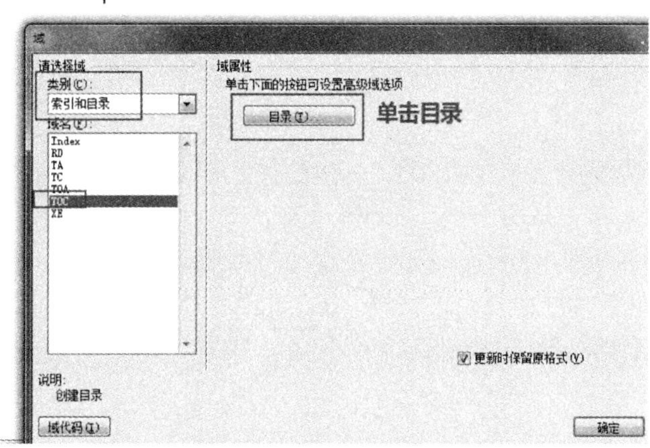


图 7-9　插入 TOC 域

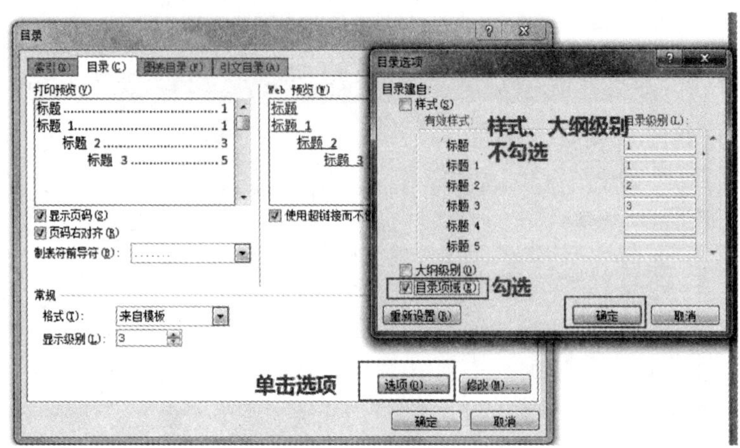


图 7-10　设置以标记的目录项域创建目录

（7）按两次“确定”按钮，该故事目录就创建好了，如图 7-11 所示。

热爱生命的故事

故事 1 ........ 2
故事 2 ........ 3
故事 3 ........ 4
故事 4 ........ 6

图 7-11　制作好的故事目录

# 实验 8

# 邮件合并

## 8.1 知识要点

在实际工作中，常常需要处理不少简单报表、信函、信封、通知、邀请信或明信片，这些文稿的主要特点是件数多，内容和格式简单或大致相同。这种格式雷同、能套打的批处理文稿操作，利用 Word 里的“邮件”功能区，就能轻松地做好。

需要注意的是，“邮件合并”合并的是两个文档：一个是设计好的样板文档“主文档”，主文档中包括了要重复出现在套用信函、邮件选项卡、信封或分类中的固定不变的通用信息；另一个是可以替代“标准”文档中的某些字符所形成的数据源文件，这个数据源文件可以是已有的电子表格、数据库或文本文件，也可以是直接在 Word 中创建的表格。

邮件合并的一般操作是，先建立两个文档：一个是 Word 样板文档。包括所有文件共有内容的主文档(比如未填写的信封等)；另一个是包括变化信息的数据源 Excel 文档(如收件人、发件人、邮编等)。然后，再使用邮件合并功能，在主文档中插入变化的信息，合成后的文件用户可以保存为 Word 文档，可以打印出来，也可以以邮件形式发出去。

## 8.2 实验目的

1. 掌握邮件合并的基本概念；
2. 掌握邮件功能区各分组及工具的使用；
3. 掌握邮件合并功能的使用。

## 8.3 实验内容

1. 使用邮件合并功能，生成简单的成绩单“CJ.docx”。
2. 批量制作信封，以便邮寄。
3. 批量制作有照片的工作证。

## 8.4 实验分析与步骤

1. 先在 Excel 中，建立学生成绩文档，作为数据源。然后在 Word 中建立成绩单样板文档。再利用“邮件”功能，在样板文档中插入变化的信息，合并后生成新的 Word 文档。

2. 先在 Excel 中，建立客户通讯录的文档，作为数据源。然后在 Word 中利用“邮件”功能区中的创建“中文信封”功能，在向导中设置样式，匹配收信人信息即可。

3. 先要准备好符合要求，大小均等的照片，然后在 Excel 中建立职工信息表，其中照片一栏中输入的是照片的磁盘地址。再在 Word 中，设计好工作证的样板文档，接下去就是使用邮件合并功能来插入变化的信息。

注意，照片的插入要使用域来完成，即 INCLUDEPICTURE "{MERGEFIELD 照片}"。

## 8.5 实验步骤

1. 本题操作如下：

(1) 打开 Excel，新建数据源文档“StuCJ.xlsx”，输入如下内容，如图 8-1 所示。

| | A | B | C | D |
|---|---|---|---|---|
| 1 | 姓名 | 语文 | 数学 | 英语 |
| 2 | 张云飞 | 88 | 92 | 94 |
| 3 | 李华 | 78 | 82 | 90 |
| 4 | 马超远 | 90 | 72 | 91 |
| 5 | 陈诺一 | 80 | 89 | 93 |
| 6 | | | | |

图 8-1 学生成绩数据

(2) 打开 Word，新建 Word 样板文档“CJ_T.docx”，输入如下内容，如图 8-2 所示。

同学。

| 语文。 | |
|---|---|
| 数学。 | |
| 英语。 | |

图 8-2 成绩单样板

(3) 在“CJ_T.docx”中，单击“邮件—开始邮件合并组—选择收件人—使用现有列表”，在弹出的“选择数据源”对话框中，选择“StuCJ.xlsx”，并确认数据源和选择表格，如图 8-3 至图 8-6 所示。

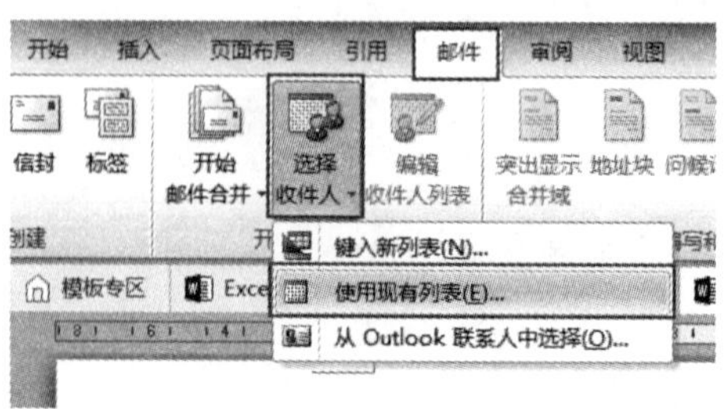


图 8-3 选择收件人

图 8-4　选择数据源

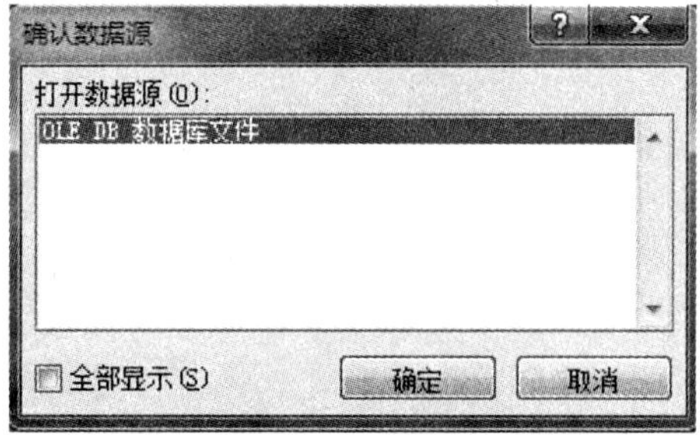


图 8-5　确认数据源

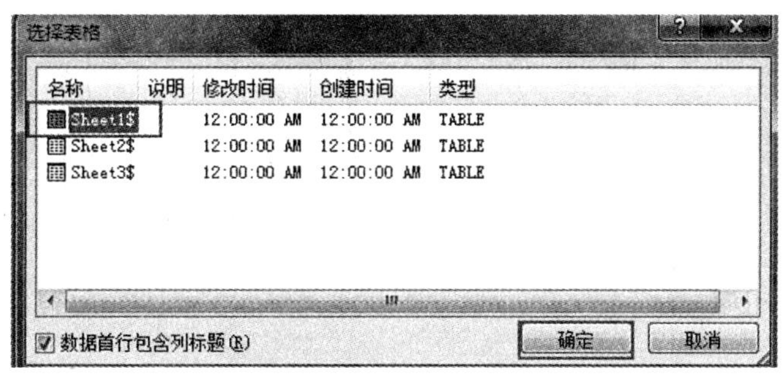


图 8-6　选择表格

注意：未选择数据源时的邮件功能区如图 8-7 所示：

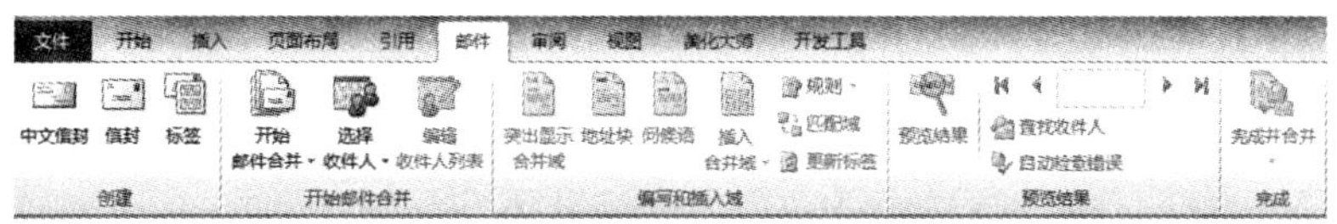


图 8-7　未选择数据源时的邮件功能区

选择好数据源后的邮件功能区如图 8-8 所示：

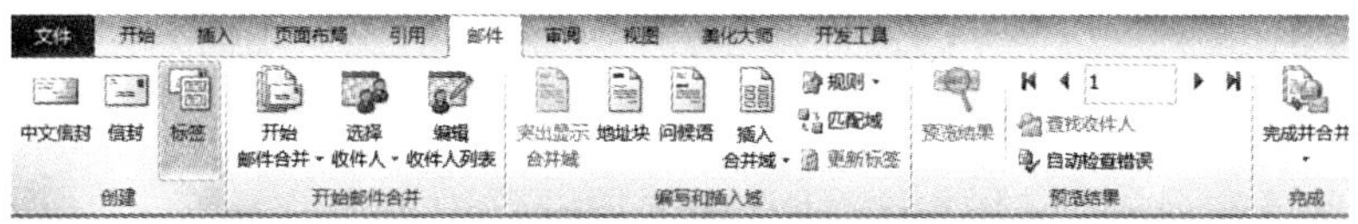


图 8-8　选择好数据源后的邮件功能区

(4) 将光标移到“同学”2 字前，单击“邮件－编写和插入组－插入合并域－姓名”，如图 8-9 所示。

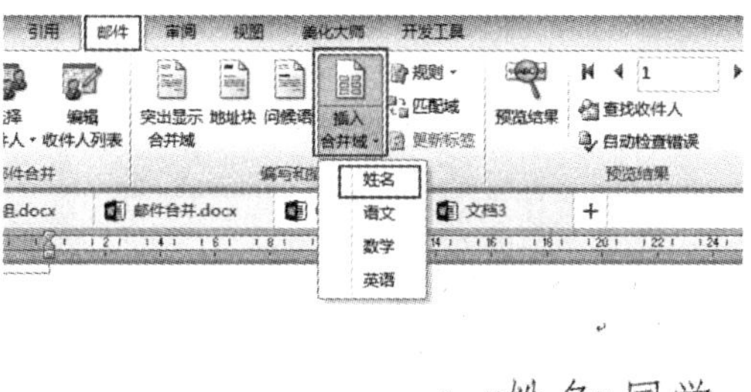


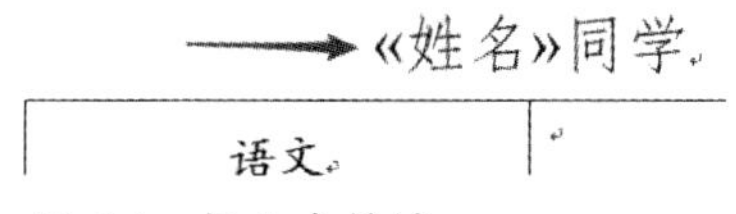


图 8-9　插入合并域

(5) 依次在表格中对应位置上完成其他三个域的插入，然后单击“保存”按钮。如图8-10所示。

«姓名»同学

| 语文 | «语文» |
|---|---|
| 数学 | «数学» |
| 英语 | «英语» |

图 8-10　插好合并域后的范本

(6) 单击“邮件－完成组－完成并合并－编辑单个文档”，如图 8-11 所示，弹出“合并到新文件”对话框，设置如图 8-12 所示的参数，单击“确定”。然后将新文件(信函 1)保存为“CJ.docx”。合并完成后的新文件如图 8-13 所示。

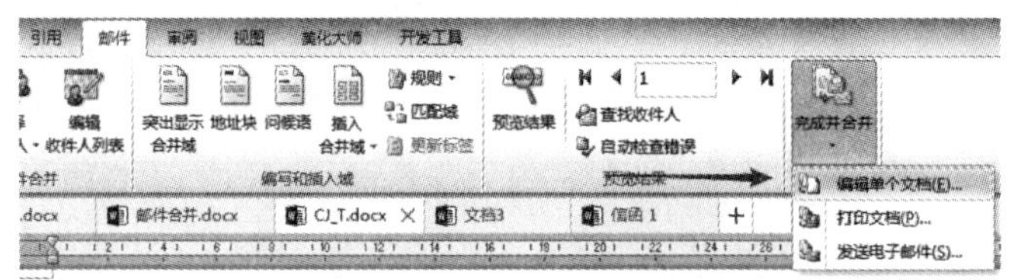


图 8-11　完成并合并成单个文档

图 8-12　合并全部记录

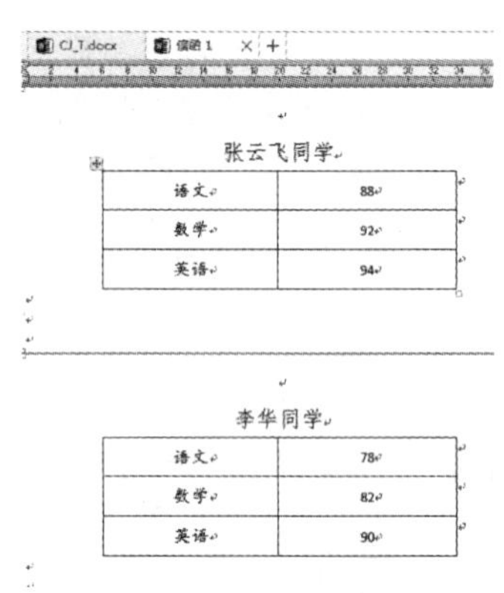

张云飞同学

| 语文 | 88 |
|---|---|
| 数学 | 92 |
| 英语 | 94 |

李华同学

| 语文 | 78 |
|---|---|
| 数学 | 82 |
| 英语 | 90 |

图 8-13　合并完成后的新文件

2. 本题操作如下：

(1) 单击“邮件－创建组－中文信封”，打开“信封制作向导”对话框，如图 8－14 所示，单击“下一步”进行设置。

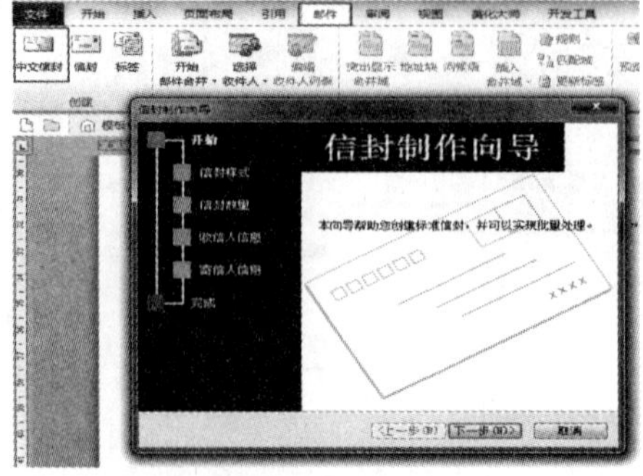


图 8-14　信封制作向导对话框

（2）选择信封样式，如图 8-15 所示。

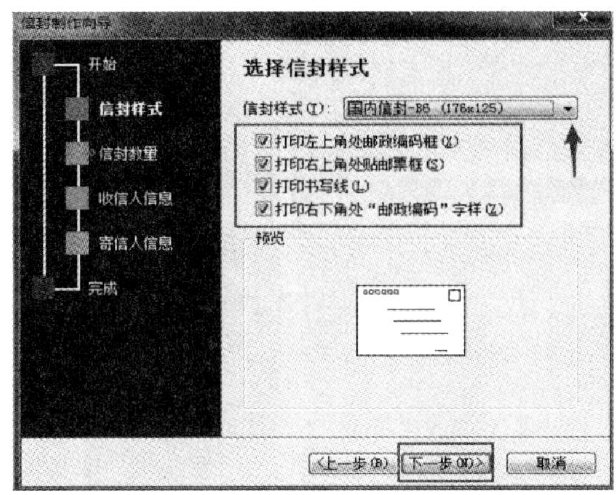


图 8-15　选择信封样式

（3）选择生成信封的方式和数量，如图 8-16 所示。

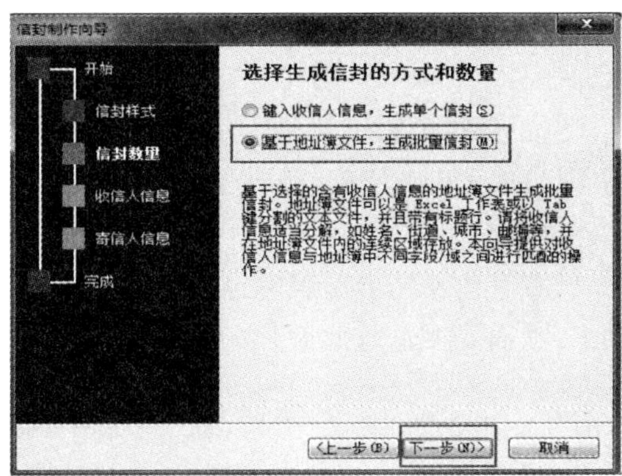


图 8-16　选择生成信封的方式和数量

（4）从文件中获取并匹配收信人信息，如图 8-17 所示。

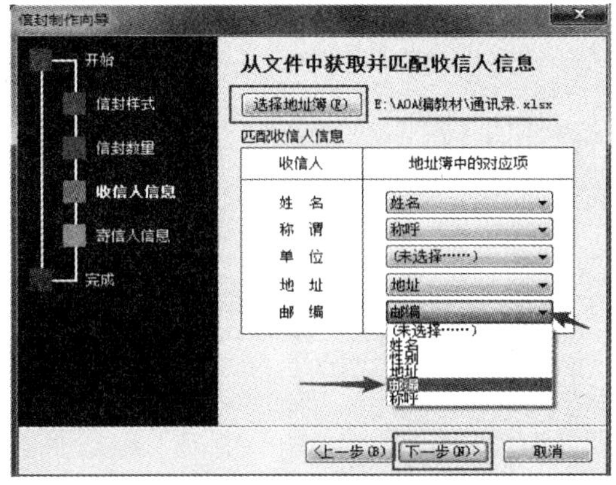


图 8-17　获取并匹配收信人信息

(5) 填写寄信人信息,如图 8-18 所示。

(6) 完成信封制作,如图 8-19 所示。

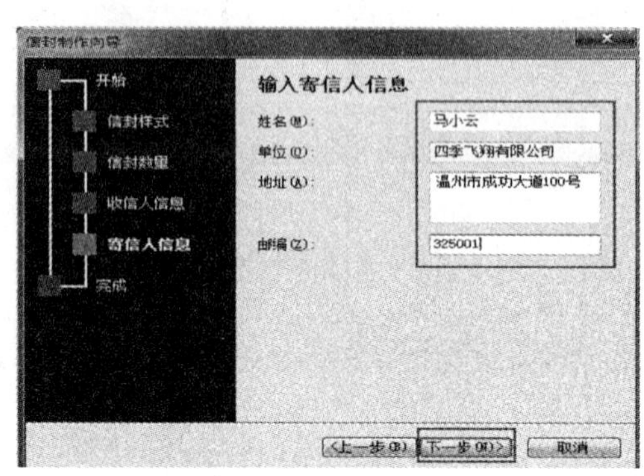


图 8-18　填写寄信人信息

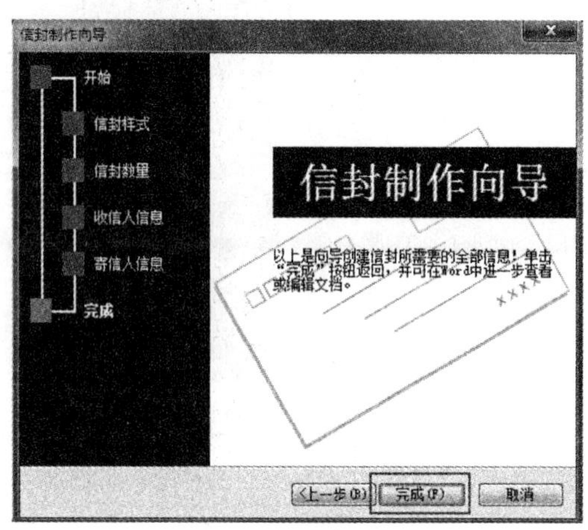


图 8-19　完成信封制作

3. 本题操作如下:

(1) 素材的准备。素材主要是每个职工的照片,并按一定的顺序进行编号,照片的编号顺序可以根据单位的数据库里的职工姓名、组别顺序来编排。然后可以把照片存放在指定磁盘的文件夹内,比如"E: \photo"。

使用 Excel 表格建立"职工信息表.xlsx",表中包括职工的姓名、部门、编号和照片,照片一栏并不需要插入真实的图片,而是要输入此照片的磁盘地址,比如"E: \\photo\\1.png",如图 8-20 所示。

注意:这里是"双反斜杠"。

(2) 创建工作证模版。启动 Word,建立一个主文档,设计排版出如图 8-21 所示的表格。

(3) 进行邮件合并,添加域。单击"邮件－开始邮件合组－选择收件人－使用现有列表",如图 8-22 所示,在弹出的"选择数据源"对话框中,选择"职工信息表.xlsx",如图 8-23 所示。

| | A | B | C | D |
|---|---|---|---|---|
| 1 | 姓名 | 部门 | 编号 | 照片 |
| 2 | 孙丽 | 公关部 | 001 | e:\\photo\\1.png |
| 3 | 周杰 | 销售部 | 002 | e:\\photo\\2.png |
| 4 | 张良 | 销售部 | 003 | e:\\photo\\3.png |
| 5 | 李小平 | 策划部 | 004 | e:\\photo\\4.jpg |
| 6 | 林玲 | 策划部 | 005 | e:\\photo\\5.png |
| 7 | 张飞 | 售后部 | 006 | e:\\photo\\6.png |
| 8 | | | | |
| 9 | | | | |
| 10 | | | | |

Sheet1　Sheet2　Sheet3

图 8-20　职工信息表

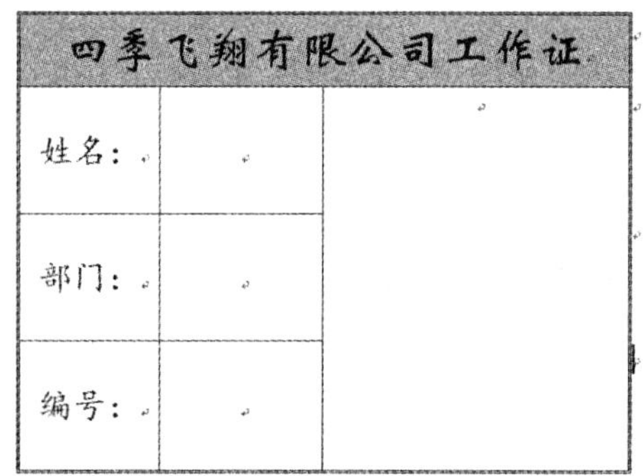


图 8-21　工作证模板

图 8-22　选择收件人

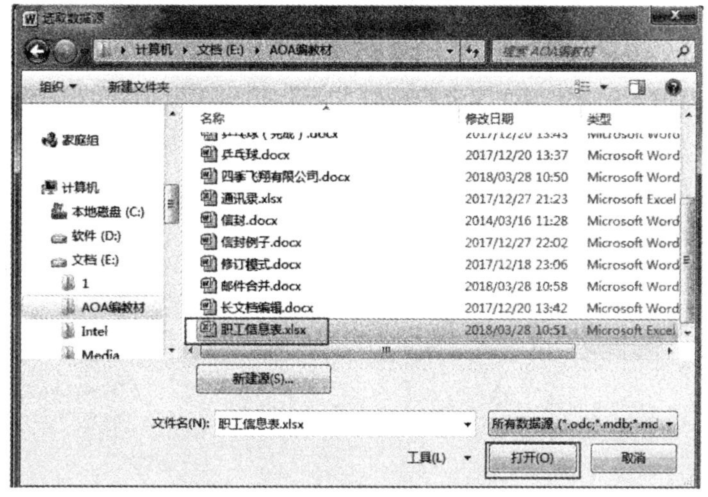


图 8-23　选择职工信息表

将光标移到“姓名”右侧单元格中，单击“邮件－编写和插入组－插入合并域－姓名”。同样操作，在对应位置上插入合并域“部门”和“编号”。如图 8-24 所示。

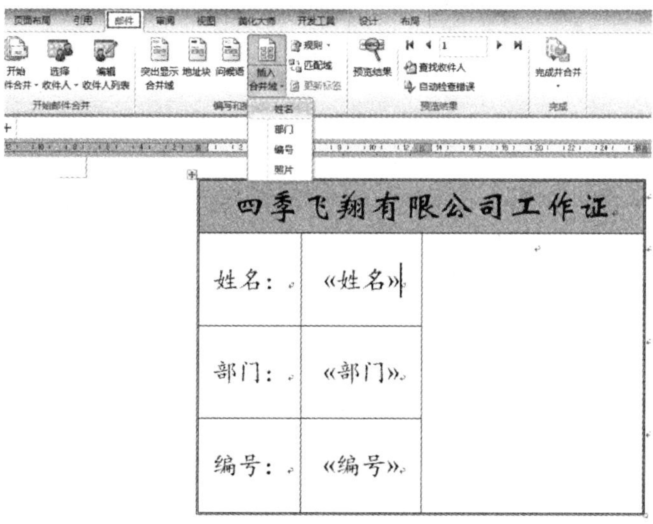


图 8-24　插入除照片外的合并域

将光标定位于右侧大单元格内,此处用来显示职工的照片。按 Ctrl+F9 插入域,此时会出现一对大括号,在其中输入“INCLUDEPICTURE "{ MERGEFIELD 照片 }"”注意其代码中的大括号也是通过按 Ctrl+F9 来插入,如图 8-25 所示。

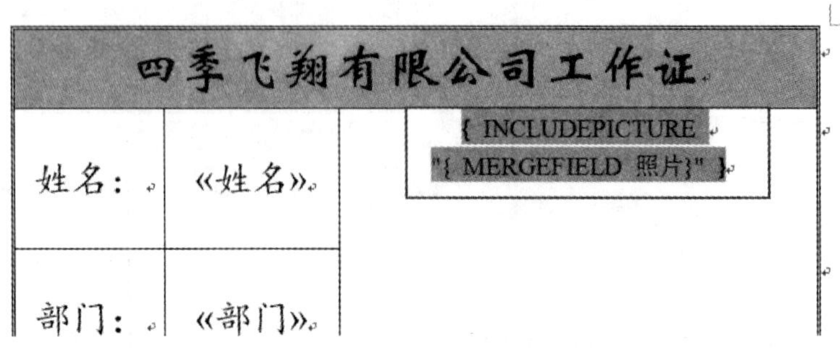


图 8-25 通过域的方式插入照片

当然,这段域代码也可以通过域对话框的方式来输入。将光标定位于右侧大单元格内,单击“插入－文本组－文档部件－域…”,如图 8-26 所示。

图 8-26 插入域

在“域”对话框中进行如图 8-27 所示的设置。

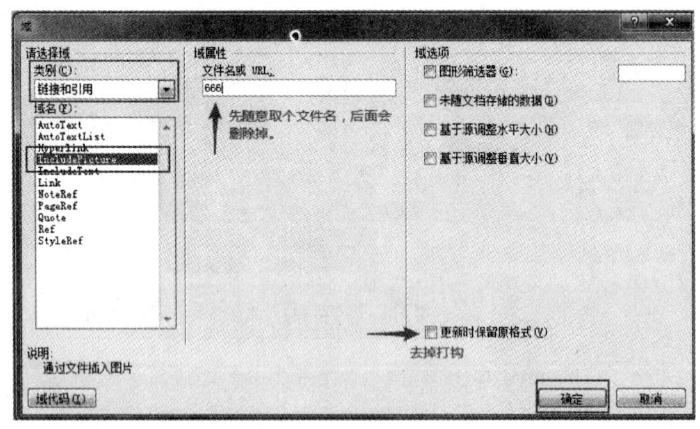


图 8-27 “域”对话框

此时,文档中并没有显示出图片。单击图片框,按 Shift+F9 进入到域代码状态。删除代码中的 666,如图 8-28 所示。单击“邮件－编写和插入域组－插入合并域－图片”,按 F9 刷新域后将显示照片,如图 8-29 所示。

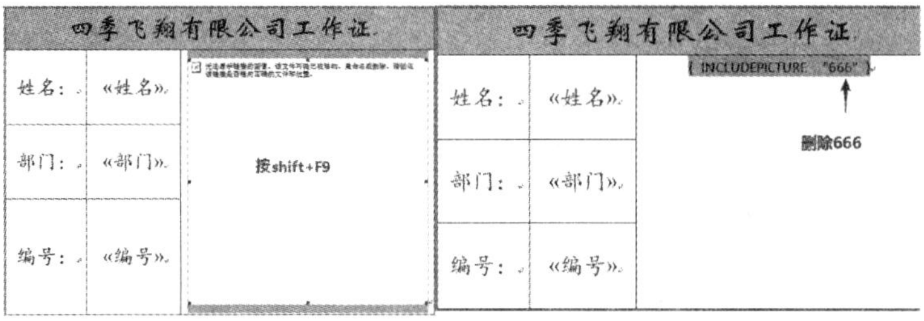

图 8-28　编辑图片域代码

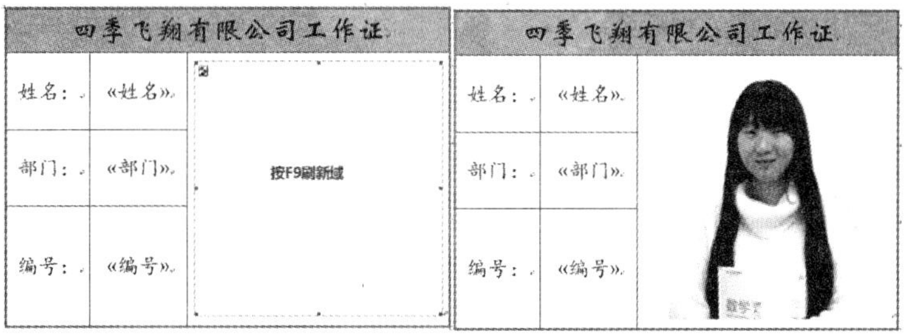

图 8-29　刷新域后显示照片

注意：如果新生成的文档中没有显示图片或所有的图片显示的是同一个人，可按“Ctrl＋A”全选，然后按 F9 键对文档进行刷新。

最后，单击“邮件－完成合并域组－完成并合并－编辑单个文档”，如图 8-30 所示，合并全部记录到新文档，保存文件，“工作证”就制作完毕了。如图 8-31 所示。

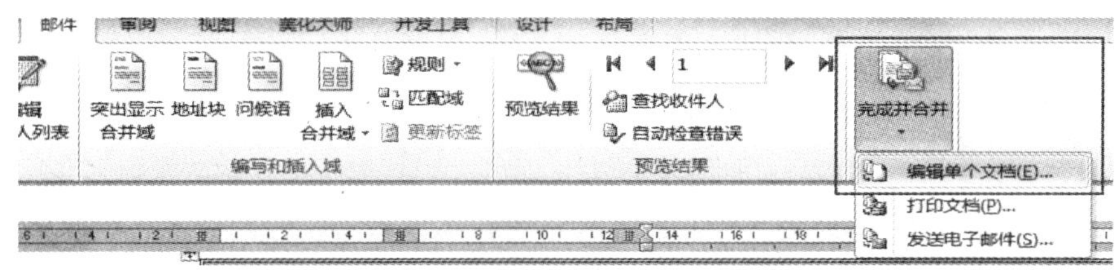


图 8-30　完成合并

图 8-31　最终完成后的工作证

# 实验 9

# 批注与修订

## 9.1 知识要点

批注是审阅功能之一。Word 批注的作用是评论或注释文档，但不直接修改文档。因此，Word 批注并不影响文档的内容。

修订是直接修改文档。在修订模式下，多位审阅者对文档所做的编辑，将以标记的形式记录下来。这样，原作者就可以复审这些修订，并确定接受或拒绝所做的修订。只有接受修订，文档的编辑才能生效，否则文档将保留原内容。单击"审阅－修订－修订"，即可进入 Word 修订模式，如图 9-1 所示。再次单击该按钮，退出修订模式。

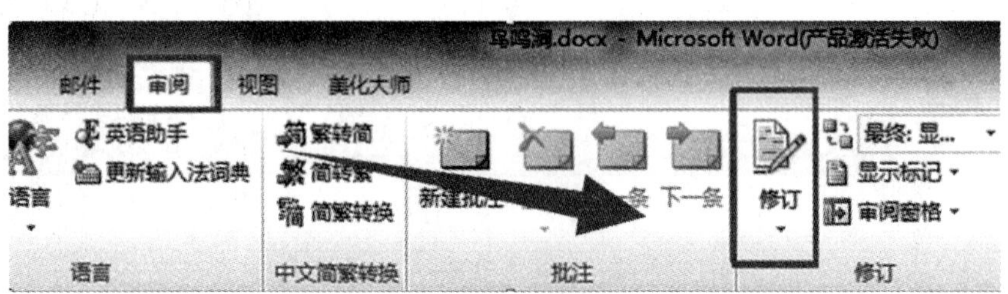


图 9-1 修订按钮

## 9.2 实验目的

1. 掌握批注的使用与编辑；
2. 掌握修订的使用与编辑；
3. 掌握文档的比较。

## 9.3 实验内容

1. 对"借条.docx"不规范处添加批注。

2. 对“鸟鸣涧.docx”不正确处做修订。

3. 对“鸟鸣涧(原始).docx”和“鸟鸣涧(修订后).docx”两个文档进行比较。

## 9.4 实验分析

1. 对“借条.docx”不规范处添加批注。选择需要改动的文本，单击“审阅－批注－新建批注”，在批注框中输入建议内容，完成后，在批注框外任意处单击即可。

2. 对“鸟鸣涧.docx”不正确处做修订。先进入修订模式，然后删除“李白”，输入“王维”。接着，在“时鸣”后输入“春涧中。”。

3. 对“鸟鸣涧(原始).docx”和“鸟鸣涧(修订后).docx”两个文档进行比较。使用“审阅－比较—比较”功能。

## 9.5 实验步骤

1. 本题操作如下：

(1) 选择“张三”两字后，单击“审阅－批注－新建批注”，在批注框中输入“添加张三的身份证号”。如图 9-2 所示。

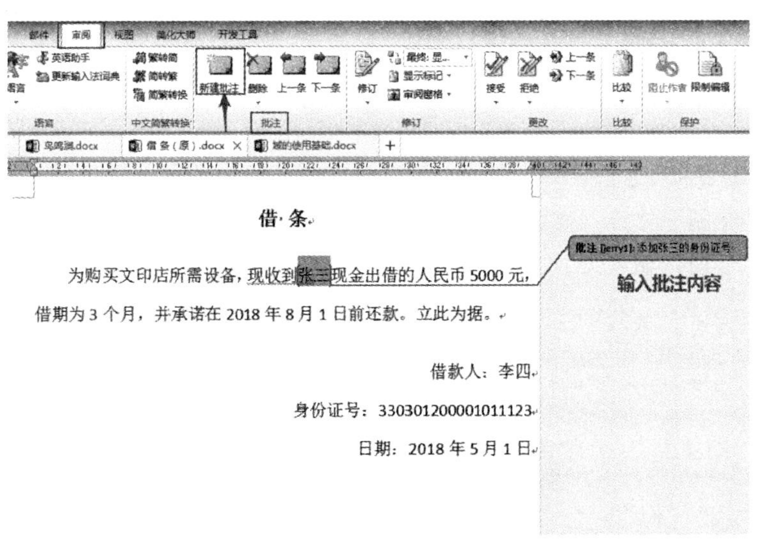


图 9-2　添加批注

(2) 同理，选择“5000 元”，添加批注“伍仟圆整”。选择“3 个月”，添加批注“三个月”，如图 9-3 所示。

(3) 如果需要删除某个批注，可单击该条批注，再单击“审阅－批注－删除”即可，如图 9-4 所示。

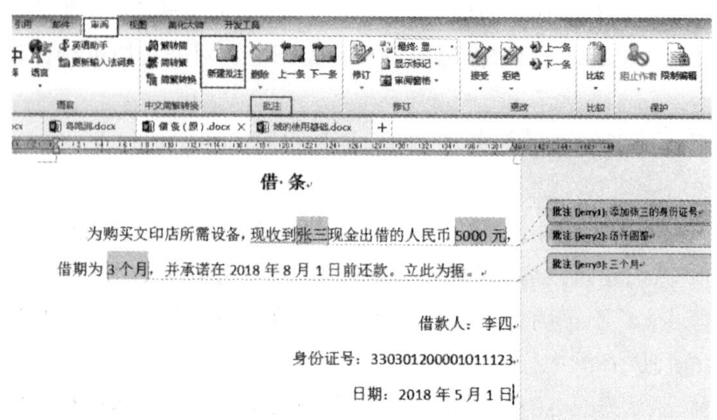


图 9-3　添加三条批注

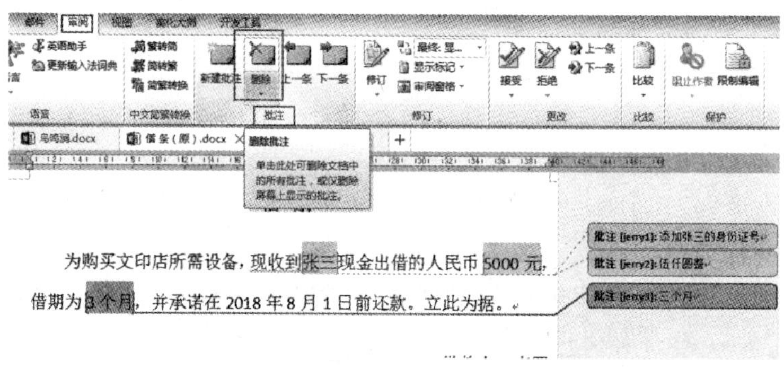


图 9-4　删除批注

2. 本题操作骤如下：

(1) 单击“审阅－修订－修订”进入修订模式，此时所有编辑操作都会被记录下来。

(2) 删除“李白”，输入“王维”，在“时鸣”后输入“春涧中。”如图 9-5 所示。

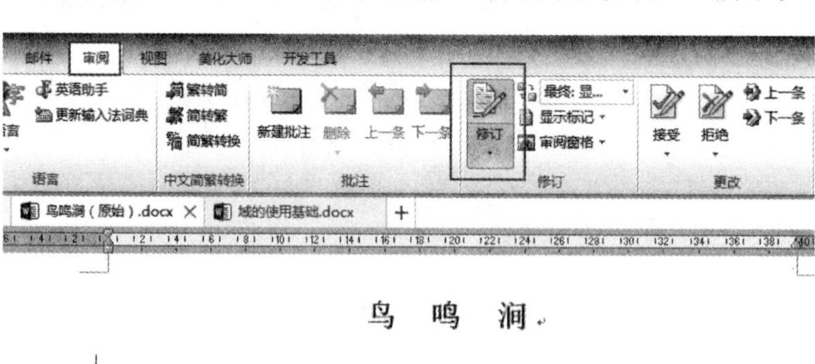


图 9-5　修订

（3）Word 中的修订可以以不同的方式显示，如图 9-6 所示。

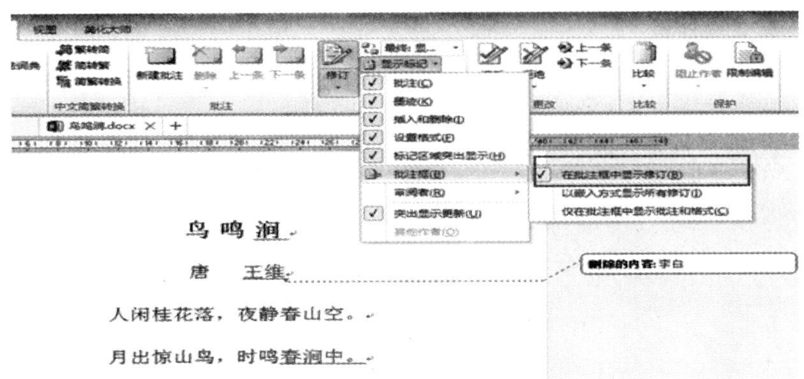


图 9-6　在批注框中显示修订

（4）修订的样式可以根据自己喜好来设置，单击“修订”中的“修订选项”，如图 9-7 所示，弹出如图 9-8 所示的“修订选项”对话框。

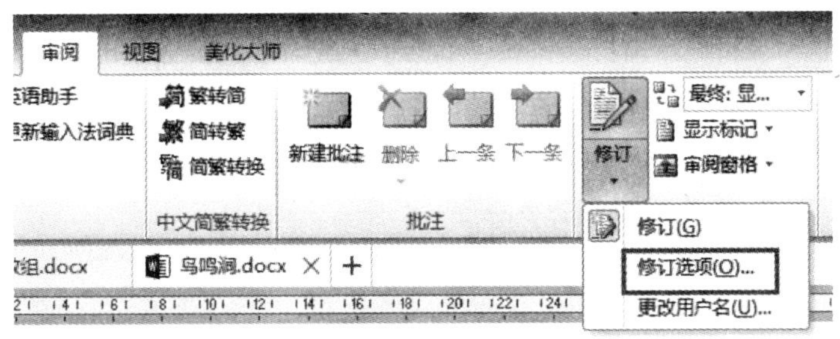


图 9-7　修订选项

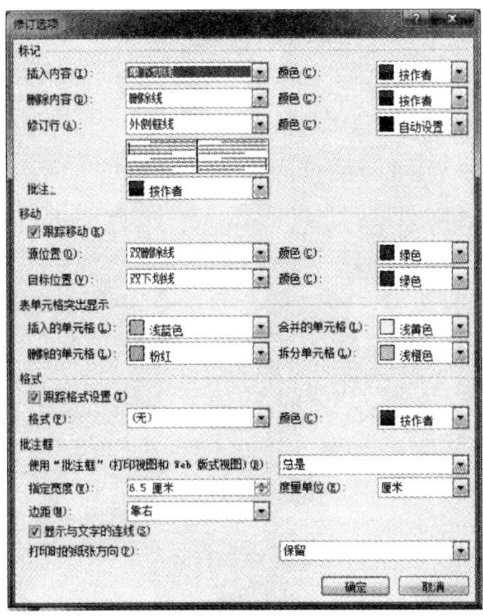

图 9-8　“修订选项”对话框

（5）根据需要修改下划线、删除线等设置的颜色，然后单击“确定”，如图 9-9 所示。

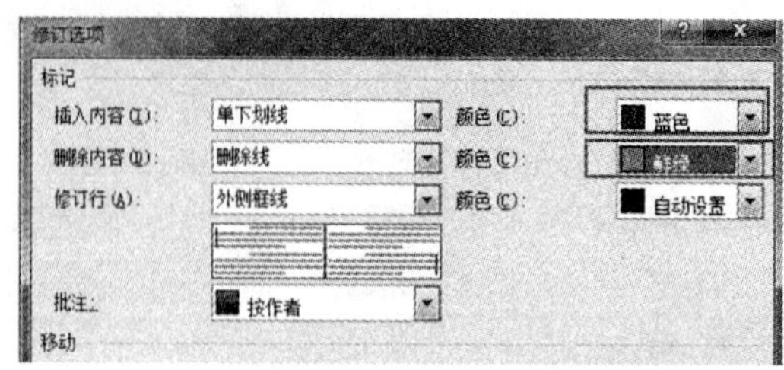


图 9-9　修改修订选项参数

（6）此时可以看到下划线和删除线的颜色已经改变了，如图 9-10 所示。

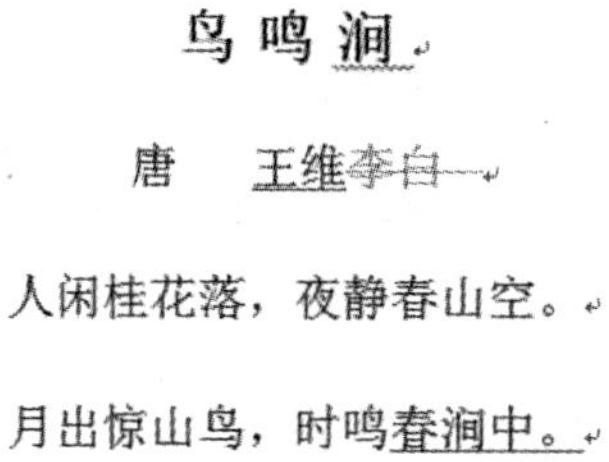

鸟 鸣 涧

唐　王维李白

人闲桂花落，夜静春山空。

月出惊山鸟，时鸣春涧中。

图 9-10　更改修订选项后的文档

（7）在修订中，还可以更改用户名，以方便多人修改时，进行分辨，具体操作如图 9-11 至图 9-13 所示。

图 9-11　更改用户名

图 9-12　Word 选项用户名

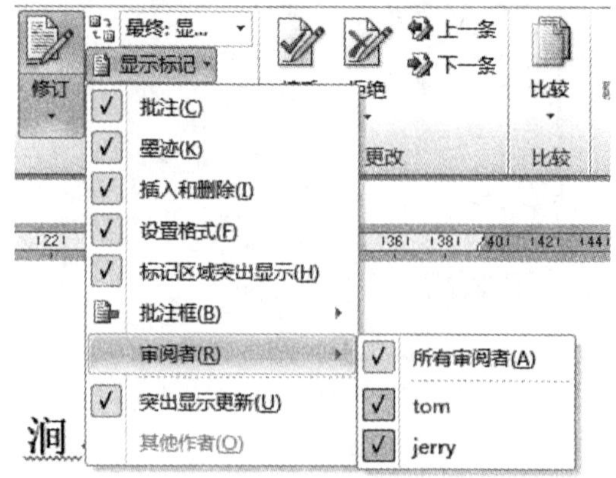


图 9-13　选择审阅者

(8) 最后接受修订。将光标定位在被修订的地方，单击“审阅－更改－接受”组的小三角形，可选择“接受修订”或者“接受对文档的所有修订”。如图 9-14 所示。

选择“接受对文档的所有修订”后，结果如图 9-15 所示。

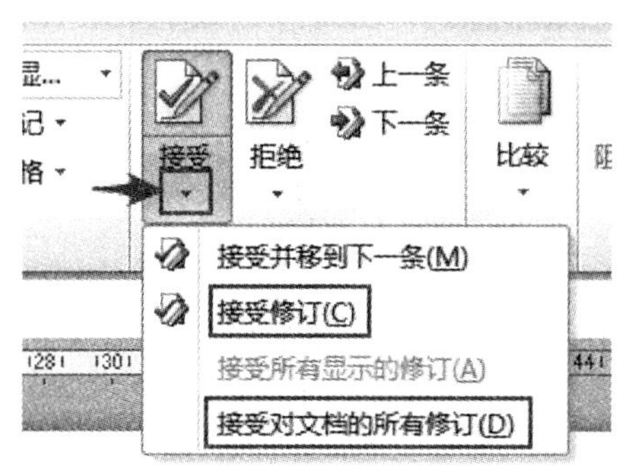


图 9-14　接受

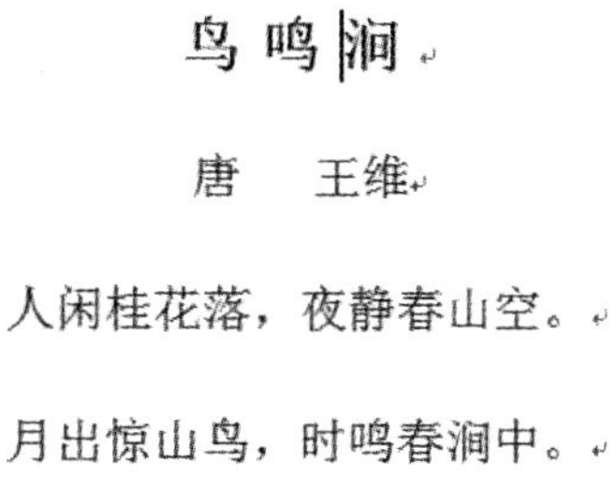

鸟鸣涧

唐　王维

人闲桂花落，夜静春山空。

月出惊山鸟，时鸣春涧中。

图 9-15　接受所有修订后的文档

3. 本题操作如下：

(1) 单击“审阅－比较－比较”，如图 9-16 所示。

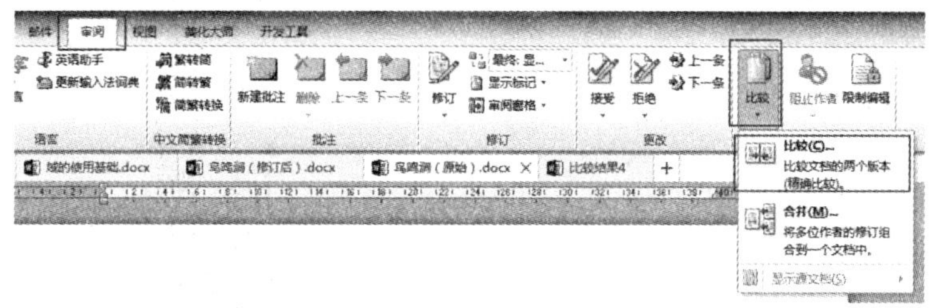


图 9-16　比较

(2) 设置要比较的两个文档，如图 9-17 所示。

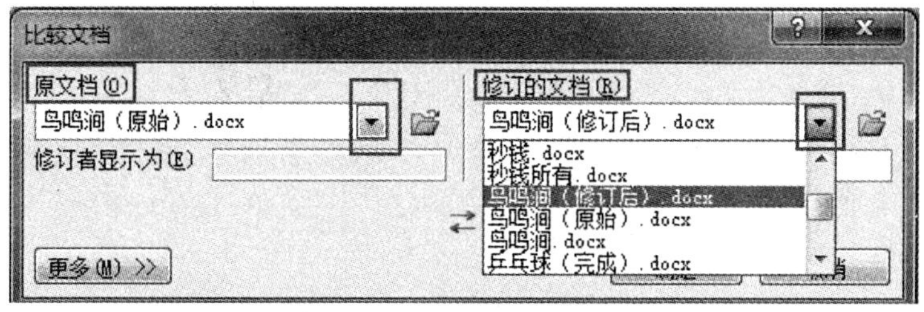


图 9-17　“比较文档”对话框

(3) 按“确定”后，可以看到详细的比较结果，如图 9-18 所示。

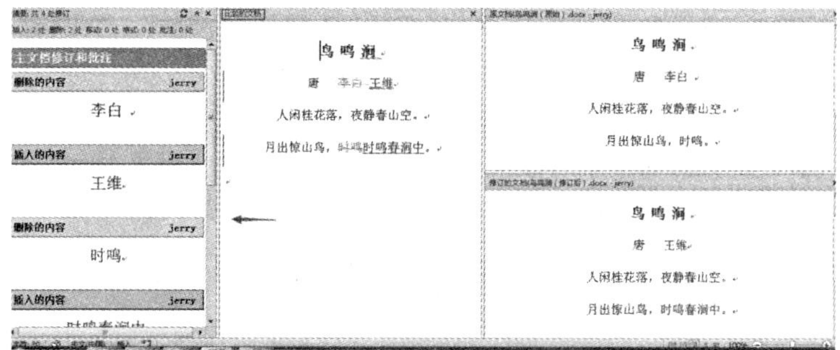


图 9-18　比较文档的结果

# Excel 高级应用篇

## 实验 10

# Excel 基本知识与基本操作

## 10.1 知识要点

### 10.1.1 数据类型的自动转换

1. 函数中的参数类型自动转换问题：

大部分函数的各参数是要求特定类型的，只有少量函数的部分参数可以接受多种类型的值。当参数需要某一类型，而给出的参数又不是该类型时，那么系统将会尝试把参数类型转换为该参数所需的类型。

2. 各种数据类型的转换规则如下：

- 字符转数值：按字面转换，内容中含有其他非数字字符，则无法转换(即错误)；
- 逻辑转数值：TRUE 转为 1，FALSE 转为 0；
- 数值转逻辑：0 转为 FALSE，非 0 转为 TRUE；
- 日期数值互转：按离 1900 年 1 月 1 日的天数进行转换(尽量不要让这种转换出现，一般这种转换没有价值)；
- 数值转字符：按结果直接转；
- 逻辑转字符：直接转换成大写的 TRUE 或 FALSE；
- 日期转字符：先转数值，再转字符(尽量不要让这种转换出现，一般这种数值没有价值)；
- 字符转日期：按内容直接转换，如果内容是非法日期，则可能无法转换(该转换支持分秒一项满进功能，即当时间的分秒部分只要有一项超过 60，就可以自动转换，如秒超过 60，则分就自动加 1)；
- 字符转逻辑：TRUE 或 FALSE(大小写无关)转换为对应的值，其他字符均不能转换；
- 日期转逻辑：结果都是 TRUE。

3. 运算符相连的表达式，其中各项类型也会自动转换，以适应运算。如“＝1＋"2"”中字符型的"2"会转换成数值型参加运算。

### 10.1.2 错误信息

Excel 的公式计算，会出现若干错误，如表 10-1 所示。

表 10-1 Excel 常用错误信息

| 错误信息 | 错误含义 | 造成错误的情况 |
| --- | --- | --- |
| #DIV/0! | 被 0 除 | 被 0 除、被空单元格除等 |
| #VALUE! | 数据类型错误 | 加减乘除、SUM 等函数中包含非数字字符 |
| #N/A | 数据不可用 | LOOKUP、MATCH 等函数找不到匹配值等 |
| #NUM! | 无效数值型参数 | 如 SQRT 对负数开平方、DATE 日期年份为负、运算结果超出范围等 |
| #REF! | 无效的引用 | 引用单元格被删后，INDIRECT 函数引用单元格错误等 |
| #NAME? | 错误的名称 | 函数名错误、单元格错误、名称错误，或误用中文标点 |
| #NULL! | 多个区域无公共区域 | 用空格分隔的多个区域无交叉区域 |
| ##### | 宽度不够 | 数值型或日期型单元格宽度不够，或负数显示为日期型 |

### 10.1.3 单元格选择方法

除了最常用的拖动选择连续单元格、Ctrl 单击选择不连续单元格外，还有很多方便的选择方法：

1. 单击单元格，再按 Shift+单击另一单元格，可连续选择两者之间的所有单元格，这和文件夹中选择文件的功能相同。

2. Shift 和各种光标键（上下左右、Home/End、PgUp/PgDn）组合，可按光标移动功能进行选择。

3. 光标停在连续单元格中，和 Word 类似，Ctrl+A 可选中包含连续数据的最小矩形区域。

4. Ctrl+Shift+↓，可从当前单元格开始，向下选取，直到遇到空单元格为止，即当中数据没有断开，则可选择本列所有内容。同理，Ctrl+Shift+→，可向右选择全部；先 Ctrl+Shift+→，再 Ctrl+Shift+↓，即可选择右下角整个矩形区域。此两组合键，也可用 Shift+End+↓ 和 Shift+End+→代替。

### 10.1.4 复制内容或公式

通过拖动单元格右下角的填充柄，对数据或公式进行填充，是 Excel 的常用操作。填充也有一些小技巧：

1. 当左边有连续数据时，向下拖动填充，也可通过双击实现（效果一样，更简单）。

2. 当填充的单元格是数值型数据时，直接拖动，相当于复制，Ctrl+拖动会自动加 1。

3. 当单元格数据是文本，且内部包含数字时，或者前加单引号的数值，拖动后数值会加 1，Ctrl+拖动只是复制内容数值不会加 1。

4. 当单元格数据是序列中的某文字，则拖动会自动按序列次序填充，Ctrl+拖动只会复制。

5. 当选中两个数值或日期类型单元格，再拖动，则会以两个单元格值为差值，进行等差序列填充。

6. 填充公式中的单元格名称，会以相对位置自动改变，若不想自动改变单元格，则需要使用绝对引用表示单元格，即在单元格的行或列前面增加“$”符号标记（可手工输入，也可按功能键 F4 进行切换)。单元格的行列都可相对,也都可绝对,也可一个相对、一个绝对(俗称混合引用)。字母前有“$”,向右拖动复制,字母不会变;数字前有“$”,向下拖动复制,数字不会变。

7. 单元格的复制粘贴,等同于拖动填充,当填充的单元格不连续时,用粘贴更方便。

8. 先选中多个单元格,在输入公式后按 Ctrl+Enter,也可进行填充,相对于当前单元格,其他单元格的公式,一样遵守相对引用规则,效果也和复制粘贴一样。

9. 当选中一行多个连续单元格,按 Ctrl+D 键时,会复制上一行对应的内容;同样,按 Ctrl+R 键,可复制左边的一列内容,即向 Down 和 Right 方向复制。同样,复制遵守相对引用规则。

### 10.1.5 公式的组成

1. Excel 使用的公式,也叫作表达式,它是由常数、单元格、名称(命名单元格)、运算符、函数等组成的一个式子。一个公式,一般情况只返回一个值,部分情况会返回一个数组。

2. 常量就是直接表示的固定值:数值型可直接表示,字符型需外加引号,逻辑型只有 TRUE 和 FALSE 两个值(直接表示,与大小写无关),日期型不能直接表示(没常量)。

3. 单元格可以是单个单元格或一个范围,单元格或范围可以命名,名称不能和现有单元格重名(字母加数字)。

4. 运算符有“+”、“－”、“*”、“/”、“^”,分别代表加减乘除和乘方,优先级和数学一样,先乘方,后乘除,再加减。比较运算符有“>”、“>=”、“=”、“<=”、“<”、“<>”,共 6 种,分别表示大于、大于等于、等于、小于等于、小于、不等于,比较运算符的优先级比加减还低,比较运算符的结果是逻辑型。括号可改变优先级,不管多层,括号只有一种“()”,前后都应配对出现。

5. 函数由函数名和括号组成,括号内有若干个参数。少量函数没有参数,一对空括号还是应该保留。函数的参数,还可以使用表达式,即公式整体可嵌套使用。

### 10.1.6 公式与函数的输入

1. 在输入公式时,可直接按 $fx$ 按钮进入函数选择对话框,此时系统会自动添加等号。这种方法还需要在对话框中搜索函数,或在下面的列表中选择函数,使用上并不很方便。当已知函数名的情况下,不建议这么使用,可使用下面的方法。

2. 若直接输入函数,必须先输入等号。在输入函数时,每输入一个字母,函数均会自动提示,在函数单词没输完的情况下,可以用光标上下移动,然后按 Tab 键直接选择,也可用鼠标双击进行选择。

3. 在输入函数与左括号后,也可以再按 $fx$ 按钮,显示函数提示窗口。在提示窗口中,若有多个函数嵌套的情况下,鼠标单击编辑栏中公式的不同位置,提示窗口会自动显示光标位置所属函数的提示。

4. 若在输入函数参数时,需要嵌套输入函数,除了直接输入外,还可以从编辑栏左边的函数列表中选择,若列表中不存在,还可从最后的“其他函数”中选择。注意:此时直接单击 $fx$ 是开关提示对话框,并不能插入函数。

5. 如果没有单击 $fx$ 按钮,在没提示窗口时,单击公式不同位置,同样也有对应函数参数的简易提示。如图 10-1 所示。

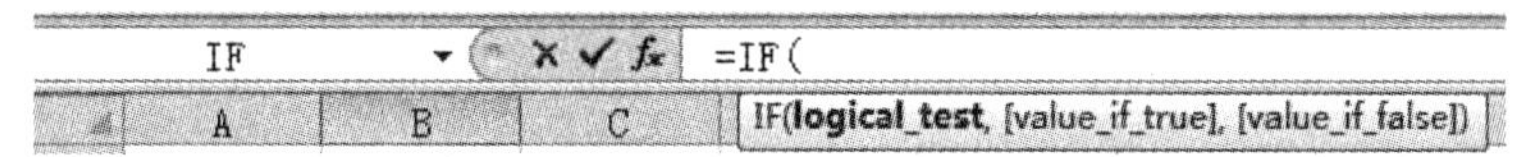


图 10-1 函数参数的简易提示

6. 在输入公式时，如果想查看公式的一部分内容的结果，则可在选中相应内容后，按 F9 键，选中的内容即会转换为结果，这样可以分段分析复杂的公式各部分的结果。当然，若只是想暂时查看结果，公式还要保留，则可以用撤销(Ctrl+Z)操作来恢复公式，也可按 Esc 或公式左边的取消图标来恢复整个公式的初始值。按 F9 转换为结果，也可以在按 $fx$ 按钮后的对话框的参数中使用。

**10.1.7 数据的输入**

1. 分数可直接输入，但要以“带分数”的格式(A 又 B 分之 C)输入，次序是 A、空格、C/B，即使是真分数(整数部分为 0)，也要先输入 0 和空格。因为如直接输入“1/3”则会输入今年的 1 月 3 日，不是分数。

2. 数字前加单引号，即强行按字符型对待，适合于几种情况：0 开头的编号、号码之类的内容，或位数很多的数字编号。原则上不进行加减等数值运算的所有编号、型号、号码等，一律适合用文字类型，如：身份证号码、电话号码、产品型号编号等。

3. 负数除了用减号外，也可以在数字外加括号输入。如输入“(2)”，结果就是-2。

4. 一个日期型数据，若输入或计算后，显示的是数值，则是显示格式问题，把数值格式由常规改为“短日期”或“长日期”即可。反之也一样，数值显示成日期了，也可通过改变格式为常规来恢复。

## 10.2 实验目的

1. 熟练掌握各种基本知识；
2. 熟练掌握各种基本操作；
3. 掌握各种常用的操作技巧；
4. 掌握常用的快捷键的使用。

## 10.3 实验内容

1. 在给定的各部门考勤表的 Sheet1 中，完成：①填写部门为“部门 01”—“部门 15”；②根据缺勤，填写“实到”数据(人数-缺勤)。

2. Sheet2 的 A 列为年份，在 B 列计算是否为闰年，若是，则显示“闰年”，不是则显示“平年”(闰年定义：年数能被 4 整除而不能被 100 整除，或者能被 400 整除的年份)。

3. 在 Sheet2 的 D2 和 D3 单元格中输入分数$\frac{4}{3}$、$1\frac{2}{3}$。

4. 在 Sheet2 的 D4 单元格中输入身份证号码：330301198812234562，在 D5 单元格中输入电话号码：057788131234。

5. 在 Sheet2 的 D6 单元格中，先输入“5 - 4”，回车后再尝试修改成数值 54。

## 10.4 实验分析

1. 考勤表填写实验分析如下：

(1) 单元格文字中包含数字，向下拖动填充柄填充，序号会自动增加，不需按 Ctrl 键。

(2) 计算公式为：实到人数＝总人数－缺勤人数，即 D3 填写公式为“＝B3－C3”，但其余单元格的计算需要复制填写，因此要考虑绝对引用与相对引用问题：右方的各天数据，人数为固定单元格，要用绝对引用，由此在 B 前要加“＄”；缺勤为变化单元格，要用相对引用，故 C 前不用“＄”；下方均为相对，数字前都不用加“＄”。因此最终应用公式“＝＄B3－C3”。

(3) 由于需要填写的数据列之间已有数据，因此向右不能拖动填充柄复制公式，但可通过复制、粘贴单元格内容来实现，效果相同。

2. 闰年判断分析如下：

(1) 能整除就是余数为 0，A2 能被 4 整除的公式是：MOD(A2,4)＝0。逻辑与(所有参数全部为真，结果才为真)的函数是 AND，逻辑或(只要有一个参数为真，结果就是真)的函数是 OR。闰年的逻辑判断是：年份是 4 的倍数且为非 100 倍数，或为 400 倍数。B2 的公式为：“＝IF(OR(AND(MOD(A2,4)＝0, MOD(A2,100)＜＞0), MOD(A2,400)＝0),"闰年","平年")”。

(2) 若 A 列不是数值型的年，是日期型，则上述公式中的所有 A2 还要用 YEAR(A2)代替，要取日期的年份。

(3) 本题涉及大量函数及嵌套，请练习函数嵌套的使用，对话框提示及切换的用法。最外层的 IF 函数有 3 个参数，参数 2、3 比较简单，可先输入；复杂的是参数 1，有嵌套函数，可最后输入。

3. 输入分数要先输整数部分，再输空格与分数。

4. 输入超常长数值或 0 开头的数值，必须用字符型，前面加英文单引号(′)。

5. 输入“5－4”，系统会按“5 月 4 日”对待，重新输入数值 54，系统还会按日期显示，必须修改格式为常规或数值，才能正确显示数值 54。

## 10.5 实验步骤

1. 本题步骤如下：

(1) 在部门的第一格 B3 填写“部门 01”，向下拖动填充柄或双击进行填充。

(2) 在 D3 中填写公式“＝＄B3－C3”。

(3) 复制已输入公式的 D3 单元格，然后选中 F3、H3、J3、L3 单元格(Ctrl＋单击选择非连续单元格)，最后按 Ctrl＋V 粘贴，复制横向单元格公式。再双击填充柄向下复制公式。如图 10-2 所示。

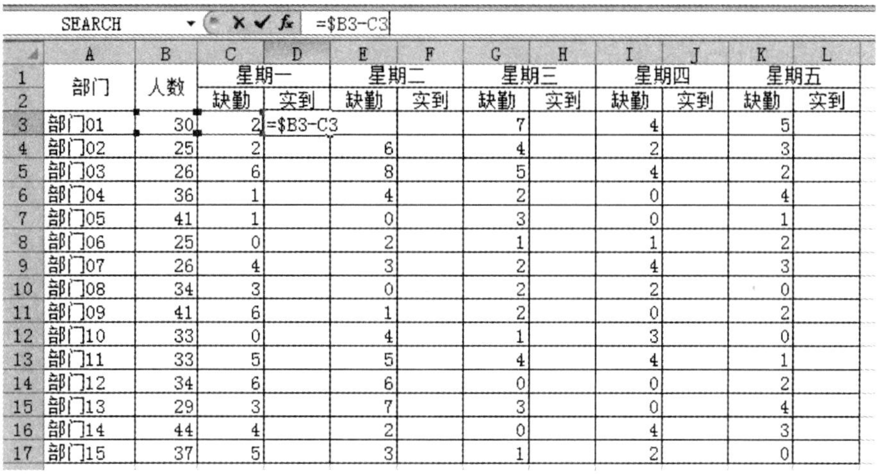

SEARCH ▾ ✕ ✓ *fx* =$B3-C3

| | A | B | C | D | E | F | G | H | I | J | K | L |
|---|---|---|---|---|---|---|---|---|---|---|---|---|
| 1 | 部门 | 人数 | 星期一 | | 星期二 | | 星期三 | | 星期四 | | 星期五 | |
| 2 | | | 缺勤 | 实到 | 缺勤 | 实到 | 缺勤 | 实到 | 缺勤 | 实到 | 缺勤 | 实到 |
| 3 | 部门01 | 30 | 2 | =$B3-C3 | | | 7 | | 4 | | 5 | |
| 4 | 部门02 | 25 | 2 | | 6 | | 4 | | 2 | | 3 | |
| 5 | 部门03 | 26 | 6 | | 8 | | 5 | | 4 | | 2 | |
| 6 | 部门04 | 36 | 1 | | 4 | | 2 | | 0 | | 4 | |
| 7 | 部门05 | 41 | 1 | | 0 | | 3 | | 0 | | 1 | |
| 8 | 部门06 | 25 | 0 | | 2 | | 1 | | 1 | | 2 | |
| 9 | 部门07 | 26 | 4 | | 3 | | 2 | | 4 | | 3 | |
| 10 | 部门08 | 34 | 3 | | 0 | | 2 | | 2 | | 0 | |
| 11 | 部门09 | 41 | 6 | | 1 | | 2 | | 0 | | 2 | |
| 12 | 部门10 | 33 | 0 | | 4 | | 1 | | 3 | | 0 | |
| 13 | 部门11 | 33 | 5 | | 5 | | 4 | | 4 | | 1 | |
| 14 | 部门12 | 34 | 6 | | 6 | | 0 | | 0 | | 2 | |
| 15 | 部门13 | 29 | 3 | | 7 | | 3 | | 0 | | 4 | |
| 16 | 部门14 | 44 | 4 | | 2 | | 0 | | 4 | | 3 | |
| 17 | 部门15 | 37 | 5 | | 3 | | 1 | | 2 | | 0 | |

图 10-2　考勤实到人数的计算

2. 本题步骤如下：

B2 的公式为："＝IF(OR(AND(MOD(A2,4)＝0，MOD(A2,100)＜＞0)，MOD(A2,400)＝0),"闰年","平年")"。其余双击填充柄填充。

3. 直接输入："0 4/3"和"1 2/3"。注意第 1 个数后的空格。

4. 在数值前加一个英文单引号(')即可。

5. 先输入"5－4"为日期型，再改成数值 54，还是日期型。重新单击"开始－数字"组上面的下拉列表，改成"常规"或"数值"即可使数据显示为数值型。

## 实验 11

# 数组的使用

## 11.1 知识要点

### 11.1.1 区域数组

数组就是一块连续单元格区域，数组分一维数组和二维数组，一维数组就是一行多列数据(如 A2 : H2)，或一列多行数据(如 A1 : A10)，一维数组也叫向量；二维数组就是多行多列数据(如 A2 : H10)。这种数组，也称之为区域数组。

### 11.1.2 常数数组

数组数据除了用连续的单元格组成的区域数组外，还有一种叫常数数组，即表示的数组不需要用单元格，可直接表示出来。数组常数外面用{}包围，内部数据之间，行数组以逗号(,)分隔，列数组以分号(;)分隔，二维数组先是以逗号分隔的行数据，不同行之间再以分号分隔，如：{1,2,3;4,5,6}为 2 行 3 列的数组。

在 Excel 的函数或操作中，除了条件区域等少量场合外，大多数函数中可使用区域的参数，也可以用常数数组代替。

### 11.1.3 数组的运算

传统方法，对一列数据进行计算，是先计算好一个单元格，然后通过拖动填充柄(或双击填充柄)进行其余单元格的填充。而数组的方法，是对所有要计算的单元格进行一次性计算，即数组计算是一个整体。

数组和数组的运算，按顺序一一对应进行，若两个数组元素不一样多，则后面多余的元素运算结果会是＃N/A(错误，代表未知)。填充结果单元格也类似，若填充单元格多，多余的为＃N/A；若结果多，多余结果将忽略。如：3 个数加 4 个数，结果填充到 5 个单元格中，则前 3 个有结果，后两个是＃N/A。

数组和单个数(非数组)的运算，结果是每个数组元素和该数分别运算。如：{1,2} * 2 的结果是{2,4}，而{1,2} * {2}的结果是{2,＃N/A}。

数组运算，行列是分别对应的，单行数组和单列数组是不同的，若进行运算，则行、列数组都会扩展成二维数组进行运算，结果也是一个二维数组。如：{1;2}＋{1,2,3}结果是一个 2 行 3 列的数组，即第 1 行加 1，第 2 行加 2，结果为{2,3,4;3,4,5}。

### 11.1.4 函数中使用数组

数组公式中，不能使用 SUM、AVERAGE 等统计函数，因其本身就可使用数组参数，这些函数对数组的统计结果会计算成单个结果，并不会返回数组。因此如果想让数组和数组相加及平均等运算，只能使用加和除等普通运算符计算。

除了 SUM、AVERAGE 等统计类函数以外，大部分参数使用单一数据的函数，其参数是可以使用数组的，函数会对数组参数分别进行计算，返回的结果也是数组。

如 SUM(A1:A10,B1:B10)，会直接对 20 个单元格求和，结果只有一个值；而 A1:A10＋B1:B10 的运算是 10 对数据分别相加，结果是 10 行 1 列的数组；MOD(A1:A10,2)就是 10 个数据分别除 2 求余数，结果是 10 行 1 列的数组；ROW()没参数是返回当前的行号，而 ROW(A1:A10)或 ROW(1:10)就是返回数组的行号，即 1～10 共 10 个数组成的数组。

### 11.1.5 数组运算操作步骤

1. 首先选中要填充计算结果的多个目标单元格。若数据比较多，可分别在首尾单元格用单击和 Shift＋单击的方法，选中两者之间所有的单元格。

2. 输入等号及公式。公式中的单元格也是一个数组(即多个单元格)。选择已有数据的多个单元格，下可用单击、再 Ctrl＋Shift＋向下来选择连续有数据的单元格。

3. 按 Ctrl＋Shift＋Enter 结束。

注意：①计算公式输完后，在编辑栏中可发现公式两边有一对{}，这就是数组公式的标志，是自动添加的，不能人工输入。

②数组方式计算的单元格是一个整体，公式都相同，若要修改数组公式，必须整体一起修改，即使少选一个单元格，也是不允许修改的。若编辑数组时，不容易确定原来数组的范围，选中数组中任意单元格后，再执行“开始—编辑—查找和选择—定位条件”(或按快捷键 F5，再选择“定位条件”)，在对话框中选择“当前数组”即可自动选择当前数组的全部单元格。如图 11-1 所示。

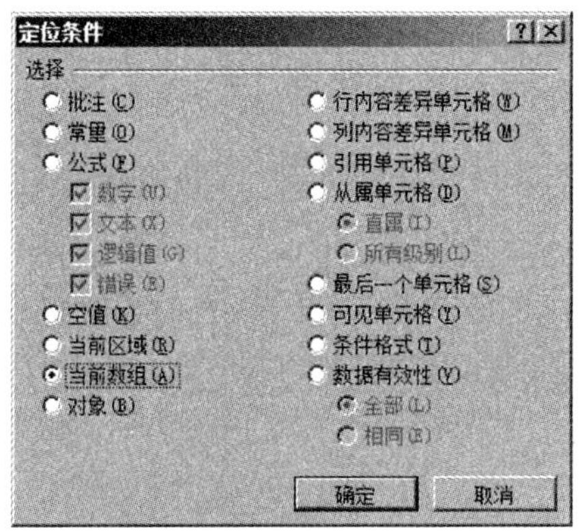


图 11-1 定位到当前数组

### 11.1.6 区域数组与常数数组的相互转换

1. 区域数组转换为常数数组，方法是：在输入公式时，选中多个单元格，然后按 F9 键，原来单元格名称会自动转换为各单元格的值组成的常量数组。常量数组是一个字符串，可复制、粘贴，适合软件交流。

2. 选中多个单元格，输入"＝"及数组常量(可以从别处粘贴过来)，按 Ctrl＋Shift＋Enter 组合键，即可把数组常量直接填到单元格中。

注意：这样填写的内容是数组，不能个别修改，需要修改时需重新选中所有单元格，并修改公式，最后以 Ctrl＋Shift＋Enter 组合键结束。如图 11-2 所示。

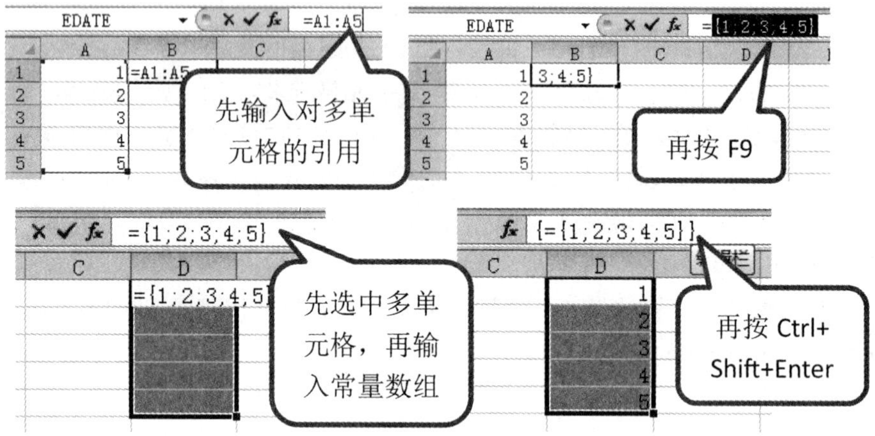


图 11-2　区域数组与常数数组的相互转换

## 11.2　实验目的

1. 掌握数组的基本概念；
2. 掌握数组运算的操作方法；
3. 掌握数组运算编辑修改的方法；
4. 掌握数组常量的表示方法；
5. 了解数组运算的应用场合；
6. 了解部分数组的相关技巧。

## 11.3　实验内容

1. 用数组方法，给定 Sheet1 中的单价和数量，计算金额填写到对应的列中。
2. 用数组方法，求 Sheet2 中的成绩总分和平均分。
3. 在 Sheet3 中，直接用公式计算 1 到 100 的和，结果填入 F1 单元格。
4. 在 Sheet3 的 E1：E20 中分别填入 1～20 的平方。
5. 在 Sheet3 的 F1：F20 填入 5～24 的平方。
6. 在 Sheet3 中，统计 A1 到 A10 中奇数的个数，结果填入 A15 单元格。
7. 计算 Sheet4 的 A1 单元格中有几个"算"字，结果填入 B1 单元格。
8. 计算 Sheet4 的 A2 单元格中有几个阿拉伯数字，结果填入 B2 单元格。
9. 对 Sheet4 的 D1：D8 分别乘 1 至 8，结果填入 E1：E8 中，用常量数组实现。

## 11.4 实验分析

1. 计算相乘，直接按数组方式输入公式即可，相乘的运算符为“ * ”。

2. 用数组方法求成绩总分和平均分，不能使用 SUM 和 AVERAGE 函数，应使用直接相加和相除公式。

3. 直接用公式计算 1 到 100 的和，可用 ROW 函数(返回参数的行号)：

(1) 函数 ROW(A1:A100)，或 ROW(B1:B100)，或 ROW(1:100)都能返回这 100 个(行)单元格的行号，就是一个由 1～100 组成的数组。

(2) SUM(ROW(1:100))就能返回 1～100 个数之和，即 5050。

(3) SUM 计算是用数组的方法，因此最后要用 Ctrl+Shift+Enter 组合键结束，而不能直接按回车键结束。Excel 还有另外一个函数 SUMPRODUCT，用它代替 SUM，最后就不需要数组的方法，直接按回车键确定就能计算出结果。

(4) Excel 还有一个类似 ROW 的函数，叫 ROWS，它也能用多个单元格，但它和 ROW 完全不同，ROWS 返回的是参数总的行数，即函数返回的是一个数，不是一个数组。因此数组计算不能用 ROWS 函数(不要错误理解成单个用单数、数组用复数)。

4. ROW()没参数返回当前行号，“ROW()^2”就是当前行的平方。公式“=ROW()^2”的结果是一个值，方法有：

(1) 不使用数组的方法：选中多个单元格，输入公式后，直接用 Ctrl+Enter 复制公式，在第 1 个单元格中输入公式，然后拖动填充柄实现复制公式。

(2) 使用数组的方法：选中多个单元格，输入公式后，直接用 Ctrl+Shift+Enter 结束。

5. 公式“ROW(5: 24)^2”就是 5～24 的平方，它是数组，只能用数组方式填充，如果第一个单元格用公式“ROW(A5)^2”或“ROW(5:5)^2”，那么就是一个值，不用数组方式，选中后用 Ctrl+Enter 复制，或用填充柄填充均可。

6. MOD 函数可求两个数相除的余数，MOD(A1:A10,2)就是除 2 的余数数组(0 或 1)，对它们相加即可计算奇数的个数。与上题一样，最后用 SUM 求和就得用数组的方式(Ctrl+Shift+Enter)，而用 SUMPRODUCT 则不需要，可直接回车确定。

7. 计算某单元格中含有几个“算”字：

输入公式：=SUM(0+(MID(A1,ROW(1:99),1)="算"))。公式说明：

(1) 单元格 A1 的第 n 个字符是 MID(A1,n)，“MID(A1,ROW(1:99),1)="算"”就是每个字符是否等于“算”(逻辑型)的一串数组。

(2) ROW 函数和上面一样，为了获得 1 个包含 1～99 个元素的数组，个数其实只要多于字符数量即可，原因可自己思考。

(3) 程序中为什么要加个“0+”呢？是由于后面的比较结果是逻辑型，SUM 无法统计，要将其转换为数值型。逻辑型转换为数值型(真为 1，假为 0)的方法有好多种，用“0+x”就是让后面的自动转换为数值型相加，当然也可以用“1 * x”或者后面“x/1”等，还可以用“--x”(负负得正，还原)，还可用 N(x)函数转换(函数名就是单个字母 N)。如果要统计 x 为假的数量，还可以用“1-x”的方法(请思考原因)。

（4）为什么 MID 前有括号？是因为运算符的优先级是“＋”优先于“＝”，即先运算后比较的，若无括号，就成了“＋”后再和“算”比较了。括号改变运算优先级，即先比较后相加。

（5）和上例一样，虽然结果只有一个值，但这属于数组计算，若用 SUM，最后要用 Ctrl＋Shift＋Enter 结束，用 SUMPRODUCT 则可直接回车确定。

8. 计算单元格中有几个数字：

公式为：＝COUNT(0＋MID(A1,ROW(1：99),1))

（1）和上题一样，利用 ROW 和 MID 函数可直接生成一个由各字组成的数组。

（2）然后和 0 相加（也可加任何一数值，一样可以用其他方法），如果是数字，则能正常相加，结果为数值型；若是文字则无法相加，结果会是“＃VALUE!”的错误。由于这是数组的一个元素的运算，整个计算不会错误。最外面的 COUNT 函数刚好统计数值型数量，而对错误的结果是不计算的。

（3）和上例一样，虽然结果只有一个值，但这属于数组计算，最后要用 Ctrl＋Shift＋Enter 结束。

9. 常量数组，列方式用分号分隔，外加“{ }”。

## 11.5 实验步骤

1. 计算金额步骤如下：

（1）选中金额后面需要计算的多个单元格。

（2）直接输入“＝”和公式，公式中的单元格数组可用鼠标单击第一个数据，然后 Ctrl＋Shift＋向下键，来自动选择到最后。

（3）输入完公式，检查无误后，按 Ctrl＋Shift＋Enter。如图 11-3 所示。

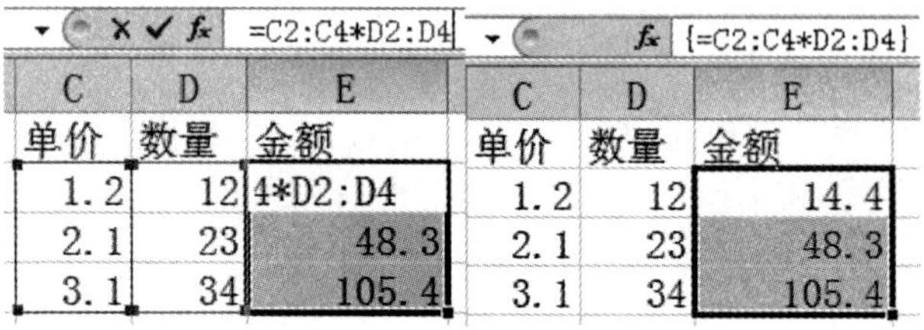

图 11-3 数组运算的基本操作

2. 用数组方法求成绩总分和平均分步骤如下：

（1）和上题一样，直接选中结果单元格，输入“＝”与数组公式，最后按 Ctrl＋Shift＋Enter 结束。公式中不能用 SUM 和 AVERAGE 函数，只能用加和除。

（2）若在选择单元格时，发现第一个单元格由于结果单元格公式太长，占用了要选择的单元格位置，鼠标无法单击选中，则可从下往上拖动选择，或者直接用键盘输入单元格名称，切勿用鼠标乱点，如图 11-4 所示。

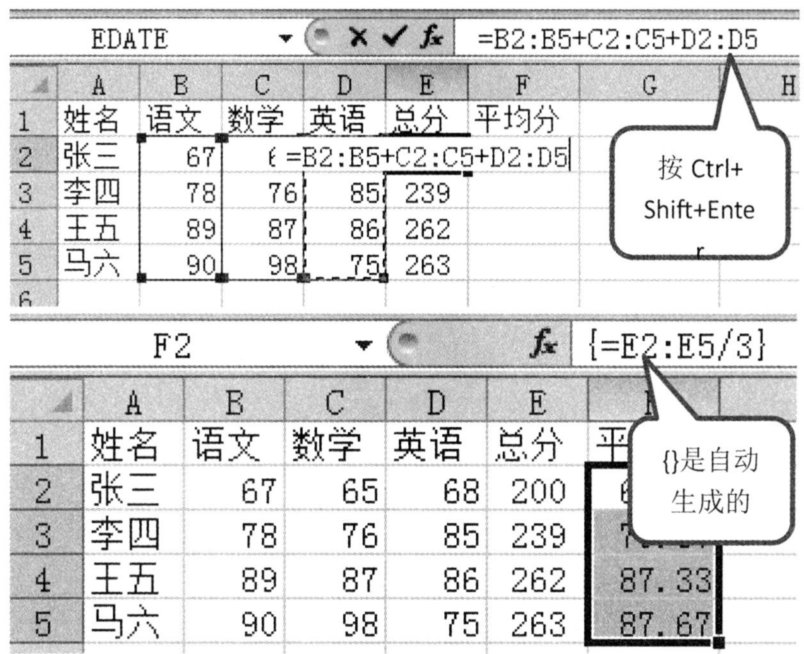


图 11-4　数组方法计算总分与平均分

3. 直接用公式计算 1 到 100 的和：直接输入公式"＝SUM(ROW(1：100))"，用 Ctrl＋Shift＋Enter 结束。或者把 SUM 改成 SUMPRODUCT，最后直接回车即可。

4. 选中 E1：E20，直接输入"＝ROW()^2"，Ctrl＋Enter(非数组方式)，或 Ctrl＋Shift＋Enter(数组方式)。

5. 选中 F1：F20(从上向下选)，直接输入"＝ROW(A5)^2"，按 Ctrl＋Enter 结束；或输入公式"＝ROW(5：24)^2"，按 Ctrl＋Shift＋Enter 结束。

思考：如果从下向上选中，该如何操作？

6. 输入公式"＝SUM(MOD(A1：A10))"，再按 Ctrl＋Shift＋Enter，或将 SUM 改成 SUMPRODUCT，直接回车结束。

7. 输入公式"＝SUM(0＋(MID(A1,ROW(1：99),1)＝"算"))，再按 Ctrl＋Shift＋Enter，或将 SUM 改成 SUMPRODUCT，直接回车结束。

8. 输入公式"＝COUNT(0＋MID(A1,ROW(1：99),1))"，再按 Ctrl＋Shift＋Enter 结束。

9. 选中 E1：E8，输入公式"＝D1:D8 * {1;2;3;4;5;6;7;8}"，再按 Ctrl＋Shift＋Enter。

# 实验 12

# 数据有效性

## 12.1 知识要点

### 12.1.1 数据有效性

1. 先选中单元格，再单击“数据－数据有效性”进行设置，设置后，当单元格中的数据不满足设置的条件时，则会显示出错提示。

2. 出错警告窗口的标题、样式(图标)及错误信息都可在“出错警告”选项卡中重新定制。

3. 设置选项卡中的“文本长度”不局限于文本类型的格式设置，对数值型同样有效，数值类型的小数点及负号同样算 1 位。

### 12.1.2 自定义有效性条件的设置

1. 选择自定义有效性条件时，公式中的单元格格式和计算公式类似，也是以等号开始。输入公式时，也可以单击选择单元格进行辅助输入，也有相对引用和绝对引用之分。当公式结果是 TRUE(真)时，输入值合法，否则输入无效。

2. 表达式要返回逻辑型，一般都是比较运算，或者是逻辑函数。等号(=)也是一种运算符，出现在逻辑表达式中是比较符号，和第一个等号符号相同，但含义完全不同。如图 12-1 所示。

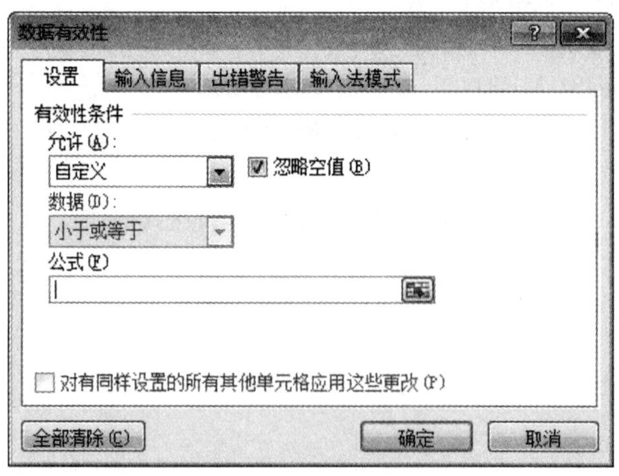


图 12-1　数据有效性验证中的自定义方式

### 12.1.3 多单元格设置有效性验证的方法

可以同时选择多个单元格，一起进行有效性设置。设置公式应用于当前单元格，其他选中的单元格的有效性公式，会根据相对引用或绝对引用方式，自动进行相应变化。

### 12.1.4 其他数据有效性设置

1. 出错警告信息也是可以设置的，有 3 种样式可选：停止、警告、信息，分别用三种图标表示：。出错对话框“标题”和“错误信息”可定制，在相应框中直接输入内容即可。如图 12-2 所示。

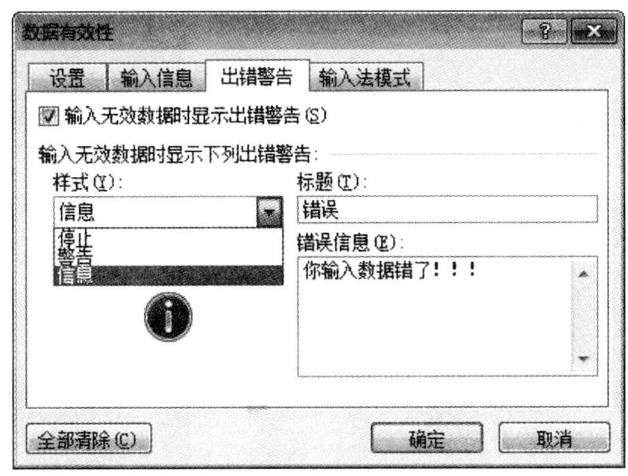


图 12-2 出错警告样式和信息设置

2. 三种样式对输入错误的处理方式也不同，对话框按钮也不同。其中“取消”是每种样式都有的按钮，就是输入作废，单元格的值恢复成编辑前的内容，返回单元格。“停止”样式还有“重试”按钮，即保留输入值，返回重试；“警告”样式还有“是”和“否”按钮，“是”允许离开，“否”则返回继续编辑；“信息”样式还有“确定”按钮，“确定”也允许离开。如图 12-3～图 12-5 所示。

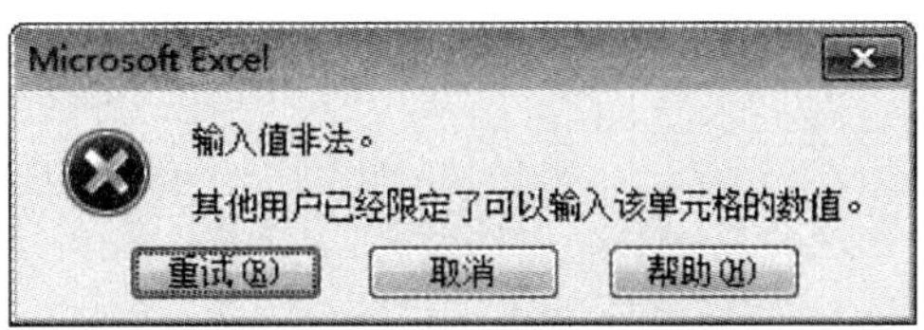


图 12-3 “停止”样式对话框

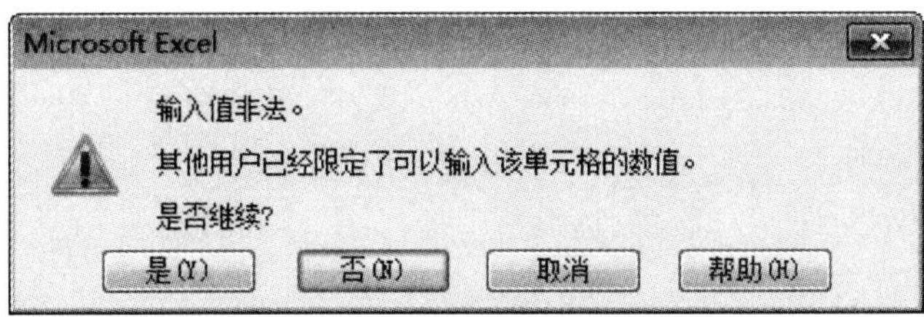


图 12-4 “警告”样式对话框

图 12-5 “信息”样式对话框

3. 输入数据时也可有提示信息，设置了“输入信息”后，在选中此单元格时，就会在单元格旁边显示设置的信息了。如图 12-6 所示。

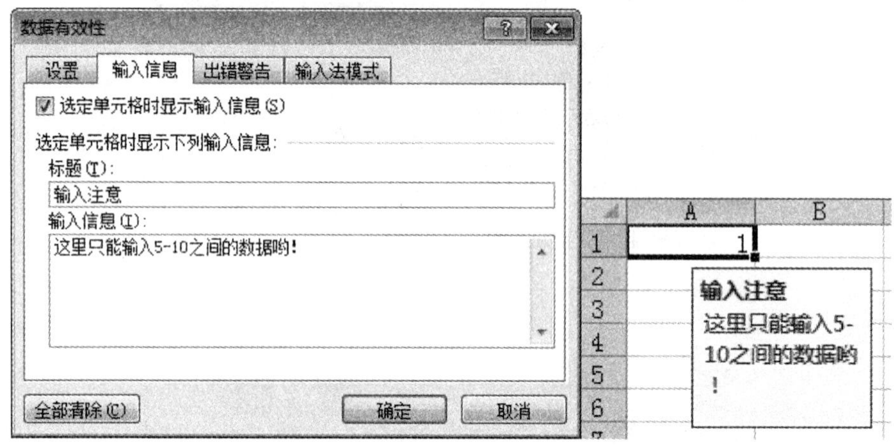


图 12-6 输入信息对话框设置与提示

## 12.2 实验目的

1. 掌握数据有效性的基本概念；
2. 掌握数据有效性的几种常用设置；
3. 掌握数据有效性中数据不重复的设置；
4. 掌握数据有效性中错误提示及样式设置。

## 12.3 实验内容

1. 在 Sheet1 中设置：A 列数据不能重复，B1－B20 不能重复，C2－C20 不能和 C1 重复。如果有重复，则弹出窗口提示“数据重复!”，图标为感叹号。

2. 在 Sheet2 中，C 列为性别，只能输入“男”或“女”，可为空，不提供下拉列表选择。

3. 在 Sheet2 中，D 列输入年龄数据，当男性 60 以上或女性 55 以上(包括 60 岁、55 岁)为允许输入，否则为不允许数据。性别为空，则任何年龄均允许。年龄允许留空。

4. 在 Sheet2 中，设置 E2 只能输入 5 位或以下位数的整数；设置 F2 只能输入 5 位或以下位数的任意内容。

## 12.4 实验分析

1. 单元格不重复，就是其它单元格的内容没有和当前单元格相同的值，也即所有单元格（包括当前单元格）中，和当前单元格值相同的数量为 1，这个可用 CountIf 函数实现。

（1）A 列不重复的自定义公式为“＝CountIf(A：A，A1)＝1”，此处两个参数“A：A”和“A1”都可用选中单元格方式输入。“A：A”照理应该改成绝对引用，但整列可以不用改变（整列的绝对和相对是一样的）。

（2）设置 B1～B20 不重复，公式类似，输入“＝CountIf(＄B＄1：＄B＄20，B1)＝1”，此处参数 1 一定要用绝对引用，但 B 前面的＄可省略。参数 2 的 B1 为当前单元格，当选中时鼠标从上向下拖动鼠标时，当前单元格是最上面一个，即 B1。如果用鼠标从下往上选中 B1～B20，则当前单元格为 B20，即白底单元格，如图 12-7 所示。

（3）设置 C2～C20 与 C1 不同，假设从上往下选中，则选中后当前单元格为 C2，公式为：“＝C2<>＄C＄2”。

（4）三块区域的出错警告信息，要在“确定”前，切换到“出错警告”选项卡一起设置。

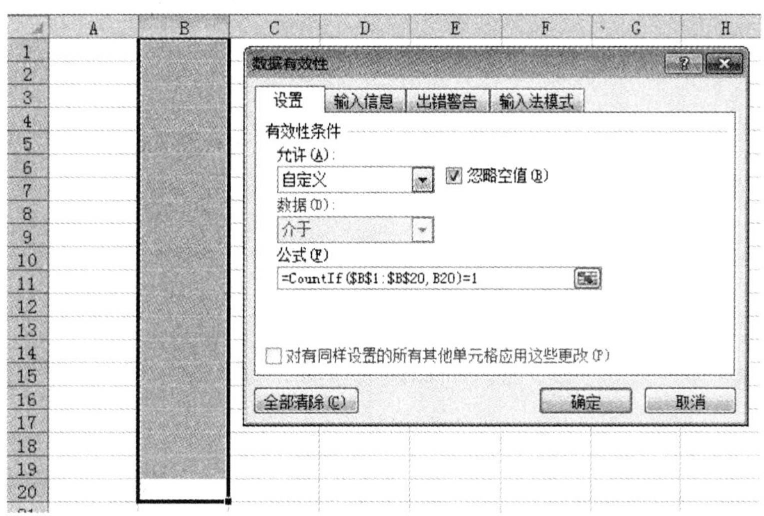


图 12-7 公式中的当前单元格就是选中区域白底的单元格

2. 设置“性别”列中只能输入“男”或“女”，有两种方法：

（1）检测一个文本中是否含有某文字，可用 Search 函数实现，参数 2 中若含有参数 1 的内容，则函数返回位置值，不包含就返回 0。有效性验证可用自定义方式，用 Search 函数实现，也可直接用“＝”来比较。

（2）用序列方式设置，不选中“提供下拉箭头”即可。

3. 年龄的有效性设置。

（1）年龄输入合法的条件有 3 个：男 60 岁以上、女 55 岁以上或年龄为空。3 个条件有一个满足即可，可用 OR 函数实现。年龄和性别，两个条件是同时满足，则要用 AND 函数。

（2）空年龄是合法的，保留“忽略空值”的默认设置即可。

(3) 其他单元格的验证公式,可以一起选中后一起设置,但一定要以白底的当前单元格为设置对象,其他单元格会自动按相对单元格规则一起设置。也可使用选择性粘贴的方法粘贴验证公式:先设置 D2 的有效性验证公式,再复制,选中其他单元格后,右击选择性粘贴,选择"有效性验证"。

4. 直接设置"整数"和"文本长度"方式即可。如图 12-8 所示。

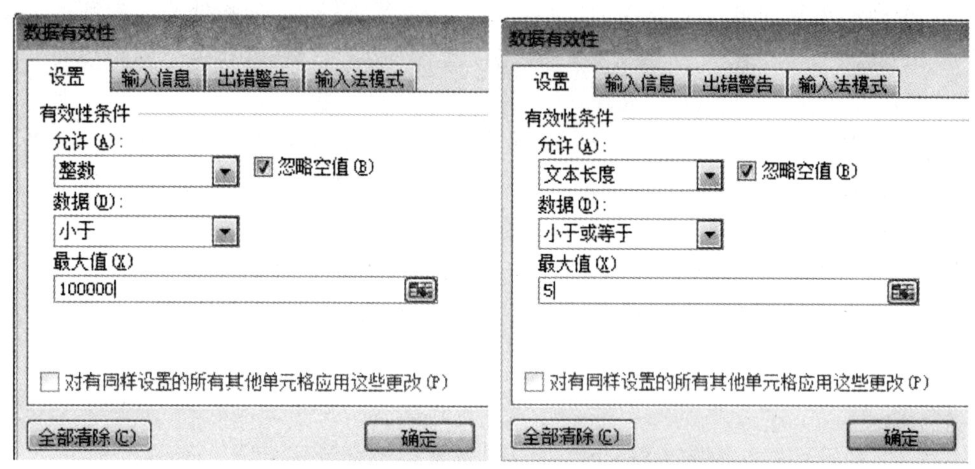


图 12-8 设置数据有效性—整数或文本宽度

## 12.5 实验步骤

1. 单元格不重复设置步骤如下:

(1) 选中 A 列,在"数据—有效性"的"设置—允许"选"自定义",在"公式"中输入"=CountIf(A:A,A1)=1"。

(2) 鼠标从上往下选中 B1～B20,同样输入公式"=CountIf($B$1:$B$20,B1)=1",注意绝对引用。

(3) 鼠标从上往下选中 C2～C20,同样输入有效验证公式"=C2<>$C$2"。

(4) 上述三处的数据有效性设置,"出错警告"选项卡中的样式都选择"警告"。

2. 性别的有效性设置,选择 C 列多个单元格,以 C2 为当前单元格,两种方法:

(1) 方法 1:"允许"选择"自定义",公式为"=Search(C2,"男女")>0",或"=OR(C2="男", C2="女")"。前者有点小漏洞:当输入"男女",也成为允许值了。

(2) 方法 2:"允许"选择"序列",来源输入"男,女",取消"提供下拉箭头"。

3. 年龄的有效性设置:选中 D 列多个单元格,以 D2 为当前单元格,有效性验证公式为"=Or(And(C2="男",D2>=60),And(C2="女",D2>=55),C2="")"。

4. E2 有效性验证设置为:"整数","小于或等于",值为 100000。F2 有效性验证设置为:"文本长度","小于或等于",值为 5。

# 实验 13

# 日期、时间函数

## 13.1 知识要点

日期函数一般返回年、月、日等日期值。时间函数一般返回时、分、秒等值。

在 Excel 中系统日期范围为“1900－1－1”到“9999－12－31”。若输入年份介于 0 至 1899，如 100，则系统解释为 1900 年算起的之后 100 年，即 2000 年。若输入年份超过最大值，则无法显示正确结果。

### 13.1.1 DATE 函数

1. 函数功能：返回 Excel 中的标准日期。

2. 函数格式：DATE(year，month，day)，year 为指定年份数值，month 为月份数值，day 为该月第几天的数值。其中，month、day 的数值具有满进功能：月份超过 12 则年份加 1；日期超过当月最大日期时，月份加 1。

3. 说明：灵活使用 DATE 函数的满进功能可以解决许多实际问题，如：计算从 5 月起实习期为 100 天，计算实习结束日期；已知一年中的第几天，推算出当天的日期等。

### 13.1.2 DAY/MONTH/YEAR 函数

1. 函数功能：DAY 函数返回输入日期中对应的“日”数值(MONTH、YEAR 函数返回“月”数值、“年”数值)。

2. 函数格式：DAY(serial_number)，其中参数 serial_number 应为日期格式，如图 13-1 所示。图中 36778 的含义是从 1900 年 1 月 1 日起至 2000 年 9 月 9 日的天数。

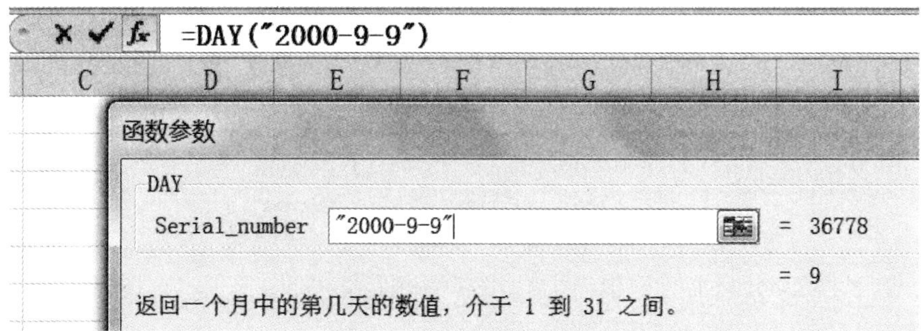


图 13-1　DAY 函数的输入参数

### 13.1.3 TODAY/NOW 函数

1. 函数功能：TODAY()返回当前日期;NOW()返回当前日期和时间。

2. 函数格式：TODAY()、NOW(),函数无参数,其值与系统时间有关,时间更改时使用F9 刷新或文档打开自动更新。

### 13.1.4 TIME 函数

1. 函数功能：返回特定时间的序列数值,返回格式与单元格设置时间格式一致。

2. 函数格式：TIME(hour,minute, second)

3. 说明：与 DATE 函数类似,各字段具有进位功能,其中参数 hour 为 24 小时内计数,大于 24 小时的天数不计。

### 13.1.5 HOUR/MINUTE/SECOND 函数

此组函数为时间类型数据的时、分、秒截取函数。

1. 函数功能：返回输入时间中对应的“时”、“分”、“秒”数值,具体返回格式以单元格数据格式设置为准。其中,返回值“小时”为 0 至 23 之间的整数;“分”为 0 至 59 之间的整数;“秒”为 0 至 59 之间的整数。

2. 函数格式：HOUR(serial_number)、MINUTE(serial_number)、SECOND(serial_number)。

时间值的表示有多种方法,可以是字符型时间,系统会自动转换为时间型,如图 13-2 所示。

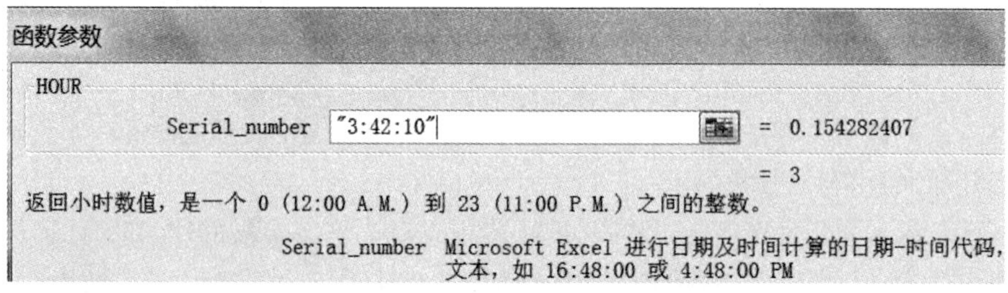


图 13-2 HOUR 函数的时间参数格式

或十进制数值格式,如图 13-3 所示,即将十进制 1,分割为 24 份计数,即 24 * 0.75=18。

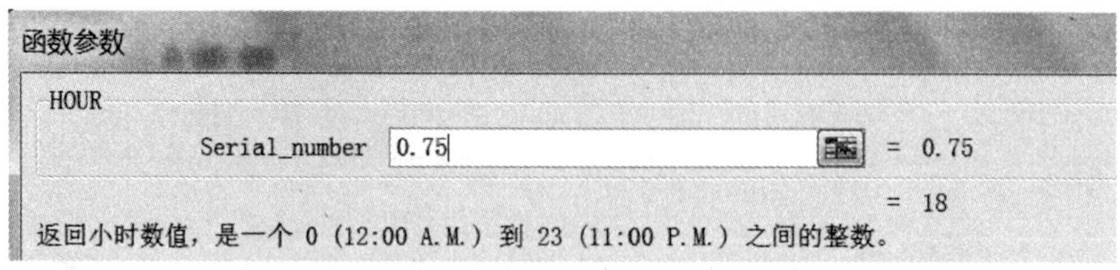


图 13-3 HOUR 函数的十进制参数格式

3. 说明：以上三个函数的参数类型由字符转成时间,具有满进功能,即“秒”超过 60 则“分”加 1;“分”超过 60 则“时”加 1;“时”超过 23 则清零重新计算。应特别注意,参数的“时”、“分”、“秒”三部分只能有一个满进,如图 13-4 所示。否则将提示如图 13-5 所示的错误信息。

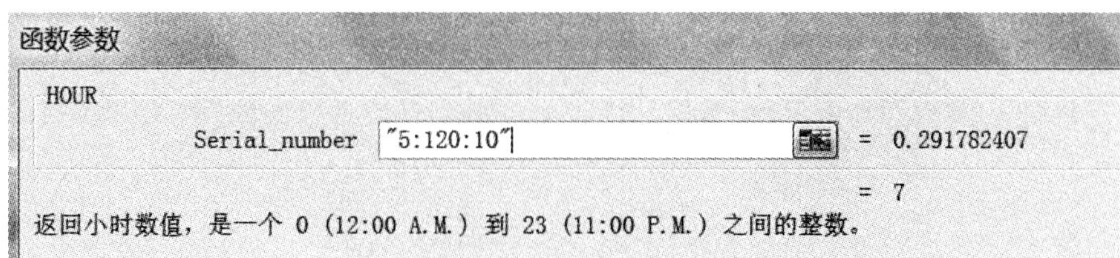


图 13-4　时间截取函数的满进功能

图 13-5　时间截取函数满进出错

### 13.1.6　WORKDAY 函数

1. 函数功能：返回在某日期(起始日期)之前或之后、与该日期相隔指定工作日的某一日期的日期值。工作日不包括周末和专门指定的节假日。

2. 函数格式：WORKDAY(start_date, days, [holidays])，其中 days 为正数时计算 start_date 之后的时间，为负数则计算 start_date 之前的时间；holidays 假日列表参数可选。

## 13.2　实验目的

1. 掌握 DATE、TIME、WORKDAY 函数的一般及技巧性应用；
2. 掌握 TODAY、NOW 函数的使用方法；
3. 掌握 DAY、MONTH、YEAR 等函数的使用方法；
4. 掌握 SECOND、MINUTE、HOUR 等函数的使用方法。

## 13.3　实验内容

1. 求函数 DATE(2008,12,35)的结果。

2. 某公司为抽样 2015、2016 年各两个月份的日销售额，计算如图 13-6 所示的当月天数。

| | A | B | C |
|---|---|---|---|
| 1 | 年份 | 月份 | 当月天数 |
| 2 | 2015 | 2 | |
| 3 | 2015 | 6 | |
| 4 | 2016 | 1 | |
| 5 | 2016 | 7 | |

图 13-6　月份所含天数

3. 计算图 13-7 中的职工年龄和截至 2012 年的入职年限。

| | A | B | C | D | E |
|---|---|---|---|---|---|
| 1 | 性别 | 出生日期 | 年龄 | 入职日期 | 入职年限 |
| 2 | 男 | 1970年1月 | | 1992年9月 | |
| 3 | 女 | 1975年5月 | | 1998年8月 | |
| 4 | 女 | 1962年6月 | | 1983年8月 | |
| 5 | 男 | 1958年9月 | | 1980年7月 | |
| 6 | 男 | 1949年8月 | | 1970年1月 | |
| 7 | 男 | 1948年10月 | | 1969年10月 | |
| 8 | 女 | 1977年1月 | | 2000年8月 | |
| 9 | 男 | 1965年1月 | | 1989年7月 | |

图 13-7 职工信息

4. 某快餐店承诺送餐距离 2.5 公里以内 0.5 小时送达，超过该距离则 1 小时内送达，计算图 13-8 中的送餐时限和送达时间。

G8 $f_x$

| | A | B | C | D |
|---|---|---|---|---|
| 1 | 订餐时间 | 距离km | 送餐时限（分） | 送达时间 |
| 2 | 9:21:10 | 0.7 | | |
| 3 | 11:34:15 | 4.3 | | |
| 4 | 17:07:04 | 3.8 | | |
| 5 | 21:50:20 | 2.1 | | |
| 6 | 22:22:30 | 4.7 | | |
| 7 | | | | |

图 13-8 送餐计时

5. 某公司 A 类订单的返单(完成订单)时限为 6 日(双休日、公司假期不计)，公司假期如图 13-9 所示，计算图 13-10 中的返单日期。

| M |
|---|
| 公司假期 |
| 2018/1/8 |
| 2018/2/17 |
| 2018/3/1 |
| 2018/5/2 |
| 2018/5/3 |
| 2018/5/4 |
| 2018/5/5 |

图 13-9 某公司上半年假期

| I | J | K |
|---|---|---|
| 收件日期 | 订单类别 | 返单日期 |
| 2018/1/3 | A | |
| 2018/1/14 | A | |
| 2018/2/25 | A | |
| 2018/3/6 | A | |
| 2018/3/7 | A | |
| 2018/4/28 | A | |
| 2018/8/19 | A | |

图 13-10 A 类业务返单计时

6. 游泳馆计费统计。某游泳馆的计费标准为：

(1) 儿童每小时 15 元，成人每小时 25 元，如图 13-11 所示；

(2) 不满一小时按一小时计费；超过整点数 15 分钟，含 15 分钟的，多累计 1 小时(1 小时 10 分，按 1 小时计费；1 小时 20 分，按 2 小时计费)。

根据工作表 6 中图 13-11、图 13-12 中的数据完成下列题目操作：

| 计费标准(元/小时) | | |
|---|---|---|
| 类型 | 儿童 | 成人 |
| 金额 | 15 | 25 |

图 13-11　游泳馆计费标准

| 游泳馆费用统计表 | | | | | | |
|---|---|---|---|---|---|---|
| 卡号 | 类型 | 费用/小时 | 入馆时间 | 出馆时间 | 停留时间 | 应付费用 |
| 5078546 | 儿童 | | 8:26:25 | 8:59:25 | | |
| 5033551 | 成人 | | 8:34:12 | 9:30:01 | | |
| 5056587 | 成人 | | 9:00:20 | 10:10:04 | | |
| 5093355 | 儿童 | | 9:30:49 | 11:38:13 | | |
| 5005258 | 儿童 | | 10:19:23 | 11:09:23 | | |
| 5003552 | 成人 | | 10:22:58 | 12:09:03 | | |
| 5078546 | 成人 | | 10:56:23 | 12:06:23 | | |
| 5033551 | 成人 | | 11:02:00 | 11:42:02 | | |
| 5056587 | 成人 | | 11:17:26 | 13:10:02 | | |
| 5093355 | 儿童 | | 12:25:31 | 13:20:05 | | |
| 5005258 | 成人 | | 12:15:06 | 12:55:00 | | |
| 5003552 | 成人 | | 13:48:35 | 15:40:07 | | |
| 5078546 | 儿童 | | 14:54:33 | 15:14:33 | | |
| 5033551 | 成人 | | 14:59:25 | 16:50:20 | | |
| 5056587 | 成人 | | 14:05:03 | 16:51:20 | | |
| 5093355 | 成人 | | 15:18:48 | 17:41:20 | | |
| 5005258 | 成人 | | 15:35:42 | 16:51:20 | | |
| 5003552 | 成人 | | 16:30:58 | 18:41:20 | | |
| 5045742 | 成人 | | 16:42:17 | 19:51:15 | | |
| 5055711 | 儿童 | | 16:21:34 | 17:50:20 | | |
| 5055712 | 成人 | | 17:29:49 | 19:51:20 | | |
| 5055713 | 成人 | | 17:00:21 | 18:40:40 | | |
| 5054912 | 成人 | | 18:33:16 | 20:00:40 | | |
| 5056786 | 成人 | | 19:46:48 | 21:00:40 | | |

图 13-12　游泳馆某日费用统计

(1) 使用数组公式计算人员在游泳馆的停留时间。要求格式为“小时：分钟：秒”。

(2) 参考收费标准，填充第三列“费用/小时”。

(3) 根据计费标准求出应付费用。

(4) 求儿童的平均运动时长，结果填充在 J4 单元格中；再求成人的平均运动时长，结果填充在 J5 单元格中。

(5) 在 H 列增加“入场整点”，以人员入馆时间的小时数计。在新工作表中，用折线图绘制以运动时间为横轴的每小时运动人数分布图，坐标轴名称分别为“时间”、“人数”(选作)。

## 13.4　实验分析

1. 使用 DATE 函数的进位特性。

2. 使用 DAY 函数的参数特性和 DATE 函数的进位特性。

3. 使用日期函数提取年份，注意数据格式的转换。

4. 使用时间函数提取时间，并计算相应截止时间，注意数据格式的转换。

5. 使用 WORKDAY 函数以及提供的假日列表进行计算。

6. 先用 IF 函数计算"费用/小时",计算成人、儿童的运动时间,然后按照计费规则计算费用以及成人、儿童的平均运动时长。为求每小时(整点)运动人数,先提取每人入场时间的"小时",再通过透视图设置布局,计算结果。

## 13.5 实验步骤

1. DATE 函数的进位特性。输入日期数值为 35 大于当前最大值 31,35－31＝4 为最后日期,月份满进加 1 后为 13,大于最大值 12,满进使年份数值加 1 为 2009。如图 13-13 所示。

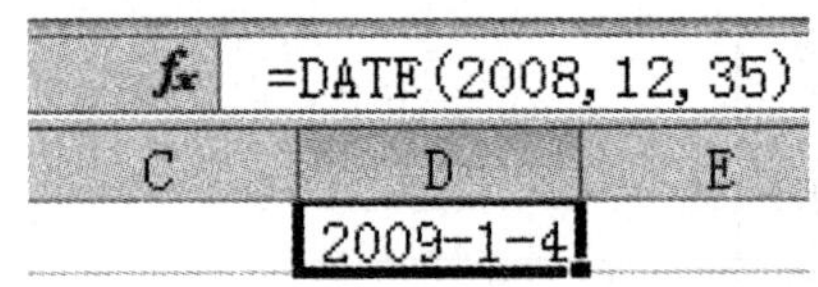


图 13-13　DATE 函数的满进特性

2. DAY 函数日期为 0,即为上一个月的月底日期。设置单元格格式为"数值"类型,在 C2 单元格输入公式＝DAY(DATE(A2,B2＋1,0))

3. 计算年龄

(1) 设置"年龄"单元格格式为"数值"类型。

(2) 在 C2 单元格中输入公式＝YEAR(TODAY())－YEAR(B2)

或＝YEAR(NOW())－YEAR(B2)

计算入职年限。

(3) 设置"入职年限"单元格格式为"数值"类型。

(4) 在 E2 单元格中输入公式＝2012－YEAR(D2)。

4. 送餐时间:按已知信息,使用 IF 函数填写送餐时限,如图 13-14 所示。

C2　　fx　=IF(B2>=2.5,60,30)

| | A | B | C | D |
|---|---|---|---|---|
| 1 | 订餐时间 | 距离km | 送餐时限（分） | 送达时限 |
| 2 | 9:21:10 | 0.7 | 30 | |
| 3 | 11:34:15 | 4.3 | 60 | |

图 13-14　送餐时限

送达时限:

(1) 设置送达时限格式为 24 小时计数格式,如图 13-15 所示。

(2) 送达时限公式如图 13-16 所示。

思考:若送餐时限以"小时"为单位时的公式处理。

5. 设置"返单日期"单元格格式为"日期"类型,使用 WORKDAY 函数计算除假日外的工作时间,如图 13-17 所示。

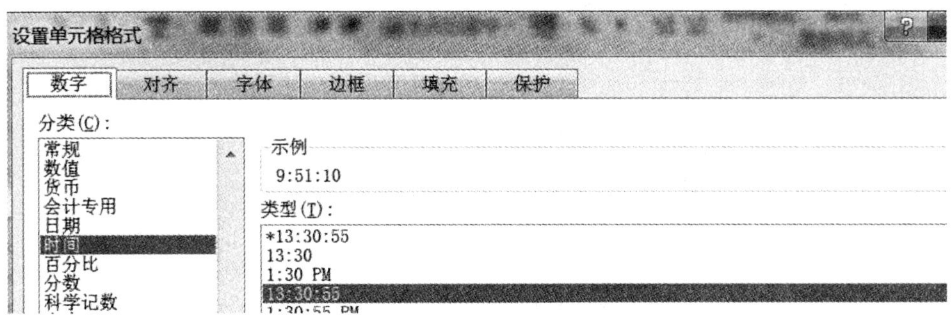


图 13-15　送达时限数据格式

D2　=TIME(HOUR(A2),MINUTE(A2)+C2,SECOND(A2))

| | A | B | C | D | E | F | G |
|---|---|---|---|---|---|---|---|
| 1 | 订餐时间 | 距离km | 送餐时限（分） | 送达时限 | | | |
| 2 | 9:21:10 | 0.7 | 30 | 9:51:10 | | | |
| 3 | 11:34:15 | 4.3 | 60 | 12:34:15 | | | |
| 4 | 17:07:04 | 3.8 | 60 | 18:07:04 | | | |
| 5 | 21:50:20 | 2.1 | 30 | 22:20:20 | | | |
| 6 | 22:22:30 | 4.7 | 60 | 23:22:30 | | | |

图 13-16　送达时限

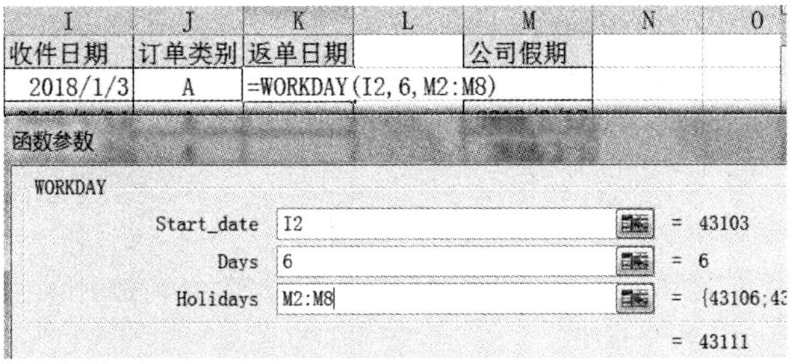

| I | J | K | L | M | N | O |
|---|---|---|---|---|---|---|
| 收件日期 | 订单类别 | 返单日期 | | 公司假期 | | |
| 2018/1/3 | A | =WORKDAY(I2,6,M2:M8) | | | | |

函数参数

WORKDAY

| | | |
|---|---|---|
| Start_date | I2 | = 43103 |
| Days | 6 | = 6 |
| Holidays | M2:M8 | = {43106;4… |
| | | = 43111 |

图 13-17　假日外的工作时间

图中 43103 等数值同前例中所述，均为相对于“1900－1－1”的序号，则得到如图 13-18 所示的返单日期。

| I | J | K |
|---|---|---|
| 收件日期 | 订单类别 | 返单日期 |
| 2018/1/3 | A | 2018/1/12 |
| 2018/1/14 | A | 2018/1/22 |
| 2018/2/25 | A | 2018/3/6 |
| 2018/3/6 | A | 2018/3/14 |
| 2018/3/7 | A | 2018/3/15 |
| 2018/4/28 | A | 2018/5/8 |
| 2018/8/19 | A | 2018/8/27 |

图 13-18　A 类业务返单日期

6. 利用时间格式数据的数值本质，通过减法计算“停留时间”列。通过时间截取函数，使用 IF 函数结合相应计费值，得出“应付费用”。在此过程中应注意可能遇到的数据单元格式的转换需求。

(1) 时间在计算机系统里是由数值表示的序列，由单元格格式定义为相应的时间格式。停留时间＝入馆时间－出馆时间。输入数组公式为：fx {=E4:E27-D4:D27}

(2) 使用公式“＝IF(B4＝$J$3,15,25)”对第三列“费用/小时”的 C4 进行填充，后续双击填空柄复制。

(3) 在 G4 单元格中按照计费方法使用 IF、MINUTE、HOUR 组合函数如下：

```
fx  =IF(HOUR(F4)=0,C4,IF(MINUTE(F4)>=15,(HOUR(F4)+1)*C4,HOUR(F4)*C4))
```

(4) 计算儿童与成人的平均运动时长。

① 选中 I5 单元格，输入“儿童平均运动时长”。

② 选中 J5 单元格，设置单元格式为“时间”类型。

③ 使用 AVERAGEIF 函数计算，如图 13-19 所示。

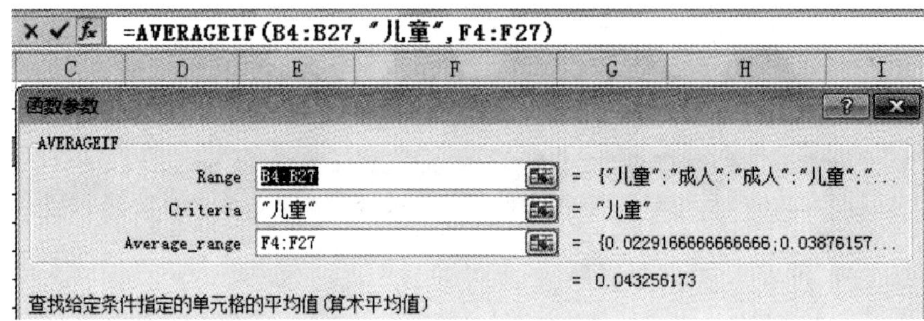


图 13-19 儿童平均运动时长

以相同方法选中 I6 单元格，输入“成人平均运动时长”，计算相应值。

(5) 每小时运动人数分布图。

① 编辑 H4 单元格 fx =HOUR(D4)，填充该列。

选择“插入—数据透视图”，选中“A3：H27”为数据源，在新工作表中插入“数据透视图”，如图 13-20 所示。

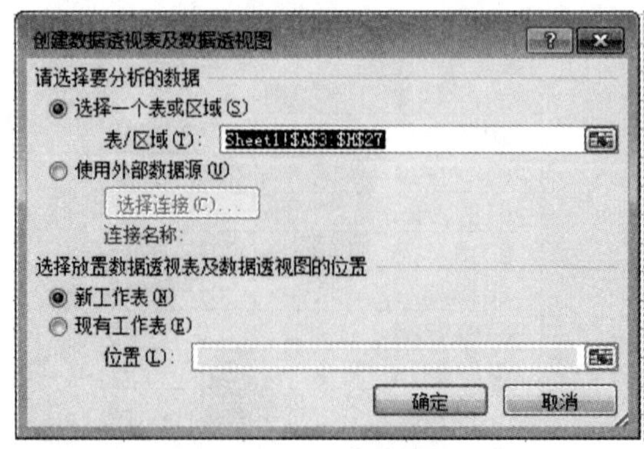


图 13-20 设置透视图

②在布局设置中以“入场整点”为轴字段,“类型”为数值字段,进行计数运算,如图 13-21 所示。

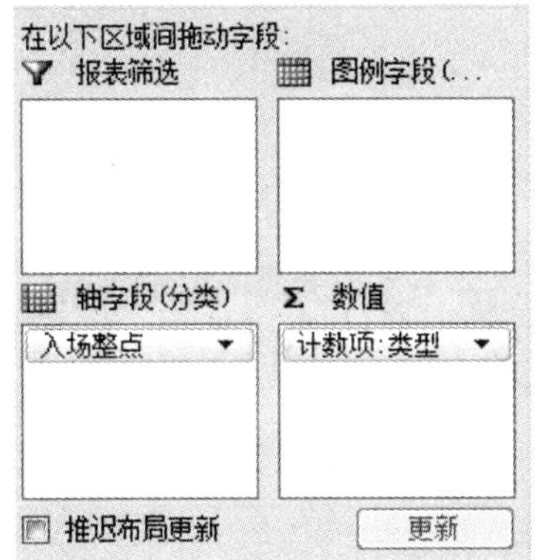


图 13-21 设置透视图布局结构

③ 设置透视图名称为“整点入场人数汇总”,纵坐标间隔最小值为 0,间隔为 1。设置横坐标名称为“时间”,纵坐标名称为“人数”。生成对应透视图如图 13-22 所示。

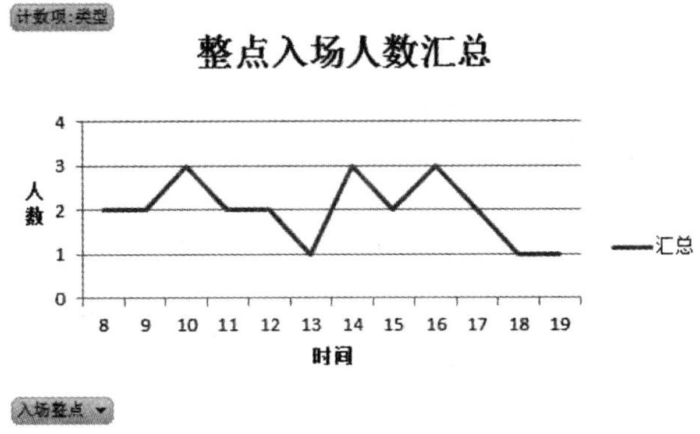


图 13-22 整点入场人数汇总

# 实验 14

# 常用查找函数

## 14.1 知识要点

### 14.1.1 VLOOKUP 函数

1. 函数功能：VLOOKUP 为垂直(Vertical)查找函数。其功能是搜索某个单元格区域(查找列表区域)的第一列,然后返回与该列相匹配的同行中某列的值。

2. 函数格式：VLOOKUP(lookup_value, table_array, col_index_num, [range_lookup])

3. 参数说明：lookup_value,要在查找列表中查找的值;table_array,查找列表(范围);index_num,找到后返回的列号;range_lookup：FALSE 或 0 为精确查找,默认或 TRUE 为非精确查找,具体用法详见后续实验内容。

4. 说明：注意查找列表的有效范围。

(1) 列表标题行不属于参考列表范围。

(2) 反向查找：函数参数中填写的查找列表中,应保证查找列(查找列)位于查找列表的最左列,即标准的查找列表。当实际中的数据不符合上述情况时,则需要使用技巧将非标准查找表转换为标准查找表,即通过变换调整查找列为查找表最左列,这类问题使用反向查找的方法解决。如图 14-1 所示的货物表数据,若填充订单表中的"类别",则需要以货物表中的"货物编号"为查找列,并位于最左侧。

| | A | B |
|---|---|---|
| 1 | 货物表 | |
| 2 | 类别 | 货物编号 |
| 3 | 衣服 | s001 |
| 4 | 鞋子 | s002 |
| 5 | 裤子 | s003 |

| 8 | | 订单表 | |
|---|---|---|---|
| 9 | 货物编号 | 客户 | 类别 |
| 10 | s003 | A公司 | |
| 11 | s003 | B公司 | |
| 12 | s001 | A公司 | |
| 13 | s002 | C公司 | |
| 14 | s001 | B公司 | |
| 15 | s001 | F公司 | |
| 16 | s002 | G公司 | |

图 14-1 反向查找

若数据不符合标准列表，使用反向查找需调整为标准列表，方法如下：输入 fx {=IF({1,0},$B$2:$B$5,$A$2:$A$5)} 。该方法利用数组与 IF 函数的嵌套，实现了对原有查找表的重新排列，将原 B 列输出为第一列，原 A 列输出为第二列，如图 14-2 所示。

| 货物编号 | 类别 |
|---|---|
| s001 | 衣服 |
| s002 | 鞋子 |
| s003 | 裤子 |

图 14-2　调整后的参考范围

后续 VLOOKUP 函数的参数按调整后的新表为标准。在实际工作应用中，多数的数据表单不是以我们的需要来布局，因此都可以使用这种方法对表单进行调整。

(3) 多条件查找：查找的字段为两个条件或两个以上条件时，使用多条件查找方法。如图 14-3 中，查找张三的跳高成绩，即条件为“张三”和“跳高”。

| | A | B | C |
|---|---|---|---|
| 1 | 姓名 | 项目 | 成绩 |
| 2 | 张三 | 铅球 | 中等 |
| 3 | 李四 | 铅球 | 优秀 |
| 4 | 王五 | 铅球 | 优秀 |
| 5 | 张三 | 跳高 | 及格 |
| 6 | 李四 | 跳高 | 中等 |
| 7 | 王五 | 跳高 | 良好 |

图 14-3　多条件查找

重新构造原始数据列表结构：使用字符串连接运算符 &，将“姓名”、“项目”两列拼接为一列，即 IF({1,0},A1：A7&B1：B7,C1：C7)。设置查找内容为“张三”&“跳高”，即 fx {=VLOOKUP("张三"&"跳高",IF({1,0},A1:A7&B1:B7,C1:C7),2,0)} 。

### 14.1.2 HLOOKUP 函数

1. 函数功能：HLOOKUP 为水平(Horizontal)查找函数。其功能是搜索某个单元格区域(查找列表区域)的第一行，然后返回与该行相匹配的同列中某行的值。该函数的查找列表区域水平放置，与 VLOOKUP 相比，旋转 90 度，行列对调，其他均与 VLOOKUP 相同。

2. 函数格式：HLOOKUP(lookup_value，table_array，row_index_num，[range_lookup])

3. 参数说明：lookup_value，要查找的值；table_array，查找时的查找列表(横向)；row_index_num，找到后返回值所在的行号。

## 14.2 实验目的

1. 掌握 VLOOKUP、HLOOKUP 的一般应用；

2. 熟悉 VLOOKUP、HLOOKUP 的反向查找方法；
3. 熟悉 VLOOKUP、HLOOKUP 的多条件查找方法；
4. 熟悉 VLOOKUP、HLOOKUP 的多条件与反相混合查找方法。

## 14.3 实验内容

1. 在工作表“题 1”中，按如图 14-4 所示的信息，填写如图 14-5 中各货物单价列。

| | A | B |
|---|---|---|
| 1 | 价格表 | |
| 2 | 类别 | 单价 |
| 3 | 衣服 | 120 |
| 4 | 鞋子 | 80 |
| 5 | 裤子 | 150 |

图 14-4 价格表

| 8 | 采购表 | | | | | |
|---|---|---|---|---|---|---|
| 9 | 项目 | 采购数量 | 采购时间 | 单价 | 折扣 | 合计 |
| 10 | 衣服 | 20 | 2008/1/12 | | | |
| 11 | 裤子 | 45 | 2008/1/12 | | | |
| 12 | 鞋子 | 70 | 2008/1/12 | | | |
| 13 | 衣服 | 125 | 2008/2/5 | | | |
| 14 | 裤子 | 185 | 2008/2/5 | | | |
| 15 | 鞋子 | 140 | 2008/2/5 | | | |
| 16 | 衣服 | 225 | 2008/3/14 | | | |
| 17 | 裤子 | 210 | 2008/3/14 | | | |
| 18 | 鞋子 | 260 | 2008/3/14 | | | |
| 19 | 衣服 | 385 | 2008/4/30 | | | |
| 20 | 裤子 | 350 | 2008/4/30 | | | |
| 21 | 鞋子 | 315 | 2008/4/30 | | | |
| 22 | 衣服 | 25 | 2008/5/15 | | | |
| 23 | 裤子 | 120 | 2008/5/15 | | | |
| 24 | 鞋子 | 100 | 2008/6/24 | | | |
| 25 | | | | | | |

图 14-5 采购表

2. 在工作表“题 2”中，按如图 14-6 货物表中的信息，填写如图 14-7 订单表中类别列。

| | A | B | C | D |
|---|---|---|---|---|
| 1 | 货物表 | | | |
| 2 | 类别 | 货物编号 | | |
| 3 | 衣服 | s001 | | |
| 4 | 鞋子 | s002 | | |
| 5 | 裤子 | s003 | | |

图 14-6 货物表

| 8 | | 订单表 | | |
|---|---|---|---|---|
| 9 | 货物编号 | 客户 | 类别 | 订单数量 |
| 10 | s003 | A公司 | | |
| 11 | s003 | B公司 | | |
| 12 | s001 | A公司 | | |
| 13 | s002 | C公司 | | |
| 14 | s001 | B公司 | | |
| 15 | s001 | F公司 | | |
| 16 | s002 | G公司 | | |

图 14-7 订单表

3. 在工作表“题 3”中，按如图 14-8 订单表中的信息，查找 A11：C14 区域中 F 公司 s001 货物、A 公司 s001 货物、G 公司 s002 货物的订单数量。

|  | A | B | C | D |
|---|---|---|---|---|
| 1 | | 订单表 | | |
| 2 | 货物编号 | 客户 | 类别 | 订单数量 |
| 3 | s003 | A公司 | 裤子 | 452 |
| 4 | s003 | B公司 | 裤子 | 100 |
| 5 | s001 | A公司 | 衣服 | 600 |
| 6 | s002 | C公司 | 鞋子 | 220 |
| 7 | s001 | B公司 | 衣服 | 156 |
| 8 | s001 | F公司 | 衣服 | 700 |
| 9 | s002 | G公司 | 鞋子 | 500 |
| 10 | | | | |
| 11 | 货物编号 | 客户 | 订单数量 | |
| 12 | s001 | F公司 | | |
| 13 | s001 | A公司 | | |
| 14 | s002 | G公司 | | |

图 14-8　订单表数据

4. 在工作表“题 4”中，按照如图 14-9 停车价目表中的信息，填写下方停车情况记录表中的“单价”字段。

|  | A | B | C | D | E | F |
|---|---|---|---|---|---|---|
| 1 | 停车价目表 | | | | | |
| 2 | 小汽车 | 中客车 | 大客车 | | | |
| 3 | 5 | 8 | 10 | | | |
| 4 | | | | | | |
| 5 | | | | | | |
| 6 | | | | | | |
| 7 | | | | 停车情况记录表 | | |
| 8 | 车牌号 | 车型 | 单价 | 入库时间 | 出库时间 | 停放 |
| 9 | 浙A12345 | 小汽车 | | 8:12:25 | 11:15:35 | |
| 10 | 浙A32581 | 大客车 | | 8:34:12 | 9:32:45 | |
| 11 | 浙A21584 | 中客车 | | 9:00:36 | 15:06:14 | |
| 12 | 浙A66871 | 小汽车 | | 9:30:49 | 15:13:48 | |
| 13 | 浙A51271 | 中客车 | | 9:49:23 | 10:16:25 | |
| 14 | 浙A54844 | 大客车 | | 10:32:58 | 12:45:23 | |
| 15 | 浙A56894 | 小汽车 | | 10:56:23 | 11:15:11 | |
| 16 | 浙A33221 | 中客车 | | 11:03:00 | 13:25:45 | |
| 17 | 浙A68721 | 小汽车 | | 11:37:26 | 14:19:20 | |

图 14-9　停车计费数据

## 14.4　实验分析

1. 属于一般查找类题目，使用 VLOOKUP 函数。

2. 要参考查找的 s001 等信息并非位于参考表的最左列，故属于反向查找问题。

3. 本题查找的字段为两个条件：客户为 F 公司、货物编号为 s001，属于多条件查找，使用 VLOOKUP 函数时，需要变换原查找参考表，方法是将货物编号、客户两列合并为一列后进行查找，即 A12&B12。结合上例中非标准参考列表的实例，利用此类方法可以变换任意原数据清单为需要的格式。反向查找与两列查找，要以数组方式结束。

4. 本题中对应参考的停车价目表中对应的小汽车、中客车、大客车为待对比查找的字段内容，横向布局，因此使用水平查找 HLOOKUP 函数，且这些内容位于参考表第一行，故属于标准查找问题。与 VLOOKUP 函数类似，在实际的工作中由于原始数据表不能满足标准查找的格式，可以采用以上例题中的方法对原始数据表进行变换调整为标准查找表，进而将非标准问题转换为标准问题解决。

## 14.5 实验步骤

1. 打开工作表"题 1"，使用 VLOOKUP 一般查找方法。在标准查找列表中，查找列为该列表中的第一列，查找列表为 A2∶B5，因为将进行按照查找表向下纵向查找，故选用 VLOOKUP 函数；查找列表中对应第一列，属标准查找列表。

操作步骤：在编辑栏中输入公式 fx =VLOOKUP(A10, $A$2:$B$5, 2, 0) ，或选择相应函数，填写参数如图 14-10 所示。

VLOOKUP

| | | |
|---|---|---|
| Lookup_value | A10 | = "衣服" |
| Table_array | $A$2:$B$5 | = {"类别","单价";"衣服",120;"鞋子",... |
| Col_index_num | 2 | = 2 |
| Range_lookup | 0 | = FALSE |
| | | = 120 |

图 14-10 VLOOKUP 一般查找

2. 打开工作表"题 2"，使用反向查找方法。将进行按照查找表向下纵向查找，故选用 VLOOKUP 函数；使用方法 {=IF({1,0}, $B$2:$B$5, $A$2:$A$5)} 将列表转换为标准查找表。输入如图 14-11 所示的带有数据重新排列功能的函数参数，最后按 Ctrl＋Shift＋Enter 结束。

| | A | B | C | D | E | F | G |
|---|---|---|---|---|---|---|---|
| 1 | 货物表 | | | | | | |
| 2 | 类别 | 货物编号 | | | | | |
| 3 | 衣服 | s001 | | | | | |
| 4 | 鞋子 | s002 | | | | | |
| 5 | 裤子 | s003 | | | | | |
| 6 | | | | | | | |
| 7 | | | | | | | |
| 8 | | 订单表 | | | | | |
| 9 | 货物编号 | 客户 | 类别 | 订单数量 | | | |
| 10 | s003 | A公司 | =VLOOKUP(A10, IF({1, 0}, $B$2:$B$5, $A$2:$A$5), 2, 0) | | | | |
| 11 | s003 | B公司 | | | | | |
| 12 | s001 | A公司 | | | | | |
| 13 | s002 | C公司 | | | | | |
| 14 | s001 | B公司 | | | | | |
| 15 | s001 | F公司 | | | | | |
| 16 | s002 | G公司 | | | | | |

图 14-11 订单问题的反向查找

3. 打开工作表“题 3”,使用多条件查找方法。

在相应单元格中输入公式:

```
{=VLOOKUP(A12&B12,IF({1,0},$A$2:$A$9&$B$2:$B$9,$D$2:$D$9),2,0)}
```

或选择相应函数,填写参数如图 14-12 所示，最后按 Ctrl+Shift+Enter 结束。

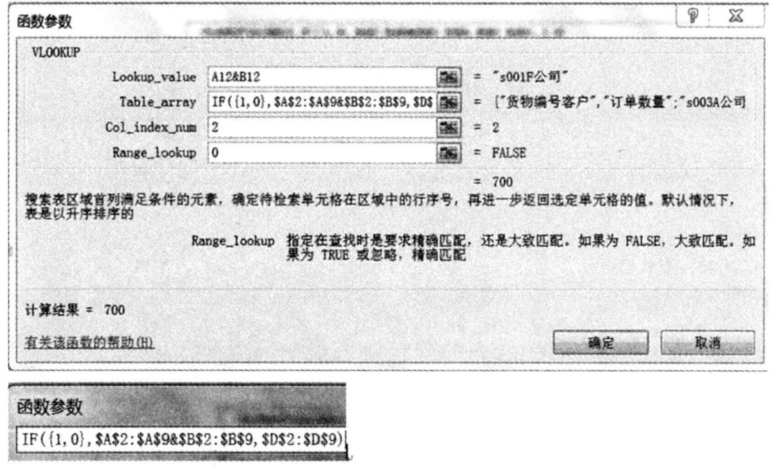


图 14-12　客户货物数量的多条件查找

4. 打开工作表“题 4”,使用 HLOOKUP 函数进行一般查找。

在相应单元格中输入如图 14-13 所示的公式,或填写相应函数的参数。

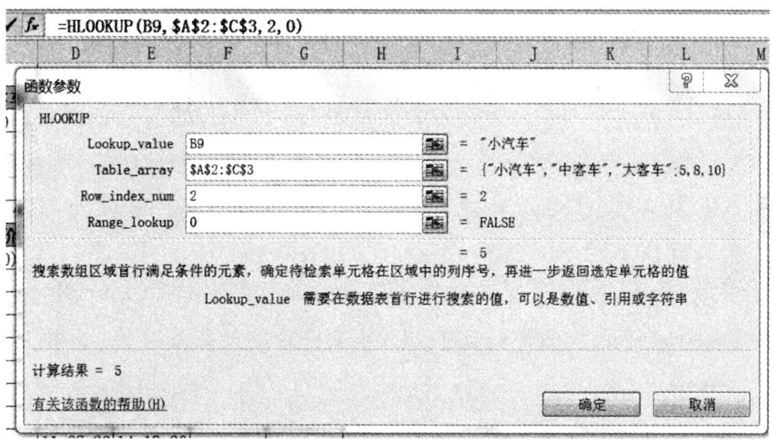


图 14-13　停车计费 HLOOKUP

# 实验 15

# 扩展查找函数

## 15.1 知识要点

### 15.1.1 VLOOKUP 和 HLOOKUP 的非精确匹配查找功能

1. 这两函数的参数 4 如为 FALSE 则为精确匹配查找，忽略或为 TRUE 时，则为非精确匹配查找(以下简称为精确查找和非精确查找)。精确查找适合一一对应的转换，上一实验中已经详细说明，在此不再赘述。非精确查找适合于按范围分类或分等级的场合使用。

2. 非精确查找，要求参数 2 的数组的第 1 列(即查找列)必须按从小到大的顺序排好，否则可能会得到错误结果(注意：是数组要排序，不是参数 1 的列数据要排序)。匹配的原则是：最后一个小于等于查找的数据。如：在 1、2、2、2、9 中找 8，结果显示为最后一个 2(虽然 8 离 9 近，离 2 远，但匹配的是 2，因此不宜称近似匹配)；在 1、2、9、8 中找 8，结果还是 2，由于先出现大于 8 的数据，因此无法找到后面没排序好的 8。

3. 非精确查找，一般情况不会出现找不到的情况(即 ♯N/A 错误)，但查找的数组中，最小的值(即第一个)，必须足够小，否则若查找比第一个还小的值时会出错(结果为 ♯N/A)。

4. HLOOKUP 和 VLOOKUP 相比，除了查找列表区域转置 90 度外，其余参数与功能都相同，包括非精确查找功能。

注意：VLOOKUP 对话框参数 4 的提示是错误的，完全反了，FALSE 才是精确匹配，TRUE 或忽略是非精确匹配。而帮助及 HLOOKUP 的提示是正确的，如图 15-1 所示。

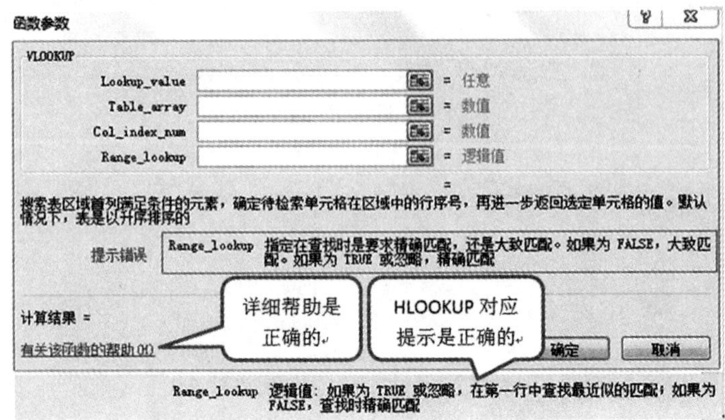


图 15-1 VLOOKUP 参数 4 提示错误

### 15.1.2 LOOKUP 函数

1. LOOKUP 的功能和 VLOOKUP 或 HLOOKUP 相似，都是查找一个数据，返回对应的另外一个数据；LOOKUP 只有非精确查找功能，无法进行精确查找，即相当于 VLOOKUP 的第 4 参数为 TRUE 或缺省的功能。

2. LOOKUP 有两种用法，一种是数组(Array)方式，一种是向量(Vector)方式，对话框提示也有两种选择。数组方式的功能，用 VLOOKUP 或 HLOOKUP 都能代替；向量方式的功能用 VLOOKUP 或 HLOOKUP 无法实现。

3. LOOKUP 两种方式的参数 1 都和 VLOOKUP 一样，均为要查找的内容。

4. 参数 2 为被查找的数组或向量。若参数是一个二维数组，则为数组方式，在第一列(或行)中查找，返回最后一列(或行)对应的值，数组方式，总参数就 2 个；向量方式则是参数 2、参数 3 都是一个一维数组(向量)，在参数 2 中查找，返回参数 3 中对应的值。或者说，向量方式就是把一个二维数组拆成两个一维数组，作为两个参数使用。

5. 数组方式的查找和返回在同一数组中，与 VLOOKUP 一样无法直接进行反向查找(即查找右边列，返回左边列)。而向量方式不同，由于查找和返回属于两个参数，可直接进行反向查找，即查找右边列(或下边行)，返回左边列(或上边行)。

6. LOOKUP 既可像 HLOOKUP 按行查找，也可像 VLOOKUP 按列查找。数组方式的参数 2 数组的行数≥列数时，相当于 VLOOKUP；当行数＜列数时，相当于 HLOOKUP。LOOKUP 查找是按行还是按列，是自动由数组决定的，无法通过参数指定。

7. 对字符型的查找，LOOKUP、VLOOKUP、HLOOKUP 都一样，查找内容的大小写与结果无关，如 aa、aA、AA 三者都被认为是相等的。

### 15.1.3 MATCH 函数

1. MATCH 函数查找数据返回序号(第几个)，不是具体值，函数格式为：MATCH(lookup_value，lookup_array，match_type)。

2. MATCH 的参数 1、2 和 VLOOKUP 类似，分别为查找值和查找的数组，参数 2 只需 1 列。

3. 参数 3 类似 VLOOKUP 的参数 4，是匹配类型，1 或默认为“升序非精确查找”，－1 为“降序非精确查找”，0 为“精确查找”。

4. MATCH 对文字的查找，也是与查找内容的大小写无关。

### 15.1.4 INDEX 函数

1. INDEX 函数根据行、列号返回数组的元素，函数有两种格式：①数组方式：INDEX(array，row_num，[column_num])；②引用方式：INDEX(reference，row-num，[column]，[area_num])

2. 若数组方式的参数 1 为一维数组(即向量)，则函数只需 2 个参数，不管行或列向量，参数 2 指定返回的元素序号。

3. 若数组方式的参数 1 为二维数组，只有参数 2，则返回该行的整行数组；若省略参数 2，只有参数 3(前面为两个连续逗号)，则返回该列的整列数组(返回数组比较少用)；参数 2、3 都有，则返回行、列交叉元素。

4. 引用方式最多有 4 个参数，参数 1 可以是多个区域组成的引用，缺省的参数 4 可指定返回哪块区域的内容。该用法使用较少，不作详细叙述，不作要求。INDEX 的对话框提示有两种选择。如图 15-2 所示。

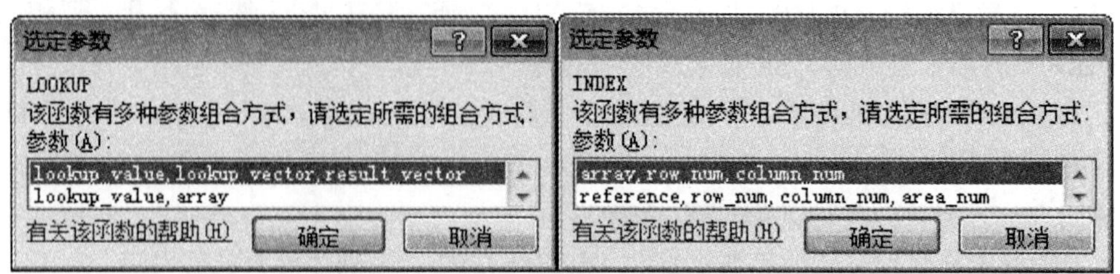


图 15-2　LOOKUP 与 INDEX 的两种用法

### 15.1.5　利用 MATCH 和 INDEX 进行查找

1. VLOOKUP 不能直接进行逆向查找，虽然利用技巧，用 IF 对数组进行动态互换，也能实现逆向查找，但原理比较难懂。而 LOOKUP 虽然可以逆向查找，但它又不能进行精确查找。用 MATCH 和 INDEX 两个函数嵌套配合使用，刚好可以进行逆向精确查找，返回对应数据。

2. MATCH 和 INDEX 两个函数嵌套配合，还可进行反向查找，以及两列内容组合查找，比 VLOOKUP 的方法容易理解。

## 15.2　实验目的

1. 掌握 VLOOKUP 和 HLOOKUP 的非精确查找功能的用法与用途；
2. 掌握 LOOKUP 查找功能的用法与用途；
3. 掌握数组常量在各种查找函数中的使用方法；
4. 掌握 MATCH 和 INDEX 嵌套查找的使用方法。

## 15.3　实验内容

1. 利用多种函数的方法，对各学生的成绩进行分档次，共分 5 档：优≥90、良≥80、中≥70、及格≥60、不及格＜60。分别使用函数：VLOOKUP、HLOOKUP、LOOKUP 纵向、LOOKUP 横向、LOOKUP 向量方法实现。另外，用上述函数把查找的单元格区域改为数组常量，再查找一次。如图 15-3 所示。

| | A | B | C | D | E | F | G | H | I | J | K | L |
|---|---|---|---|---|---|---|---|---|---|---|---|---|
| 1 | 姓名 | 总成绩 | 用条件区域 | | | | | 用数组常量 | | | | |
| 2 | | | vLookup | hLookup | Lookup纵向 | Lookup横向 | Lookup向量 | vLookup | hLookup | Lookup纵向 | Lookup横向 | Lookup向量 |
| 3 | 张三 | 78 | | | | | | | | | | |
| 4 | 李四 | 89 | | | | | | | | | | |

图 15-3　用各种方法填写成绩档次

2. 有两列"型号"和"名称"，一一对应，请用 MATCH 和 INDEX 两个函数来实现：在 B 列根据 A 列的型号查出名称，然后再根据查出的名称，反查型号到 C 列。如图 15-4 所示。

| | A | B | C |
|---|---|---|---|
| 1 | 型号 | 名称 | |
| 2 | 001 | CC | |
| 3 | 002 | AA | |
| 4 | 003 | DD | |
| 5 | 004 | EE | |
| 6 | 005 | FF | |
| 7 | 006 | XX | |
| 8 | 007 | ZZ | |
| 9 | 008 | YY | |
| 10 | 009 | QQ | |
| 11 | | | |
| 12 | 型号 | 名称 | 反查型号 |
| 13 | 003 | | |
| 14 | 001 | | |

图 15-4　用 MATCH 和 INDEX 查找

3. 在函数中直接使用常量数组，用 VLOOKUP 与 HLOOKUP 进行查找，在 C 列中填写单价。

## 15.4　实验分析

1. 成绩分档，一定是用非精确查找，非精确查找的成绩一定要从小到大排序，5 档的最低成绩为对应查找数据，从小到大就是 0、60、70、80、90。假设横向查找的数组在 A28 ∶ E29，纵向数组在 G25 ∶ H29。查找区域设置如图 15-5 所示。

| | | | | | | | | |
|---|---|---|---|---|---|---|---|---|
| 24 | | | | | | | | |
| 25 | 使用不同方法，对上述成绩分档次： | | | | | | 0 | 不及格 |
| 26 | 优、良、中、及格、不及格 | | | | | | 60 | 及格 |
| 27 | | | | | | | 70 | 中 |
| 28 | 0 | 60 | 70 | 80 | 90 | | 80 | 良 |
| 29 | 不及格 | 及格 | 中 | 良 | 优 | | 90 | 优 |
| 30 | | | | | | | | |

图 15-5　成绩分档的查找区域设置

(1) 使用 VLOOKUP 函数，参数 3 为返回列序号，设为 2；因为为非精确查找，故参数 4 省略即可。另外，为了使下面单元格的数据能用填充柄拖动填充，参数 2 的数组用 F4 转变为绝对引用。

C3 的公式为：=VLOOKUP(B3，$G$25：$H$29，2)。

(2) HLOOKUP 与 VLOOKUP 类似，只需用横向数组即可。

D3 公式为：=HLOOKUP(B3，$A$28：$E$29，2)。

(3) LOOKUP 函数可自动使用横向和纵向数组，因此前两个参数直接与 VLOOKUP 和 HLOOKUP 一致即可，而参数 3 可省略，就代表返回最后一行(或列)。

E3 公式为：=LOOKUP(B3，$G$25：$H$29)；

F3 公式为：=LOOKUP(B3，$A$28：$E$29)。

(4) LOOKUP 向量方式就是把上述函数的参数 2 数组，拆成两个一维数组即可，纵向、横向均可。

G3 公式为：=LOOKUP(B3，$G$25：$G$29，$H$25：$H$29)；

或=LOOKUP(B3，$A$28：$E$28，$A$29：$E$29)。

(5) 查找的数组，由于数据量比较少，可以直接用数组常量，即直接把数据写在{}中。上述函数中，其他参数都一样，故只需将参数 2 改成常量即可。数组常量可以直接输入(先行后列，行间以逗号分隔、列间以分号分隔)，也可以在编辑栏中，选中区域数据，然后按 F9 键转换成数组常数，如图 15-6 所示。按一次 F9 键只能转换一个参数，多个参数需多次转换。

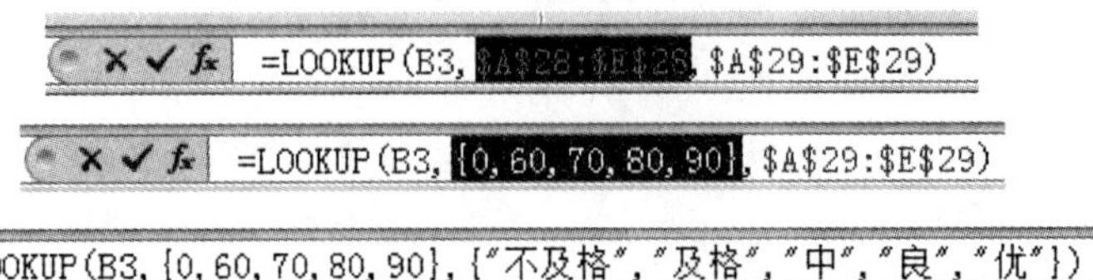


图 15-6　选中区域后按 F9 键把数据转换为数组常量

2. 函数嵌套，先计算的放内层，后计算的放外层。INDEX 与 MATCH 配合，是先用 MATCH 找到序号，再用 INDEX 返回内容，因此 INDEX 在外层。整个 MATCH 函数作为 INDEX 的参数 2。

(1) MATCH 函数的参数 2 就是查找的数组，只要一维数组即可，参数 3 设为 0，表示精确查找。

(2) INDEX 的参数 1 也用一维数组即可。

注意：MATCH 与 INDEX 函数的两个数组，一定要从同一行开始，这样对应才正确，若一个选中标题、一个没选中，结果就会错位。

B13 的公式为：=INDEX($B$2:$B$10,MATCH(A13,$A$2:$A$10,0))。

(3) 由于 INDEX 和 MATCH 函数都只用一维数组，因此不存在正向或反向查找的问题，均可直接查找，根据 B 列查找，原理一样，结果应该和 A 列相同。

C13 的公式为：=INDEX($A$2:$A$10,MATCH(B13,$B$2:$B$10,0))。

3. 直接用常量数组进行查找。

(1)参数 2 是数组，外面要输入{}；字符型内容要加引号。

(2) VLOOKUP 是纵向查找，常量数组一样要用纵向数据，3 行 2 列，如图 15-7 所示。

(3) HLOOKUP 是横向查找，常量数组一样要用横向数据，2 行 3 列，如图 15-8 所示。

(4) 参数用了常量数组，也就不必考虑绝对引用的问题了，常量数组即相当于绝对引用，向下拖动填充柄是不会变化的。

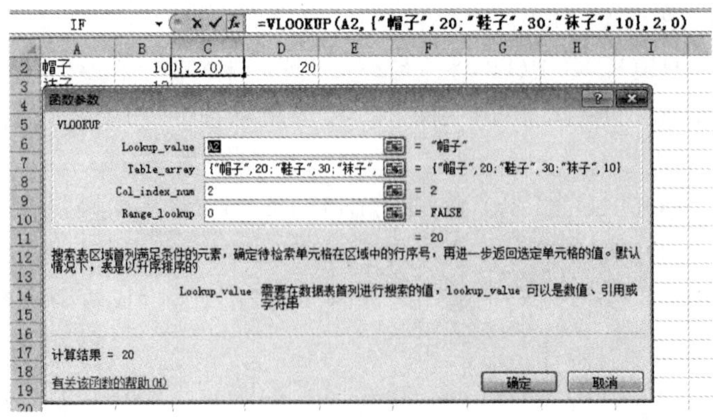


图 15-7　VLOOKUP 中用常量数组

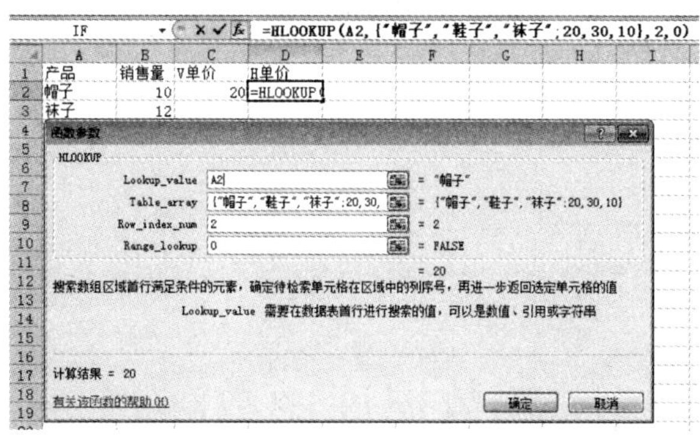

图 15-8 HLOOKUP 中用常量数组

## 15.5 实验步骤

所有单元格的公式，只需填写最上面一个，下面的公式只需双击填充柄填充即可。

1. 成绩分档：VLOOKUP 函数，C3 的公式为：=VLOOKUP(B3，$G$25：$H$29,2)。

(1) HLOOKUP 函数，D3 公式为：=HLOOKUP(B3，$A$28：$E$29,2)。

(2) LOOKUP 函数，E3 公式为：=LOOKUP(B3，$G$25：$H$29)，

F3 公式为：=LOOKUP(B3，$A$28：$E$29)。

(3) LOOKUP 向量方式，G3 公式为：=LOOKUP(B3，$G$25：$G$29，$H$25：$H$29)或=LOOKUP(B3，$A$28：$E$28，$A$29：$E$29)。

(4) 数组常量方式，可以直接输入数组内容，或者先选中单元格区域，然后按 F9 键转换。使用各函数与数组常量，对 B3 成绩进行查找转换的公式如下：

① VLOOKUP 查找：VLOOKUP(B3,{0,"不及格";60,"及格";70,"中";80,"良";90,"优"},2)。

② HLOOKUP 查找：HLOOKUP(B3,{0,60,70,80,90;"不及格","及格","中","良","优"},2)。

③ LOOKUP 纵向查找：LOOKUP(B3,{0,"不及格";60,"及格";70,"中";80,"良";90,"优"})。

④ LOOKUP 横向查找：LOOKUP(B3,{0,60,70,80,90;"不及格","及格","中","良","优"})。

⑤ LOOKUP 向量查找：LOOKUP(B3,{0,60,70,80,90},{"不及格","及格","中","良","优"})。或把逗号改为分号：LOOKUP(B3,{0;60;70;80;90},{"不及格";"及格";"中";"良";"优"})。

2. 用 INDEX 与 MATCH 配合进行查找。

(1) B13 的公式为：=INDEX($B$2：$B$10,MATCH(A13,$A$2：$A$10,0))。

(2) C13 的公式为：=INDEX($A$2：$A$10,MATCH(B13,$B$2：$B$10,0))。

3. 直接用常量数组进行查找。

(1) C2 公式：=VLOOKUP(A2,{"帽子",20;"鞋子",30;"袜子",10},2,0)。

(2) D2 公式：=HLOOKUP(A2,{"帽子","鞋子","袜子";20,30,10},2,0)。

# 实验 16

## 数据库函数

### 16.1 知识要点

#### 16.1.1 数据库函数的特点

1. 所有数据库函数都以字母 D 开头(但 D 字母开头的函数不一定是数据库函数)。

2. 所有数据库函数,参数及含义完全一样,共 3 个参数,且都不可省略。

3. 函数格式:DXXX(database, field, criteria)

#### 16.1.2 数据库函数参数说明

1. 参数 1(database)是数据清单(或叫数据库),即统计的整体数据范围,为选中的数据区域,第一行一定是字段名,各列要包含统计的字段及条件中用到的所有字段。参数 1 完全等同于高级筛选的数据区域。

2. 参数 2(field)为统计的字段,总体上它可以用两种方式表示:数值型代表数据清单中的字段序号(即最左边列为 1,以此类推),字符型代表字段名(即第一行的单元格内容)。若 Excel 第 1 行为字段名行,B1 是“年龄”,选中数据列表从 B1 开始(A 列没选中),如果要统计平均年龄,则参数 2 可以有 2 种用法:①直接写“年龄”或单元格 B1(这种最简单),②填写数字 1(代表第 1 列,即选中的数据列表最左列)。

3. 参数 3(criteria)为条件区域,也等同于高级筛选的条件区域,即字段名为第一行,条件中同行为 AND 关系,不同行为 OR 关系。

4. 条件区域的字段名,应该和统计区域的字段名完全一致,多个空格或少个空格都会被认为是不同的字段。而且当字段名不同时,Excel 不会提示错误,只会造成统计结果错误,一般会认为无满足条件的记录。因此最好从统计区域中复制粘贴字段名到条件区域,以免不一致。字段名只要求文字内容一致,格式并不影响统计。和高级筛选一样,条件区域只能用区域,不能用常量数组。

#### 16.1.3 主要的数据库函数

1. DCOUNT(数值型数量)、DCOUNTA(非空数量)。

2. DSUM(求和)、DAVERAGE(平均)、DPRODUCT(乘积)。

3. DMAX(最大值)、DMIN(最小值)。

4. DGET(查找唯一记录的数值)。

### 16.1.4 几个数据库函数的注意事项

1. DCOUNT、DSUM 和 COUNTIF、SUMIF 函数比较,数据库函数的条件可以很灵活、很复杂,功能强大,但由于要单独建立条件区域,使用也麻烦;后者只能使用简单的条件,但使用也简单。虽然 COUNTIFS、SUMIFS 等函数也允许多条件,但条件间只能是 AND 关系。

2. 如果要计算满足条件的记录数,若用 DCOUNT,那么参数 2 可以任意选择一个数值型字段,若用非数值型字段,会返回 0;而若用 DCOUNTA,则参数 2 可用任意非空字段,即有内容的字段即可。

3. DGET 函数查找某条件,则返回满足条件的字段值。该函数必须注意,满足条件的只能是唯一记录。如果没满足条件,则会产生"#VALUE!"错误;如果满足条件的记录数大于 1,则产生"#NUM!"错误。此函数要求条件太高,使用不方便。

4. DSUM、DAVERAGE、DMAX、DMIN、DPRODUCT 等函数,都是对数值型字段统计,如果参数 2 为非数值型,则返回结果为 0。

## 16.2 实验目的

1. 掌握数据库函数的特点;
2. 掌握数据库函数的参数及用法;
3. 掌握数据库函数的注意事项;
4. 掌握几种常用的数据库函数的具体使用。

## 16.3 实验内容

1. 根据"年龄=今天的年份-出生日期年份"的公式,填写年龄。
2. 在 H2 和 H3 单元格统计女工程师的平均年龄和最大年龄。
3. 在 H4 单元格统计年龄在 30~40(包括 30 和 40)岁之间的男工程师数量。
4. 在 H5 单元格查询那位 50 岁以上姓李的女性的姓名。

## 16.4 实验分析

总体说明:条件区域,可在任何单元格区域建立,只要字段名和数据区字段名一致,条件数据正确、正确引用单元格区域即可。下面函数参数中的 X 代表条件区域,以各自位置确定。数据区域,也要以字段名为首行。本实验都是同一数据,则用同一区域,即 A2:E32,如图 16-1 所示,具体操作为:先选中 A2,再通过组合键 Ctrl+Shift+向右和 Ctrl+Shift+向下,选中即可。

1. 年龄计算:D3 公式为"=YEAR(TODAY())-YEAR(C3)"。若显示的不是数值而是日期,改变格式即可。

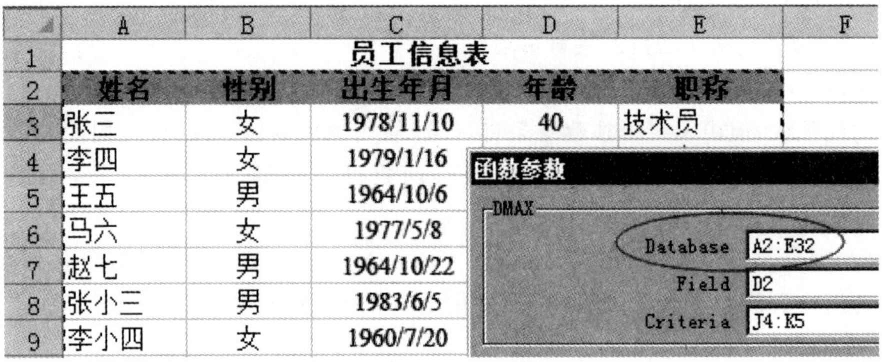

|   | A | B | C | D | E | F |
|---|---|---|---|---|---|---|
| 1 | 员工信息表 | | | | | |
| 2 | 姓名 | 性别 | 出生年月 | 年龄 | 职称 | |
| 3 | 张三 | 女 | 1978/11/10 | 40 | 技术员 | |
| 4 | 李四 | 女 | 1979/1/16 | | | |
| 5 | 王五 | 男 | 1964/10/6 | | | |
| 6 | 马六 | 女 | 1977/5/8 | | | |
| 7 | 赵七 | 男 | 1964/10/22 | | | |
| 8 | 张小三 | 男 | 1983/6/5 | | | |
| 9 | 李小四 | 女 | 1960/7/20 | | | |

函数参数
DMAX
Database A2:E32
Field D2
Criteria J4:K5

图 16-1　数据区域要以字段名为首行

2.“女工程师”是指性别为“女”，职称为“工程师”，两者属于同时要满足的关系，条件要写在同一行。函数分别为：=DAVERAGE(A2:E32,"年龄",X)和=DMAX(A2:E32,"年龄",X)

3.条件为：年龄：>=30，年龄：<=40，性别：男，职称：工程师。

注意：年龄是区间，条件不能直接表示，但可用两个同为“年龄”的字段，分开写成两个条件。若用 DCOUNT，则统计字段可用任何数值字段，如年龄，若用 DCOUNTA，则字段可用任何非空字段。公式：=DCOUNT(A2:E32,"年龄",X)，或=DCOUNT(A2:E32,D2,X)。

4.姓李用“李*”表示，50 岁以上：年龄>50。公式：=DGET(A2:E32，"姓名",X)。

注意：DGET 函数，满足条件的记录数为 1 时才正确，否则无满足条件或记录数多于 1，都会出错。

## 16.5　实验步骤

1.在 D3 输入公式“=YEAR(TODAY())-YEAR(C3)”，然后双击填充柄填充。

2.在 H2 和 H3 中分别输入公式“=DAVERAGE(A2:E32,"年龄",X)”和“=DMAX(A2:E32,"年龄",X)”。

3.在 H4 中输入公式“=DCOUNT(A2:E32,"年龄",X)”，或“=DCOUNT(A2:E32,D2,X)”。

4.在 H5 中输入公式“=DGET(A2:E32，"姓名",X)”。

注意：2、3、4 题中参数 3 的 X 分别为图 16-2 中 3 个区域的引用，根据具体单元格位置，选择引用。

| 性别 | 职称 |
|---|---|
| 女 | 工程师 |

| 年龄 | 年龄 | 性别 | 职称 |
|---|---|---|---|
| >=30 | <=40 | 男 | 工程师 |

| 姓名 | 年龄 |
|---|---|
| 李* | >50 |

图 16-2　各题的条件区域设置

# 实验 17

# 其他函数

## 17.1 知识要点

### 17.1.1 REPLACE 函数

1. 函数格式：REPLACE(old_text，start_num，num_chars，new_text)

2. 函数总共有 4 个参数，功能是把“参数 1”从“参数 2”开始的“参数 3”个数的字符，替换成“参数 4”。参数 1 是要处理的字符串，参数 2 是开始位置(最左边从 1 开始)，参数 3 是替换掉的字符数量，参数 4 是新替换上的字符。

3. 除了普通的替换功能，它还有两个变种的功能：增加字符和删除字符。参数 3 替换的个数为 0，则为增加字符；参数 4 为空，则为纯删除字符。

4. 参数 4 为字符型，如果给的参数是数值型，会自动转换为字符型。但当需要替换成“00”时，若参数 4 写成没引号的 00(不管几个 0)，则值为数值型 0，自动转换成字符型的单个字符"0"。因此注意 00 必须加引号。

### 17.1.2 SUBSTITUTE 函数

1. SUBSTITUTE 函数是替换函数，它与 REPLACE 函数不同，REPLACE 函数是按位置和长度替换，而 SUBSTITUTE 是按内容替换，可把某一内容完全替换成新的内容。格式为：SUBSTITUTE(text，old_text，new_text，[instance_num])。

2. 参数 1 为总文本，参数 2 是要替换的原文本，参数 3 是替换的新文本，参数 4 是第几次出现的(默认为全部替换，有参数 4 则只换一个)。即：把 text 中，第 instance_num 次出现的 old_text 换成 new_text。

### 17.1.3 MID、LEFT、RIGHT 函数

1. 这 3 个函数都是在给定的字符中，取得部分字符，分别是从中间取、左边取、右边取。格式分别如下：

- MID(text，start_num，num_chars)
- LEFT(text，num_chars)
- RIGHT(text，num_chars)

2. 函数中的参数 1(text)都是原字符串，最后一个参数(num_chars)都是字符个数，MID

的参数 2(start_num)是起始位置。若字符个数的参数超过最多字符，那么就是取所有字符，即取多了也不会出错。如：MID("计算机 ABC",2,100)的结果是“算 ABC”。

3. RIGHT 从右边取指定个数字符，结果的顺序不变，如 RIGHT("计算机 ABC",4)结果是“机 ABC”。LEFT 为从左边取指定个数字符。

### 17.1.4 LEN 函数

1. LEN(text)函数返回 text 的字符长度，它是一个非常简单，且很常用的函数。

2. 字符的长度，不管汉字还是英文字母或数字，每个都按 1 算。Excel 的其他函数也一样，所有的字符位置、个数等参数，都不区分汉字或字母。

### 17.1.5 去空格和大小写转换函数

1. TRIM 函数用于删除文本中多余的空格，但单词(包括汉字)间保留一个空格。

2. CLEAN 函数用于删除文本中不能打印的字符(ASCII 码为 0～31)。

3. UPPER 函数用于转换成大写，LOWER 函数用于转换成小写，PROPER 函数用于转换为英文首字母大写。大小写转换与汉字无关。

4. 去空格和大小写转换函数都只有一个字符型参数。

### 17.1.6 PMT 函数

1. PMT 是计算等额分期还款的偿还额，格式为：PMT(rate, nper, pv, [fv], [type])

2. 参数 1 是利率，参数 2 是期数，参数 3 是投资额(或借款额)，参数 4 是剩余金额(默认为 0，是指最后还完还剩余金额)，参数 5 是期末还是起初还款(默认或 0 为期末，1 为期初，若期初还款是指借款日当场就还第一笔)。

注意：参数 1(利率)、参数 2(期数)、返回结果的时间单位要统一。按月必须全按月，按年就全按年，如给定每月利息、总月数，返回每月还款额。

3. 该函数设置默认为货币型格式，负数会显示红色。若参数 3 为正，则结果是负、前面有“￥”符号，还是红色字体，都属正常结果。

4. Excel 中可以用“%”代表百分数，函数参数中也可使用，因此利率可直接写成 5%的形式。

5. PMT 是财务函数之一，其他财务函数还很多，不一一介绍，可参阅帮助和相关资料。

### 17.1.7 IF 函数

1. IF 为二选一分支函数，格式为：IF(logical_test,value_if_true, value_if_false)

2. 参数 1 为逻辑型，为真时结果返回参数 2，为假时返回参数 3。

3. IF 用于多分支时，需要嵌套使用，$N$ 个分支就需要 $N-1$ 个 IF 函数嵌套，因此它一般用于嵌套不是很多的情况。

4. 参数 2、参数 3 的类型不限制，只是直接返回而已。

### 17.1.8 COUNTIF、SUMIF、AVERAGEIF、COUNTIFS、SUMIFS、AVERAGEIFS 函数

1. 这些统计函数，至少有一个参数是单元格范围(range)，有一个参数是条件(criteria)。这里的条件和 IF 函数的条件不同，不是逻辑型的值，而是和数据库函数以及高级筛选中的条件区域中的条件是一样的，一般是一个单边的比较字符。

2. 前 3 个函数，条件只有一个，不能直接统计两者之间的数据，如“大于等于 20 且小于 40 的数量”的条件无法用一个 COUNTIF 函数统计，但可以用两个 COUNTIF 相减来统计。

3. 后 3 个函数，最后有“S”，可以有多对参数，是 Office 2010 新增的函数，每 2 个参数(单元格区域和条件)组成一组条件，多个条件间是与(And)的关系，要同时满足“大于等于20 且小于 40 的数量”用“＞＝20”和“＜40”两个条件即可。而介于两者之间的范围是相同的，可直接复制粘贴。若多条件间是或(OR)的关系，则只能用数据库函数来实现。

4. SUMIF 和 AVERAGE 函数有 3 个参数，成对的范围条件是参数 1、2，统计的单元格范围是参数 3，而 SUMIFS 和 AVERAGEIFS 函数参数顺序有变，成对的范围条件在后面，外参数 2、3 开始，统计范围是参数 1。

### 17.1.9 CHOOSE 函数

1. CHOOSE 是一个多选一函数，当分支比较多时，如用 IF 则嵌套太多，很不方便，用 CHOOSE 就比较容易，格式为：CHOOSE(index_num, value1, [value2], ...)。

2. 参数 1 是数值表达式，1～255 范围，当它的值为 1 时，就返回 Value1，即参数 2，当值为 2 时就返回 Value2，即参数 3，以此类推。当值小于 1 或大于 255 时则提示错误。

3. 并不是所有的多选一都适合用 CHOOSE 函数来实现，只有检测值是数值型，而且有规律时才适合。

### 17.1.10 INDIRECT 函数

1. INDIRECT 函数称间接引用函数。格式为：INDIRECT(ref_text, [a1])。

2. 参数 1 为引用的单元格名称，参数 2 为单元格的引用类型，可省略，默认为 A1 的类型。

3. 该函数是间接引用单元格的内容。若单元格 A1 的值为“ABC”，则 INDIRECT("A1")结果为 A1 单元格内容即“ABC”。

4. 若参数 2 为 FALSE，则参数 1 要用 R1C1 格式，即 B3 要写成“R3C2”的格式(即第 3 行第 2 列)

### 17.1.11 IS 类函数

1. IS 类函数不是一个函数，有许多函数都是以 IS 开头的，这部分函数返回逻辑型，参数是否为某特征的意思，是则返回 TRUE，否则返回 FALSE。如 ISBLANK(A1)，当 A1 单元格为空，则返回 TRUE，非空则返回 FALSE。

2. 这类函数有：ISBLANK(空)，ISERR(错误)，ISTEXT(字符型)，ISNONTEXT(非字符型)，ISMUNBER(数值型)，ISODD(奇数)，ISEVEN(偶数)，等。

### 17.1.12 舍入函数

1. 舍指向下到某最近的整数(或某数的倍数、小数几位等)，入是指向上到某最近的整数等。舍入分五种：①四舍五入，②算术舍、③算术入，④绝对值舍，⑤绝对值入。如果本身已经是整数，不管哪种舍入方法，都不变。

2. ROUND 四舍五入到几位小数，MROUND 四舍五入到某数的整数倍。MROUND 不但可以四舍五入到整数的倍数，也可以四舍五入到小数的整数倍，甚至可以处理时间，四舍五入到时间的整数倍。如：把 A1 单元格时间四舍五入到 15 分钟的整数倍的函数表示为：=MROUND(A1,"0：15：00")。函数中的时间是字符型，函数参数会自动转换为相同的时间型进行运算。

3. INT 是算术舍到整数，FLOOR 是算术舍到某数倍数，CEILING 是入到某数倍数，

TRUNC 是绝对值舍到某数倍数，EVEN 是算术入到偶数，ODD 是算术入到奇数。其他更多舍入函数请查看附录。

## 17.2 实验目的

1. 掌握各种函数的使用；
2. 掌握举一反三的方法，通过一个函数的学习就能很快掌握相关函数的使用。

## 17.3 实验内容

1. 字符增删：在 A 列编号的第 2 位后面添加 00 放 B 列，如原来是 XY123，添加后为 XY00123。然后重新把 B 列的 00 去掉，放 C 列。

2. 时间四舍五入：使用不同的方法，对时间进行四舍五入，到 15 分钟的整数倍。

3. 隔行取数：使用 INDIRECT 函数，对一列数据隔行取数，即只取 B2、B4、B6、B8 等行的值，直接放在 D2、D3、D4、D5 中。

4. 文本检测：检测 A2 单元格是否为文本型。

5. 字符替换：将 A 列中的字母 A 全部换成小写的 a。

6. 分段人数统计：分别统计 Sheet1 下的 0、20、40、60、80、100 之间各分数段的成绩人数。

## 17.4 实验分析

1. 字符增删，都用 REPLACE 函数。

(1) 字符添加：参数 2，第 2 位后，就是从第 3 位开始；参数 3，纯插入就是替换字符数为 0 个；参数 4，替换成 00，一定要加引号。

(2) 字符删除：同样从第 3 个字符开始替换，替换的内容是“空”，即参数 4 要用""（两引号），不能空着不填。

2. 15 分钟就是一天的 96 分之一，可以用多种方法实现：

(1) 放大 96 倍后，四舍五入至整数，再缩小 96 倍：=ROUND(A2*96,0)/96。

(2) 直接按 1/96 的整数倍四舍五入：=MROUND(A2,1/96)。

(3) 直接按时间 15 分钟的整数倍四舍五入。时间无法直接表示，可用字符型表示，系统会自动转换：=MROUND(A2,"00:15:00")。

(4) 不管用哪种方法，如果显示的结果是数值，那么只需改变格式为“时间”即可。

3. 隔行取数：间接引用 B 列的数据，列号固定为 B，行号需要找规律，当前行用 ROW() 函数：隔行就是与当前行的两倍呈线性关系，若从第 2 行开始，则公式为：=INDIRECT("B"&ROW()*2-2)。公式没有具体单元格，不存在绝对或相对引用问题。

4. 直接用“=ISTEXT(A2)”即可检测，结果是 TRUE 或 FALSE。数字前加单引号，是强制字符型，用 ISTEXT 检测结果是 TRUE。

5. 直接用“=SUBSTITUTE(A2,"A","a")”替换即可,省略参数 4,就是将全部的 A 都替换成 a。

6. 统计人数:

(1) 统计单元格值在两者之间,不能直接用一个 COUNTIF 解决,但可以用两个 COUNTIF 函数相减得到结果,具体公式自己思考。

(2) 用 COUNTIFS 可用多个条件,用一个函数就可解决,0≤x<20 的人数可用公式:=COUNTIFS(Sheet1! C2:C41,">=0",Sheet1! C2:C41,"<20")。

(3) 引用其他工作表的单元格,可在函数对话框中直接切换工作表进行选择,最终表示方式是工作表与单元格之间以感叹号连接。

(4) 其余函数只是成绩数据不同,单元格相同,可改成绝对引用后再拖动填充。填充后还必须重新修改数值。

## 17.5 实验步骤

1. 字符增删:直接在 B2 单元格中输入公式:=REPLACE(A2,3,0,"00"),在 C2 单元格中输入公式:=REPLACE(B2,3,3,""),其余用填充柄填充。

2. 时间四舍五入:直接在单元格 B2、C2、D2 中输入如下公式:

(1)=ROUND(A2*96,0)/96;

(2)=MROUND(A2,1/96);

(3)=MROUND(A2,"00:15:00")。

3. 直接在 D2 输入公式:=INDIRECT("B"&ROW()*2-2),其余用填充柄填充,数量只有一半。

4.直接在 B2 输入公式:=ISTEXT(A2)。

5. 直接在 B2 输入公式:=SUBSTITUTE(A2,"A","a"),其余用填充柄填充。

6. 0≤x<20 范围的人数,可用公式:=COUNTIFS(Sheet1!C2:C41,">=0",Sheet1!C2:C41,"<20")。由于单元格相同,单元格可改成绝对引用,其余用填充柄填充后,再修改参数 2 和参数 4 的起始成绩值。

# 实验 18

# 排序与高级筛选

## 18.1 知识要点

### 18.1.1 排序

数据排序是按照一定的规则对数据进行排序，一般包括对选中的行、列内的数值按照数值大小、字母、笔画及自定义序列进行升序、降序的排列，也可对选中数据区域内的单元格颜色、字体颜色、单元格图标进行相应设置的排序，如图 18-1 所示。

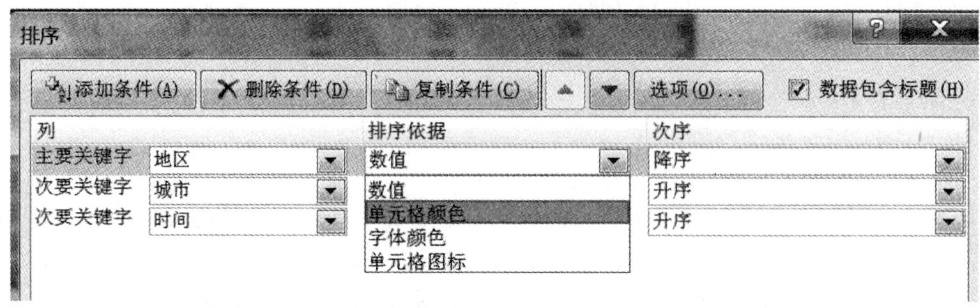

图 18-1 根据单元格颜色等属性排序

对于常用的数值排序，规则如下：

1. 数字、符号和字母排序：递增顺序总体为数字、符号、字母。其中，数字按照值的大小进行排序。字母按 a 到 z 的顺序递增。字符按＃＄％＆（）＊＋，－／：；⇔？@［］ˆ_'|～的顺序递增。

2. 中文排序：中文有按笔画、拼音两种排序方式。相关操作可单击“数据－排序－选项－方法”，如图 18-2 所示。

3. 自定义排序：当排序的标准为“星期一、星期二、星期三…”、“甲、乙、丙、丁…”等人为设定的顺序时，需采用自定义排序。相关操作可单击“数据－排序－次序－自定义序列”，如图 18-3 所示。

默认自定义序列中已包含常用的序列，用户也可以以自己输入的序列作为排序的标准，如建立自定义排序标准为“一季度、二季度、三季度、四季度”，如图 18-4 所示。

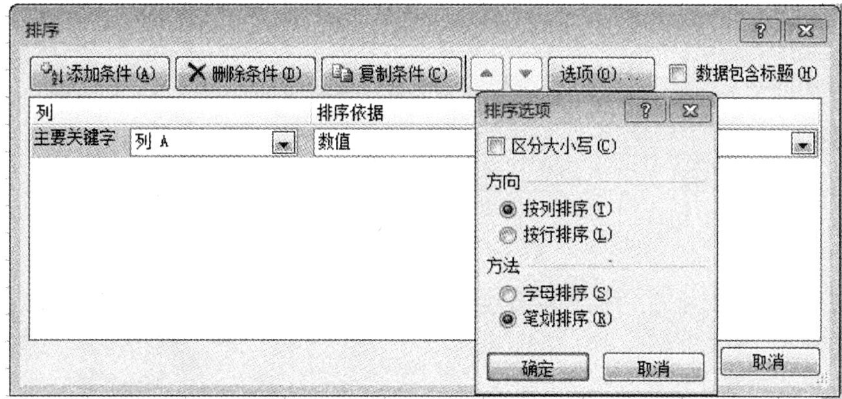


图 18-2　中文排序设置

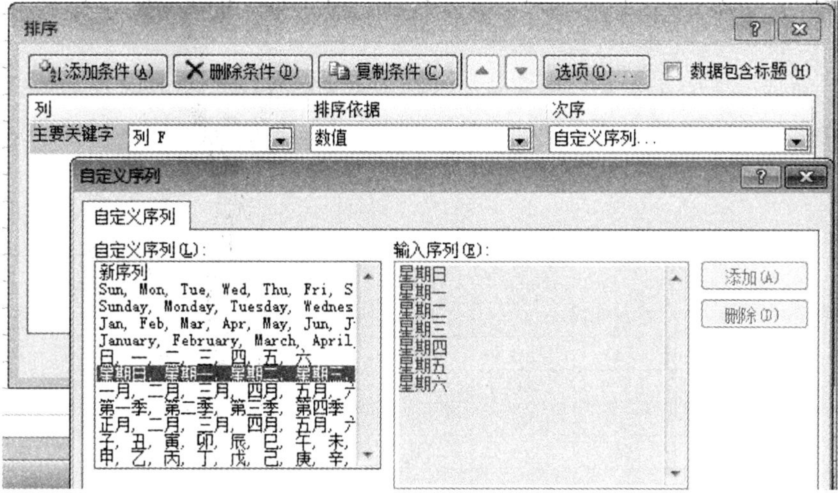


图 18-3　“自定义序列”中默认的常用序列

图 18-4　设置用户自定义的序列

4. 其他排序：升序排序时，FALSE 排在 TRUE 前；所有的错误值，即以“#”开始的系统错误符，如“#DIV/0!”、“#NAME?”等，在排序时相等；空白单元格在升序和降序排序中都位于数据清单的最后。日期、时间类型数值排序时，日期、时间值早的小于晚的。

5. 补充说明：

(1) 排序是对数据清单整体的数据整理。

(2) 在单元格数据输入时避免空格开头和结尾，否则该空格将作为单元格数据参与排序，造成排序出错。

(3) 同一列中的数据应为同样的数据类型。当单元格值为数字时应特别注意单元格为“文本类型”还是“数值类型”。

(4) 英文排序默认不区分大小写。

### 18.1.2 高级筛选

1. 使用筛选功能可以帮助我们在大量的数据中按照我们设置的条件快速筛选出需要的数据。筛选功能分为自动筛选(普通筛选)和高级筛选。

2. 自动筛选完成的是多条件同时成立，即多条件“与”关系时的筛选，如在图 18-5 所示的成绩数据中选出数学成绩>80，且英语成绩>85 的男生的数据，操作如图 18-6、图 18-7 所示，单击“数据－筛选”，在字段名下拉菜单中设置，或进一步选择“数字筛选”进行设置。

| B | C | D | E | F | G | H |
|---|---|---|---|---|---|---|
| 姓名 | 性别 | 语文 | 数学 | 英语 | 总分 | 平均 |
| 吕秀杰 | 男 | 71 | 76 | 80 | 227 | 75.67 |
| 陈华 | 男 | 80 | 75 | 84 | 239 | 79.67 |
| 姚小玮 | 男 | 80 | 73 | 78 | 231 | 77.00 |
| 刘晓瑞 | 女 | 82 | 82 | 94 | 258 | 86.00 |
| 肖凌云 | 男 | 80 | 76 | 78 | 234 | 78.00 |
| 徐小君 | 女 | 87 | 82 | 94 | 263 | 87.67 |
| 程俊 | 男 | 67 | 90 | 60 | 217 | 72.33 |
| 黄威 | 男 | 83 | 87 | 81 | 251 | 83.67 |
| 钟华 | 女 | 84 | 67 | 71 | 222 | 74.00 |

图 18-5 成绩数据

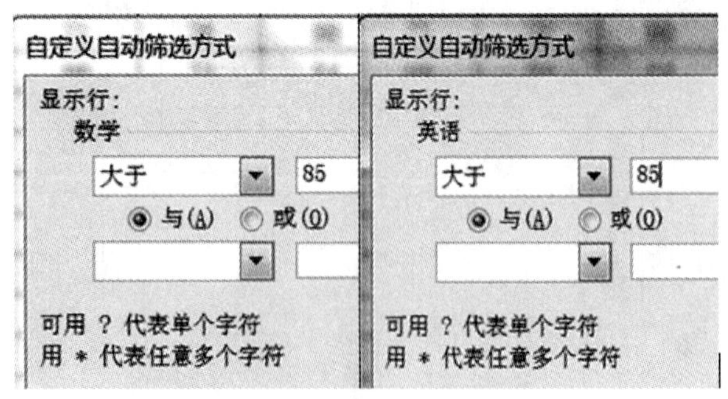


图 18-6 自动筛选设置条件 1、2

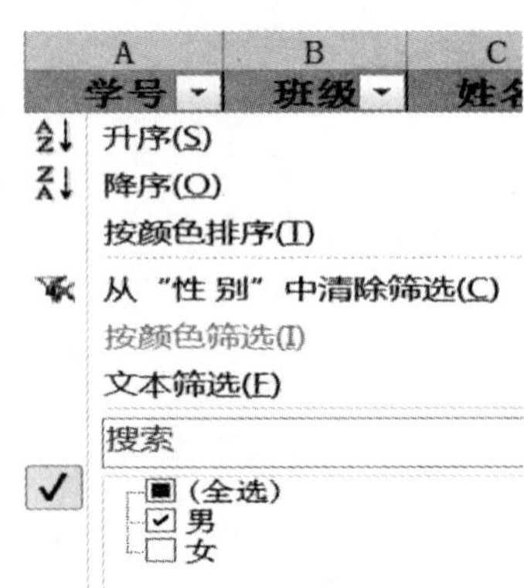


图 18-7 自动筛选设置条件 3

3. 高级筛选则既可以实现多条件“与”，也可以实现含有“或”关系的筛选，如“选出数学成绩>80 的男生，或者英语成绩>85 的男生的数据”等。

在高级筛选中，需要按照目标数据的特性，制定筛选的一个或多个条件，并将这些筛选条件按照条件区域的规则输入空白数据区域备用。

注意：

(1) 待筛选的原始数据不能有空行、空列、空格，应特别注意空数据与数据为空的区别。且同类数据的数据类型一致。

(2) 条件区域的字段名称必须和原数据字段名、筛选值一致。建议采用复制粘贴的方法构造条件区域的字段名、筛选值。

(3) 条件区域内的比较等运算符应使用半角符号，“?、*”作为通配符，可以作为灵活筛选的方法。

筛选区域的规则为：横向“与”关系和纵向“或”关系。如：选出数学成绩>80，且英语成绩>85 的男生的数据的条件区域，如图 18-8 所示。

| 性 别 | 数学 | 英语 |
|---|---|---|
| 男 | >80 | >85 |

图 18-8 “与”条件区域

选出数学成绩>80 的男生，或者英语成绩>=85 的男生的数据的条件区域，如图 18-9 所示。

| 性 别 | 数学 | 英语 |
|---|---|---|
| 男 | >80 | |
| 男 | | >=85 |

图 18-9 “或”条件区域

选出男生的英语成绩在 75 至 85 之间(不含 85)，或数学>=90 的同学的条件区域，如图 18-10 所示。

| 性 别 | 数学 | 英语 | 英语 |
|---|---|---|---|
| 男 | | >=75 | <85 |
| | >=90 | | |

图 18-10 “与、或”条件区域

## 18.2 实验目的

1. 掌握数值排序中的自定义、用户自定义排序、中文排序方法等；
2. 掌握非数值排序的方法；
3. 掌握多关键字排序的方法；
4. 掌握自动筛选、高级筛选的方法。

## 18.3 实验内容

1. 对工作表“部分城市7—8月气温采样”中的数据进行排序整理，要求：南方在前，北方在后；城市名称按拼音升序排序；时间按升序排序。

2. 在工作表“太原7—8月气温”数据中整理出同样采样时间点的气温值，添加到北方数据下方，并对数据按题1要求重新排序。

3. 在“时间”字段后增加一列字段“月份”，使用数组方法填充月份数据。

4. 在“最低气温℃”字段后，添加“日平均温度”、“温差”两列字段，计算并填充数据，其中“日平均温度”保留一位小数。

5. 选中工作表“部分城市7—8月气温采样”中“地区”、“城市”、“日平均温度”三列数据，复制粘贴至空白工作表，命名为“平均温度”。对“日平均温度”字段填充单元格背景色，条件为：温度＞＝30，红色；25＜温度＜30，黄色；温度＜＝25，绿色。

6. 对5题“日平均温度”字段，自上而下，按单元格颜色：红色、黄色、绿色排序。

7. 在工作表“部分城市7—8月日气温采样”中，筛选出2018/7/15日之前（不含），日平均温度大于等于28℃且温差大于7℃，或2018/8/15日之后（不含），日平均温度大于等于28℃且温差大于5℃的数据。

## 18.4 实验分析

按题意，先对数据进行多级排序；排序后选取时间采样值作为太原数据的筛选条件，筛选出同样日期内的数据；计算月份、日平均气温、温差。使用条件格式设置不同日平均气温的单元格颜色，然后进行颜色排序；对数据进行高级筛选。

## 18.5 实验步骤

1. 多级排序步骤如下：

（1）单击“数据－排序”，设置主要关键字。要使“南方”排在“北方”之前，可使用中文排序中的拼音降序，或笔划排序中降序，如图18-11所示。

（2）添加条件，设置次要关键字为“城市”字段以默认的拼音升序排列；添加条件，设置第三层关键字为“时间”字段，以时间升序排列，如图18-12所示。

2. 观察可知，数据是各城市在7—8月相同采样时间点的气温值。

（1）选取某城市所对应采样时间范围，如C1：C11，如图18-13所示，复制，粘贴至“太原7—8月气温”工作表的空白处，如H1：H11，作为筛选条件区域备用。注意粘贴时的数据格式。

（2）在“太原7—8月气温”工作表中，修改原数据第一列“日期”为“时间”。将光标停在A1单元格，使用Ctrl＋Shift＋→和Ctrl＋Shift＋↓的快捷方式选定待筛选的数据区域。单击“数据－高级”，在“高级筛选”窗口中设置筛选参数，如图18-14所示，单击“确定”得到如图18-15所示的筛选结果。

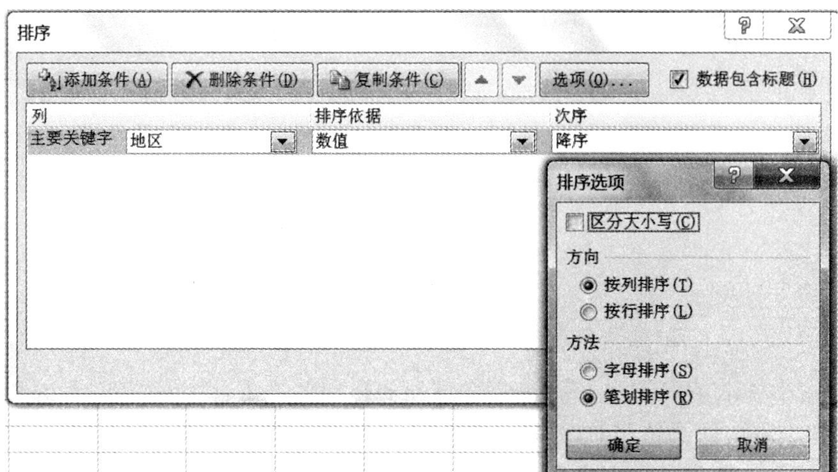


图 18-11　设置“南方”排在“北方”之前

图 18-12　按地区、城市、时间排序

| 时间 |
| ---: |
| 2018/7/1 |
| 2018/7/9 |
| 2018/7/13 |
| 2018/7/23 |
| 2018/7/28 |
| 2018/8/2 |
| 2018/8/13 |
| 2018/8/20 |
| 2018/8/28 |
| 2018/8/31 |

图 18-13　气温采样日期范围

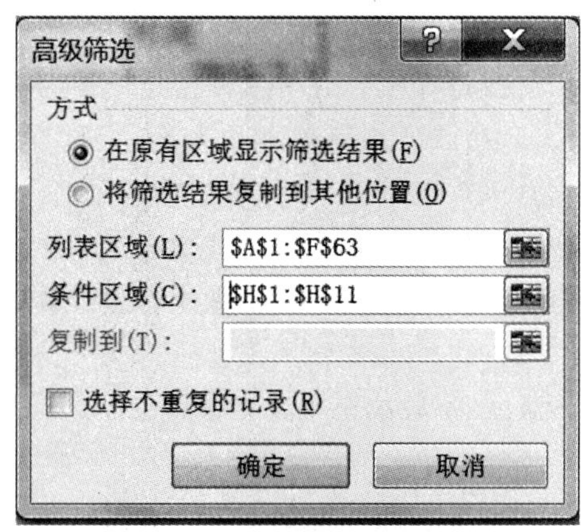


图 18-14　筛选设置

|  | A | B | C | D | E | F |
|---|---|---|---|---|---|---|
| 1 | 时间 | 最高气温℃ | 最低气温℃ | 天气 | 风向 | 风力 |
| 2 | 2018/7/1 | 31 | 18 | 晴转多云 | 东南风 | 微风 |
| 10 | 2018/7/9 | 28 | 18 | 小雨转中雨 | 东风 | 微风 |
| 14 | 2018/7/13 | 28 | 19 | 雷阵雨转小雨 | 西北风 | 微风 |
| 24 | 2018/7/23 | 31 | 21 | 多云 | 西南风 | 微风 |
| 29 | 2018/7/28 | 32 | 22 | 小雨转多云 | 北风 | 微风 |
| 34 | 2018/8/2 | 32 | 21 | 小雨转晴 | 东南风 | 微风 |
| 45 | 2018/8/13 | 29 | 20 | 中雨转小雨 | 东风 | 微风 |
| 52 | 2018/8/20 | 29 | 17 | 多云转晴 | 北风 | 微风 |
| 60 | 2018/8/28 | 29 | 19 | 雨 | 东北风 | 微风 |
| 63 | 2018/8/31 | 28 | 19 | 雨转多云 | 东风 | 微风 |

图 18-15　筛选后的数据

(3) 将以上筛选结果中 1—3 列中的数值复制粘贴至工作表"部分城市 7—8 月日气温采样"尾部 C52：E61，注意粘贴时的数据格式。填充第一、第二列数据分别为"北方"、"太原"。对所有数据重复 1 题中的排序操作。

3. 选择 D 列，右击，在 D 列前插入一列，在 D1 单元格输入"月份"字段名。选中 D2：D61，在编辑栏中输入相应数组公式如图 18-16 所示，单击 Ctrl＋Shift＋Enter 组合键。完成数组操作。设置月份数据区域的数据格式为数值无小数类型或常规类型，或先设置 D 列数据格式，然后使用数组方式运算。

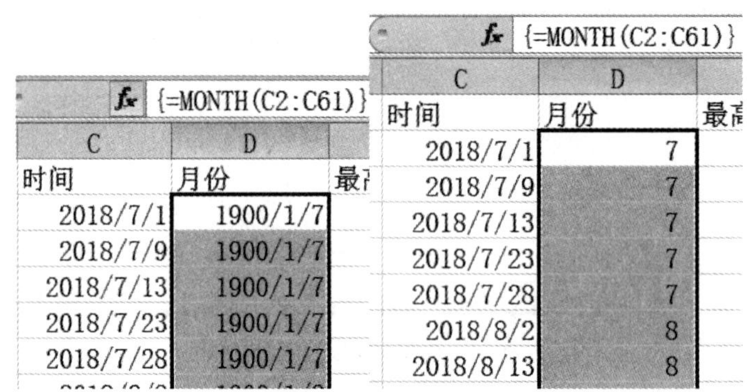


图 18-16　采样数据中的月份

4. 在 G1 输入字段名"日平均温度"，使用公式"=AVERAGE(E2：F2)"计算填充相应数据。H1 输入字段名"温差"。使用公式"=E2－F2"计算填充相应数据。

5. 选中工作表"部分城市 7—8 月气温采样"中"地区"、"城市"、"日平均温度"三列数据，复制粘贴至空白工作表，命名为"平均温度"。

对"日平均温度"字段填充单元格背景色。选择"日平均温度"数据区 C2：C61。单击"开始—条件格式—管理规则"，如图 18-17 所示，设置"新建规则"，如图 18-18 所示。

(1) 添加第一条规则：温度＞＝30，红色。设置如图 18-19、图 18-20 所示。

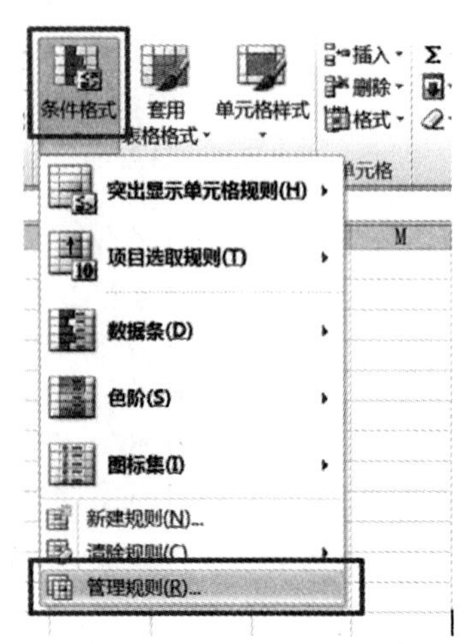


图 18-17　制定多条件管理规则

图 18-18　新建规则

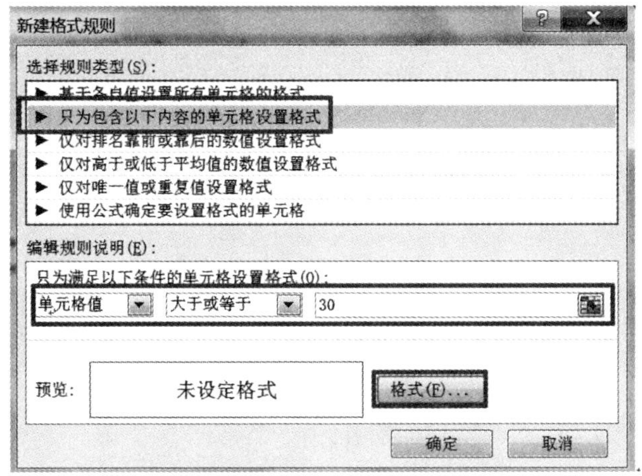


图 18-19　设置规则 1 的数据条件

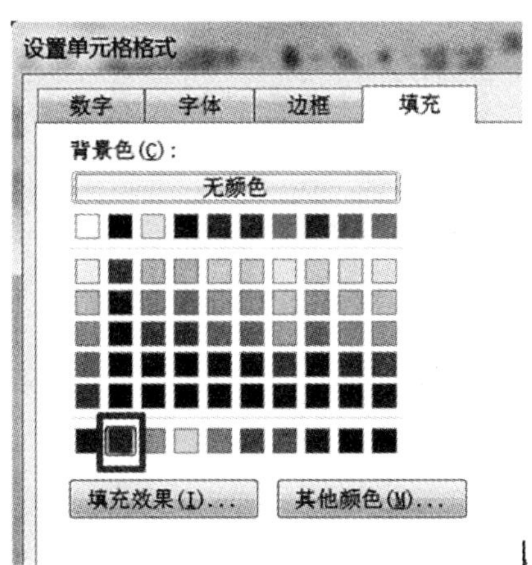


图 18-20　设置规则 1 的格式

(2) 添加第二条规则：25＜温度＜30，黄色。设置如图 18-21、图 18-22 所示。

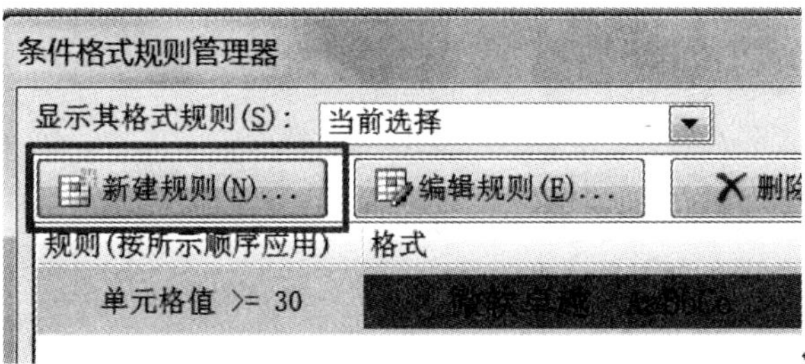


图 18-21　新建规则 2

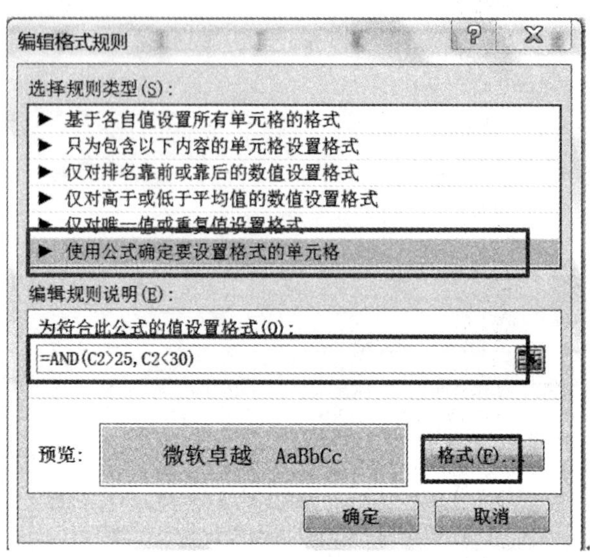


图 18-22　设置规则 2 的数据条件

(3) 添加第三条规则：温度＜＝25，绿色。操作同第一条规则的设置。完成后设置如图 18-23 所示，单击“确定”得到按颜色排序的数据。

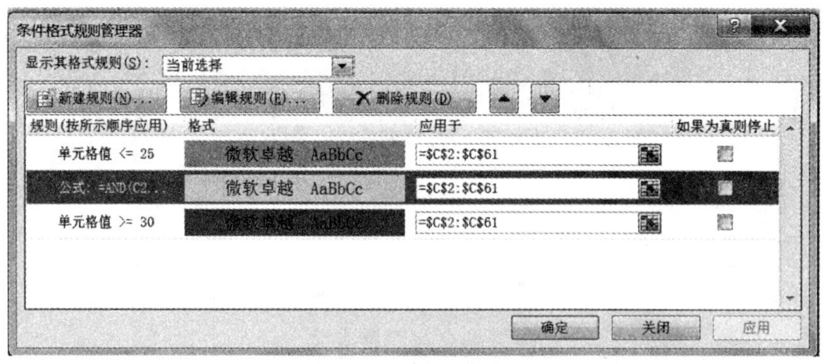


图 18-23　多条件设置结果

6. 在“平均温度”工作表中，全选数据，单击“排序”，“排序依据”为“单元格颜色”。自上而下，设置为红色、黄色、绿色，如图 18-24 所示，单击“确定”。

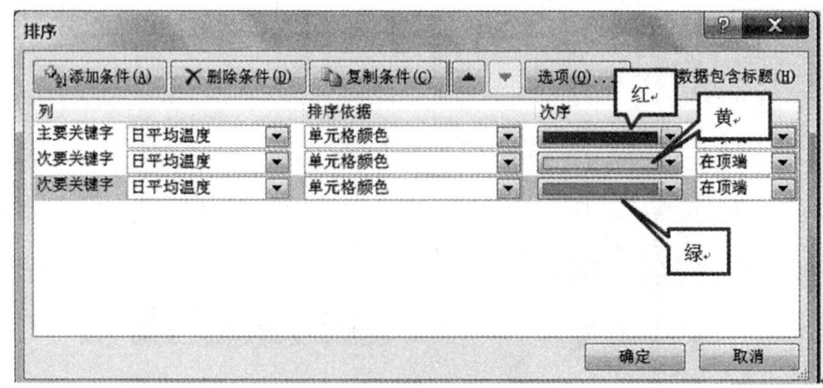


图 18-24　设置按“单元格颜色”排序

7. 由于筛选条件中有“或”条件，因此使用高级筛选。按题意，在工作表“部分城市 7－8 月日气温采样”空白处，设置筛选条件区域如图 18-25 所示。

| J | K | L |
|---|---|---|
| 时间 | 日平均温度 | 温差 |
| <2018/7/15 | >=28 | >7 |
| >2018-8-15 | >=28 | >5 |

图 18-25　筛选条件区域

单击“数据－排序和筛选－高级”，设置列表区域、筛选条件区域，如图 18-26 所示，单击“确定”得到如图 18-27 所示的筛选结果。

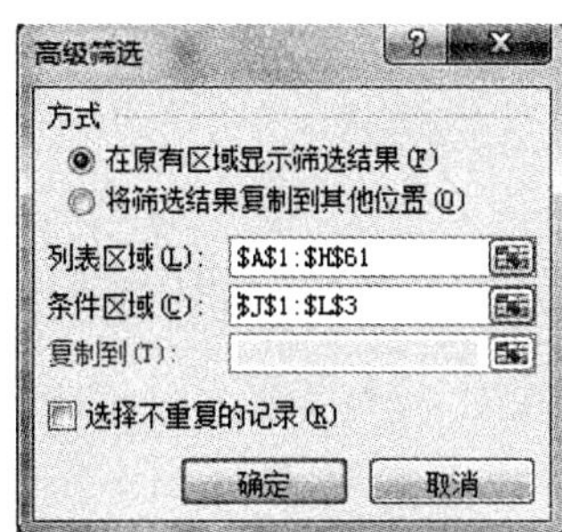


图 18-26　筛选设置

| 地区 | 城市 | 时间 | 月份 | 最高气温℃ | 最低气温℃ | 日平均温度 | 温差 |
|---|---|---|---|---|---|---|---|
| 南方 | 广州 | 2018/7/1 | 7 | 33 | 25 | 29 | 8 |
| 南方 | 广州 | 2018/8/20 | 8 | 33 | 27 | 30 | 6 |
| 南方 | 广州 | 2018/8/28 | 8 | 34 | 27 | 30.5 | 7 |
| 南方 | 广州 | 2018/8/31 | 8 | 33 | 26 | 29.5 | 7 |
| 南方 | 厦门 | 2018/8/20 | 8 | 33 | 26 | 29.5 | 7 |
| 南方 | 上海 | 2018/8/20 | 8 | 34 | 27 | 30.5 | 7 |
| 北方 | 北京 | 2018/7/1 | 7 | 35 | 23 | 29 | 12 |
| 北方 | 北京 | 2018/7/13 | 7 | 33 | 24 | 28.5 | 9 |
| 北方 | 北京 | 2018/8/20 | 8 | 34 | 25 | 29.5 | 9 |

图 18-27　筛选结果

# 实验 19

# 数据透视表和透视图

## 19.1 知识要点

1. 利用数据透视表和数据透视图，可对数据进行统计。与分类汇总不同，数据透视表和数据透视图不需要事先对数据进行任何排序，功能也比分类汇总强，可以完全替代分类汇总功能。

2. “插入－表格－数据透视表”，上半部是插入“数据透视表”，下半部是选择插入“数据透视表”或“数据透视图”。因此若要插入数据透视表，则可直接单击上半部分按钮。

3. 数据透视表与数据透视图都需要指定一个数据区域，该区域一定要从表格的标题（字段名）一行开始向下选择，既不能漏选该标题行，也不能额外选择上面多余的行（与高级筛选相同，可参阅相关内容）。一般插入透视图以前，把光标停在表格内任何位置，单击“插入－数据透视表”后，系统会自动选择，在确定前要观察系统的选择是否正确，若不正确，则需要重新选择。如图 19-1 所示。

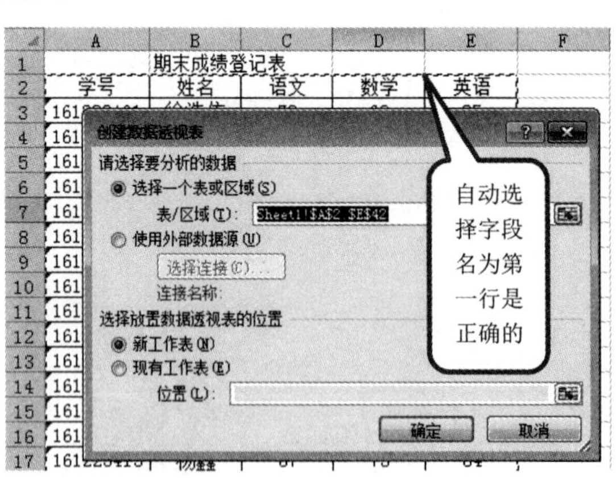


图 19-1　选择的区域应该从字段名一行开始

4. 透视表的位置，如果选择“现有工作表”，则只需要选择将要生成的透视表的左上角要放置的单元格即可，不需要设置整个表的位置。

5. 在“创建数据透视表”的对话框中“确定”后，对话框消失，会在屏幕右侧显示字段名列表和四个区域。下面需要做的工作就是统计的字段设置，在“数据透视表字段列表”中，将所需字段拖放到下面对应的“报表筛选”、“列标签”(即 X 轴)、“行标签”(即 Y 轴)和“数据”区域中。几点说明：

(1) 若字段名列表整个窗口被关闭，可单击“数据透视表工具－选项－显示－字段列表”重新打开，这是一个开关按钮，可直接切换。

(2) 字段拖放错误，也可重新在四个区域中重新拖放来更正，甚至也可以通过拖回到上面的字段列表来删除多余的字段。

(3) 需要时，同一字段还可拖放到不同的多个区域进行统计。

6. 数据区域中，会对该字段进行相应的统计，默认情况下，如果是字符型字段，则为“计数项”，数值型字段则为“求和项”。如果默认统计方法不是想要的方法，则需要修改统计方法：直接单击该项，在弹出的菜单中选择“值字段设置”，在“值汇总方式”中修改计算类型即可。计算类型有：计数、求和、平均、最大值、最小值、标准偏差、方差等。如图 19-2 所示。

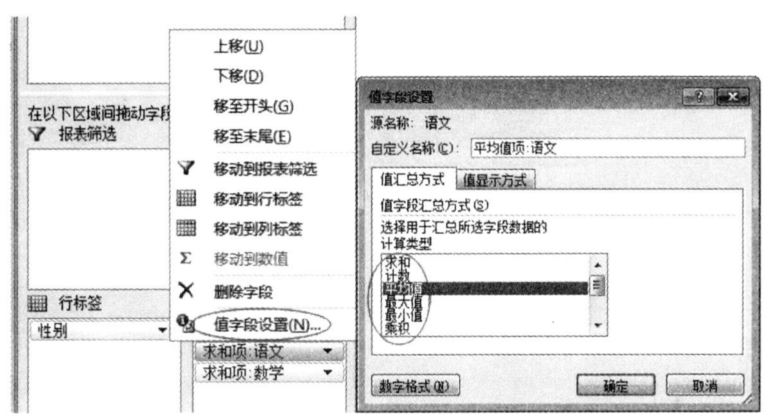


图 19-2　重新设置数值的汇总方式

7. 数据透视表只会生成一个表。数据透视图，除了一个透视图以外，还会生成一个透视表。透视图中的两个区域“图例字段”和“轴字段”会代替透视表中的“列标签”和“行标签”。鼠标选中透视表，对应显示透视表的区域，选中透视图，就显示透视图的区域。如图 19-3 所示。

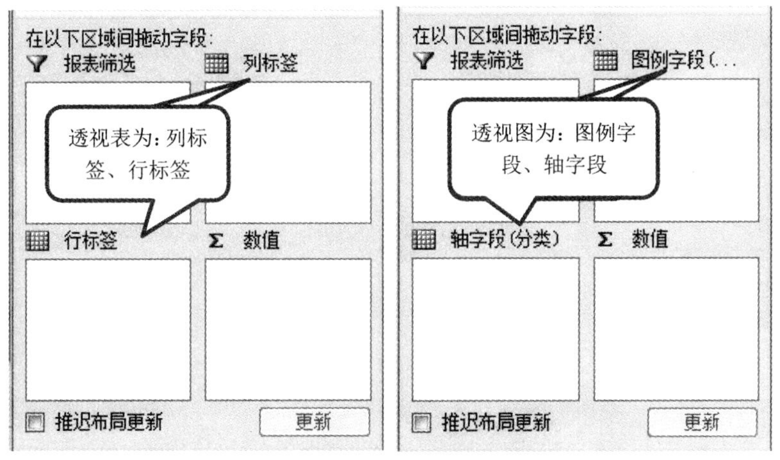


图 19-3　数据透视表和数据透视图不同的区域项

8. 报表筛选区域，若有字段拖放至此，则数据透视表的最上面，会有字段列表可切换，用于筛选此字段中不同的内容。

9. 切片器，单击“数据透视表工具－选项－排序和筛选－插入切片器”，或单击“数据透视图工具－分析－数据－插入切片器”打开数据透视表(或透视图)的筛选器。插入切片器后，可选择一个或多个字段的切片器，每个字段的切片器会先显示所有数据，然后供选择，我们可以根据需要显示部分或所有数据。切片器可方便进行动态显示不同的筛选条件下的数据透视表内容。鼠标选择的方法和文件选择类似，单击为单选，组合 Shift 为连续多选，Ctrl＋单击切换选择，并在 Ctrl 或 Shift 放开时，更新透视表数据。切片器在改变选择的时候，会同时反映到数据透视表的显示，这点比用报表筛选区域更方便。如图 19-4 所示。

图 19-4　报表筛选和切片器

## 19.2　实验目的

1. 掌握数据透视表和数据透视图的基本概念；
2. 掌握数据透视表和数据透视图的使用方法；
3. 了解切片器的使用。

## 19.3　实验内容

1. 根据给定的学生成绩登记表，在 Sheet3 中插入一个数据透视图，统计男女语文、数学的平均成绩，以及英语的最高成绩：

(1) 轴字段：性别。

(2) 平均值项：语文。

(3) 平均值项：数学。

(4) 最大值项：英语。

2. 根据给定的职工信息表，在 Sheet4 中插入 1 个数据透视图，统计男女各职称的人数：

(1) 其中年龄按今年年份减去出生日期年份方法计算。

(2) 轴字段：职称。

(3) 图例字段：性别。

(4) 计数项：职称。

(5) 交换性别和职称位置，观察透视表和透视图的变化。

(6) 把性别和职称拖放到相同的轴字段和图例字段，观察透视表和透视图的变化。

3. 根据同一个职工信息表，在当前工作表数据后面，插入 1 个数据透视表，统计男女各职称平均年龄：

(1) 行标签：职称。

(2) 列标签：性别。

(3) 平均值项：年龄。

(4) 数据透视表中数值，保留 1 位小数。

(5) 插入一个对职称字段的切片器，观察使用效果。

## 19.4 实验分析

1. 插入学生成绩登记表数据透视图：数据区可以为多个字段，而且每个字段的统计类型可以不同。

2. 先把年龄字段计算出来，计算出来的数据一样可以用于统计。可以把两个或多个字段放置在同一个区域中。

3. 在当前工作表中生成数据统计表，在选择位置时，只需单击左上角单元格位置即可。插入切片器后，可选择一个或多个字段的切片器。

## 19.5 实验步骤

1. 插入学生成绩登记表数据透视图，步骤如下：

(1) 把光标停留在数据区中。

(2) 单击“插入－数据透视表”下半按钮，从列表中选择“数据透视图”。

(3) 然后在对话框中观察自动选中数据区域是否正确(字段名为第一行)，若不正确则重新选择。

(4) 数据透视图的位置，保留默认的“新工作表”，单击“确定”关闭对话框。

(5) 把字段列表中的性别拖放到下面的轴字段中。

(6) 把字段列表中的语文、数学、英语拖放到下面的数值区域中。默认都是求和项，分别单击语文和数学，在菜单中选择“值字段设置”，把计算类型改变为“平均值”。同样，把英语改为“最大值”。最终效果如图 19-5 所示。

2. 插入职工信息表数据透视图，步骤如下：

(1) 先把年龄字段计算出来，F3 的公式为：＝YEAR(TODAY())－YEAR(D3)，然后拖动填充柄填充。

(2) 与上题相同步骤，插入数据透视图。

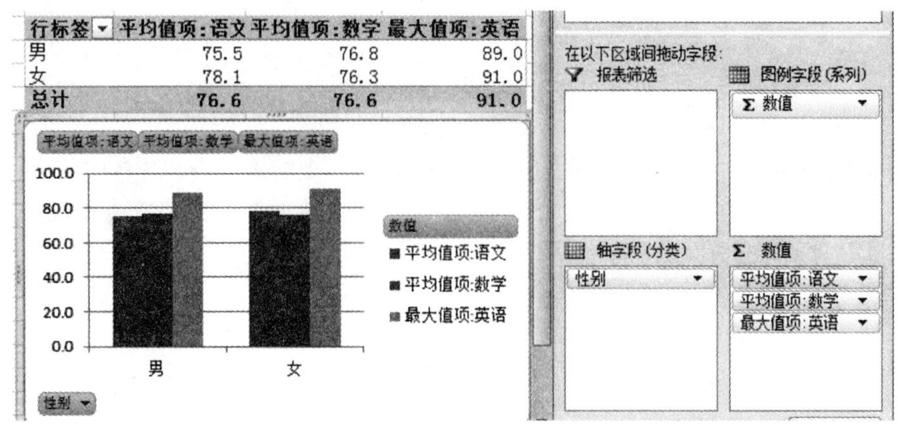

| 行标签 | 平均值项:语文 | 平均值项:数学 | 最大值项:英语 |
|---|---|---|---|
| 男 | 75.5 | 76.8 | 89.0 |
| 女 | 78.1 | 76.3 | 91.0 |
| 总计 | 76.6 | 76.6 | 91.0 |



图 19-5　数据透视图的效果

(3) 把“职称”拖放到轴字段中,把“性别”拖放到图例字段中。

(4) 把“职称”拖放到数据区域中,观察表格数据与图形效果。

(5) 拖放交换“职称”和“性别”位置,重新观察表格数据与图形效果。

(6) 把“性别”和“职称”拖放到相同的位置,重新观察表格数据与图形效果。最终效果如图 19-6 所示。

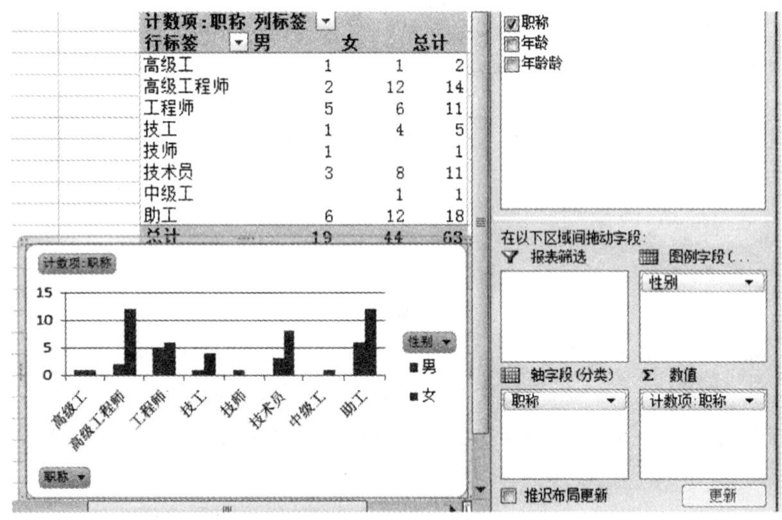

| 计数项:职称 | 列标签 | | |
|---|---|---|---|
| 行标签 | 男 | 女 | 总计 |
| 高级工 | 1 | 1 | 2 |
| 高级工程师 | 2 | 12 | 14 |
| 工程师 | 5 | 6 | 11 |
| 技工 | 1 | 4 | 5 |
| 技师 | 1 | | 1 |
| 技术员 | 3 | 8 | 11 |
| 中级工 | | 1 | 1 |
| 助工 | 6 | 12 | 18 |
| 总计 | 19 | 44 | 63 |



图 19-6　职工信息表数据透视图效果

3. 插入职工信息表数据透视表,步骤如下:

(1) 直接单击“插入—数据透视表”,选择透视表位置为“现有工作表”,光标停在“位置”处时,选择工作表后面空余的单元格,单击“确定”。

(2) 拖放“职称”字段到行标签,拖放性别字段到列标签。

(3) 拖放“年龄”字段到数据区域,修改计算类型为“平均值”。

(4) 选中表中数据,按普通的方法,多次单击“开始—数字—减少小数位数”,保留小数 1 位。

（5）选中数据透视表，单击“选项－排序和筛选－插入切片器”，选中职称字段，在“职称”列表中，开始是全选中状态，按 Shift 或 Ctrl 鼠标组合可多选，当用 Shift 或 Ctrl 选择并放开时，即可看到透视表数据的变化。如图 19-7 所示。

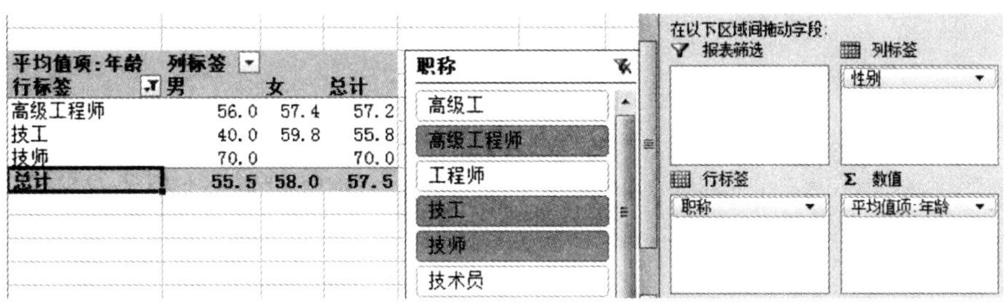


图 19-7　数据透视表及切片器的效果

# PowerPoint 高级应用篇

## 实验 20

# 幻灯片编辑

## 20.1 知识要点

### 20.1.1 常规操作

1. 单击“开始－新建幻灯片”(Ctrl＋M)，是在当前选中的幻灯片后插入一张，若需要在最前面插入一张幻灯片，可在普通视图左侧“幻灯片”选项卡的第一张前面的缝隙中单击，把插入点(光标)停在第一张前面，此时插入，就是第一张。

2. 幻灯片的常规操作，如选中、复制、移动、删除等，都可以在幻灯片浏览视图下，或在普通视图下左侧的幻灯片窗格中操作，操作方法类似 Word 中的文字操作以及文件夹中的文件选择操作。可用 Ctrl 及 Shift 辅助选中，可用剪切板操作，可用右键快捷菜单操作。

3. 新建幻灯片中的占位符，分为文本占位符和项目占位符。文本占位符只能输入文本，项目占位符可插入表格、图表、SmartArt、图片、剪贴画、影片等对象。除了占位符外，文字也可以通过插入文本框来实现。单击“插入－文本框”后，可通过两种方法插入幻灯片中：一是直接单击创建，二是拖放创建。单击创建的文本框会自动随内容调整，拖放创建的宽度不会自动变宽。

4. 文字内容也可通过左侧大纲窗格直接输入。输入过程中，可用 Tab 键将文本下降一级，用 Shift＋Tab 组合键可将文本上升一级；回车可创建同一级别段落(处于内容占位符中)，或新建一张幻灯片的标题(处于标题中)；Ctrl＋回车，可切换到副标题或内容占位符(处于标题中)，或者新建一张幻灯片并切换到标题中(处于副标题或内容中)。

5. 在大纲窗格下，可选中多页文本，因此也就可以同时对多页文本进行格式设置了。

### 20.1.2 主题与母版设计

1. 在“设计－主题”中可选择一个主题样式，改变整个演示文稿的整体的颜色、字体、样式的设置，也可单独重新修改颜色、字体、样式的内容。主题排列以拼音为序。更改主题样式，实质上会改变母版及模板的设置。

2. 从“视图－幻灯片母版”进入母版视图后，整体界面左边部分，最上面大的是母版，下面小一点的是该母版对应的多种版式。母版可控制各版式,各版式可控制使用该版式的幻灯片(鼠标指向版式,会显示哪些幻灯片使用了该版式)。单击“幻灯片母版—关闭母版视图”可返回普通视图。

3. 如果在幻灯片母版或版式中可插入各种图形(或其他对象),那么每一张使用该版式的幻灯片中就都会有此图形。若某幻灯片中不需要出现母版(版式)中的图形,在选中若干幻灯片时,选中“设计—隐藏背景图形”,即可把母版中的图形隐藏掉。在母版中可设置标题或内容的各种格式,如字体、颜色等,这些设置在幻灯片中会继承下来,若在幻灯片中重新修改过格式,那么会保留修改过的格式。若想取消幻灯片的格式设置,可单击“开始—字体—清除所有格式(橡皮擦按钮)”,恢复所有格式为母版默认格式。

### 20.1.3 图表操作

1. 插入图表:单击项目占位符的图表(或直接单击“插入—图表”)插入图表后,系统自动打开 Excel,Excel 和 PowerPoint 各占半个屏幕,在 Excel 中录入数据,会直接反映到图表中。拖动数据右下角的蓝色框线,可改变数据区域。数据修改完成后,不用保存,直接关闭 Excel 即可。如图 20-1 所示。

F5 fx

| | A | B | C | D | E | F | G |
|---|---|---|---|---|---|---|---|
| 1 | | 系列 1 | 系列 2 | 系列 3 | | | |
| 2 | 类别 1 | 4.3 | 2.4 | 2 | | | |
| 3 | 类别 2 | 2.5 | 4.4 | 2 | | | |
| 4 | 类别 3 | 3.5 | 1.8 | 3 | | | |
| 5 | 类别 4 | 4.5 | 2.8 | 5 | | | |
| 6 | | | | | | | |
| 7 | | | | | | | |
| 8 | | 若要调整图表数据区域的大小,请拖拽区域的右下角。 | | | | | |

图 20-1 PowerPoint 中插入图表

2. 若需要重新编辑数据,可单击“图表工具—设计—数据—编辑数据”(或“右键—编辑数据”)重新打开 Excel 进行编辑。图表的其他操作类似 Excel 的图表操作。

### 20.1.4 导入文本内容

幻灯片内容除了直接录入或复制粘贴外,还可直接从 Word 文档中获取。Word 文档的样式级别,对应幻灯片的级别,标题 1 对应于幻灯片标题,标题 2 对应于幻灯片内容的 1 级、标题 3 对应于内容的 2 级,以此类推。其他的字体、字号等设置,在导入过程中也能保留。导入文本的方法有 3 种:

1. 在 PowerPoint 中的两种实现方法。方法 1:单击“文件—打开”,选择文件类型为“*.*”,然后选择 Word 文档打开;方法 2:单击“开始—创建幻灯片—幻灯片从大纲”,选择 Word 文档打开。方法 1 虽然叫“打开”,但并不打开这个文件,而是把 Word 文件的内容添加到当前演示文稿中,产生多张幻灯片内容。

2. 在 Word 环境中使用“发送到 Microsoft PowerPoint”实现,单击这个按钮后,系统会自动打开 PowerPoint,新打开的演示文稿中,就有了转换后的幻灯片内容了。不过这个功能在 Word 的“文件—发送并保存”中并不存在,但内部是有的,需通过添加到“快速访问工具栏”或某功能区的自定义组中来实现。操作步骤是:单击“快速访问工具栏”的下拉列表,选择“其他命令”,在“所有命令”分类中找到“发送到 Microsoft PowerPoint”,“添加”到右边列表中,“确定”后即可单击该按钮使用了。如图 20-2 所示。

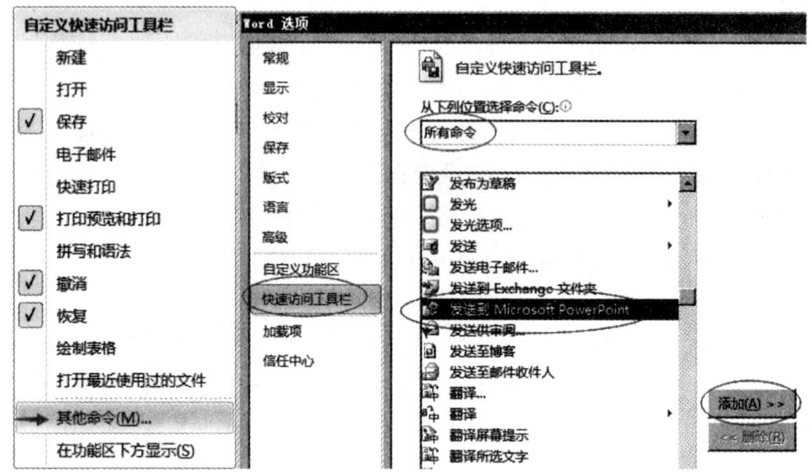


图 20-2　把“发送到 Microsoft PowerPoint”添加到 Word 的快速访问工具栏中

注意:导入其他文本,PowerPoint 支持多种格式,除了 Word 格式外,还支持 rtf 格式、txt 格式等。如图 20-3 所示。

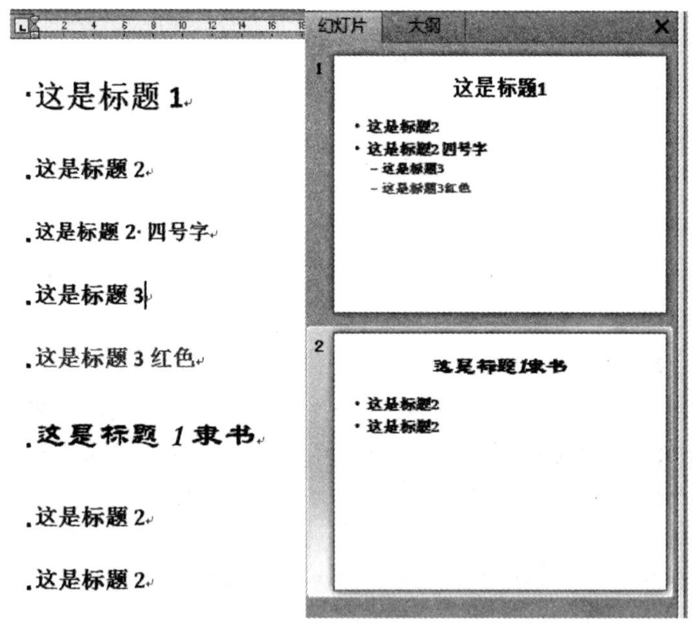


图 20-3　在 PowerPoint 中导入 Word 文档的前后格式

### 20.1.5　多媒体文件的使用

1. 插入与链接:音频和视频,可直接通过单击“插入－媒体”中对应的按钮插入。在弹出的选择文件的对话框中,“插入”按钮右边有个三角箭头,它是可以下拉选择的,列表中除了“插入”外,还有一个“链接到文件”。“插入”是把音视频文件直接存入 pptx 文件中,也就是说 pptx 文件已经包含了媒体文件的内容了,复制到其他电脑中时,已经不需要再有原来的媒体文件了。而“链接”的音视频文件是通过链接外部文件来使用的，复制演示文稿到其他电脑时，需要另外复制音视频文件的，否则播放时会缺少文件内容。图片也有“插入”和“链接”两种方式，原理类似。如图 20-4 所示。

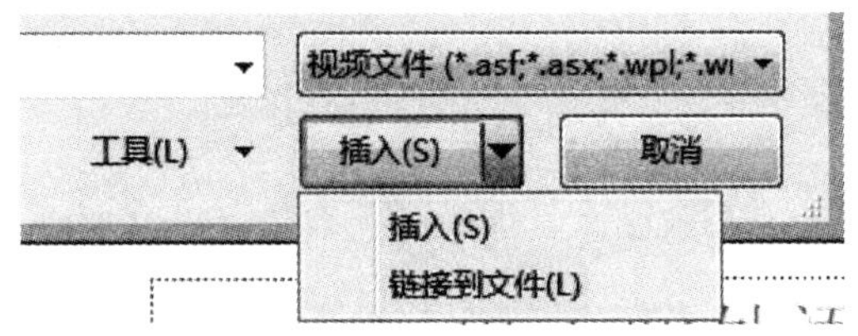


图 20-4　音视频文件的插入和链接

2. 插入音频后，“音频工具－格式”选项卡下的所有设置，都是针对那个小喇叭的外观进行设置，实际意义不大。“播放”选项卡下有“剪辑音频”可设置播放的开始和结束时刻；“淡入”“淡出”可设置过渡时间；“开始”若选择“跨幻灯片播放”，则在幻灯片切换后，音频播放将继续，可作为背景音乐一直播放。

3. 插入视频后，“音频工具－格式”选项卡下的设置，是针对视频的外观，可以设置成各种样子，如椭圆形、梯形，甚至可以选择各种形状（“插入－插图－形状”下所有形状）作为外观。与音频类似，“播放”选项卡下有各种设置，可控制播放参数。

## 20.2　实验目的

1. 掌握 PowerPoint 基本内容的输入、编辑；
2. 掌握从 Word 文档中导入内容的方法；
3. 掌握 PowerPoint 图形、图表、音视频的应用；
4. 掌握音视频文件的插入和链接的方法、特点和用途；
5. 掌握母版、版式的用途，修改方法；
6. 掌握主题的使用。

## 20.3　实验内容

1. 根据给定的“熊猫素材.docx”文件，把内容转换成 PowerPoint 演示文稿，要求：内容前有“ * ”的为每页标题，没标志的为普通项目，前面有“＋”的为二级项目。转换后要去掉前面的标志“ * ”和“＋”。PowerPoint 文件名为“熊猫.pptx”。

2. 把演示文稿的主题设置为“暗香扑面”；把母版的标题颜色设置为蓝色；把“标题幻灯片”版式的标题字体设置为“隶书”；在母版中，通过插入图片的方式，使“熊猫.jpg”作为幻灯片的背景图。

3. 在标题幻灯片里，不出现熊猫的背景图。

4. 在幻灯片 2、3、4 页的左上角插入几个熊猫图片。

5. 最后添加一张幻灯片，标题为“熊猫视频”，内容为插入一个视频“熊猫视频 1.mp4”。

6. 再插入一张幻灯片，标题为“熊猫视频链接方式”，链接到视频文件“熊猫视频 0.mp4”。

## 20.4 实验分析

1. 在 Word 中，对幻灯片标题、内容的 1 级、内容的 2 级，分别用标题 1、标题 2、标题 3 进行设置，并去掉前面的标志“ * ”和“＋”。然后在 PowerPoint 中打开导入。

2. 主题可在“设计－主题”下直接选择设置。在母版视图下进行各种母版设置。

3. 不出现母版图像，用“隐藏背景图形”。

4. 直接插入图片。

5. 视频可直接插入。

6. 链接一个视频，在选择文件后，使用“链接到文件”方式。

## 20.5 实验步骤

1. 打开 Word 文档，要先对文档进行适当修改。由于大部分段落都是普通项目，因此为了快速设置，可先全部设置为普通项目的样式：按 Ctrl＋A 全选中，设置为“标题 2”样式，然后将前面有“ * ”的设置成“标题 1”，前面有＋的设置成“标题 3”。在 PowerPoint 中，单击“文件－打开”，选择文件类型为“ * . * ”，选择该 Word 文档，单击“打开”，把内容转换成 PowerPoint 幻灯片内容，最后保存文件。

2. 在“设计－主题”下选择“暗香扑面”，由于主题以拼音排序，“暗香扑面”肯定在靠前位置。单击“视图－幻灯片母版视图”进入母版视图界面：

(1) 选中左边最上面的母版(略大的)，选中右边的“标题”，设置颜色为“蓝色”。

(2) 选中左边“标题幻灯片”版式，选中右边的“标题”，设置字体为“隶书”。

(3) 选中左边“标题和内容”版式，在右边插入图片“熊猫.jpg”。把图形拖放至足够大，并把图形置于底层。

(4) 单击“幻灯片母版－关闭母版视图”，返回普通视图。

3. 在标题幻灯片中，单击“设计－背景－隐藏背景图形”，让母版中的图形不出现在幻灯片中。

4. 分别插入图形，调整到适当的位置和大小即可。

5. 选中最后一张幻灯片，单击“开始－幻灯片－新建幻灯片”(或使用组合键 Ctrl＋M)，插入一张幻灯片。若不是“标题与内容”版式，可在“开始－版式”中修改。在内容占位符中选择视频图标，选择文件插入到幻灯片中。

6. 其他操作类似上题。在选择视频文件后时，要单击对话框的“插入”按钮右边的下拉三角箭头，并选择“链接到文件”。

# 实验 21

# 幻灯片的放映和输出

## 21.1 知识要点

### 21.1.1 幻灯片放映

1.“幻灯片放映”选项卡中，有两个放映按钮，即“从头开始”(F5)与“从当前幻灯片开始”(Shift+F5)，状态栏右侧的视图中的“幻灯片放映”视图，是从当前幻灯片开始播放。如图 21-1 所示。

图 21-1 幻灯片的播放

2. 放映时按 F1 键，可查看幻灯片放映时的快捷键。如图 21-2 所示。

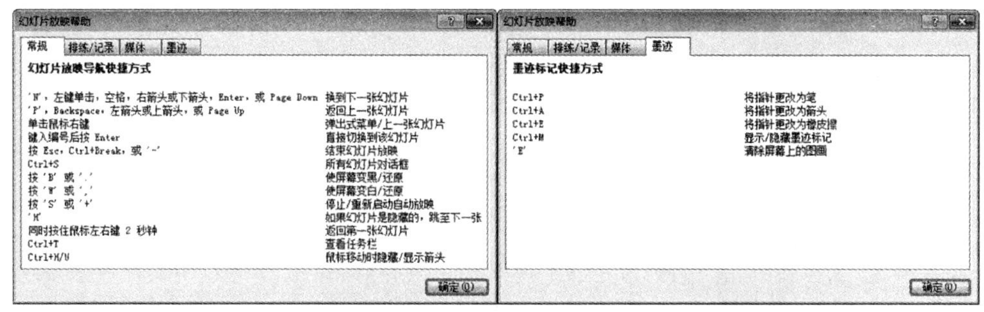


图 21-2 幻灯片放映时的快捷键

3.“自定义放映”是指不全部播放幻灯片，可选择若干张幻灯片来播放。新建自定义放映后，可选择若干张幻灯片，然后添加到右边列表框。

4.“设置幻灯片放映”中的设置，对后续的放映有效。

5.“隐藏幻灯片”是一个开关按钮，可对当前选中的幻灯片进行设置，当幻灯片处于隐藏状态时，编辑操作可正常进行，只是放映时不出现。当幻灯片隐藏时，幻灯片窗格中的内容会以灰色显示，幻灯片的序号会加框加斜线。

6. 单击“排练计时”后，系统开始播放幻灯片，同时对每页切换时间进行记录，播放完毕或按 Esc 提前退出播放后，会提示是否保存排列计时，若回答“是”，则排练计时被记录，且系统自动切换到幻灯片浏览视图，在每张幻灯片的左下角会有该页停留的时间，以后播放时，系统将会在对应时间后自动切换，达到整个播放自动进行的效果。排列计时，其实内部是通过更改幻灯片的切换时间实现的，即自动选中“切换－时间－设置自动换片时间”并设置。因此若需要修改排练计时的部分幻灯片的时间，可直接修改“切换”中的换片时间即可。如果要撤销排练计时，即不需要自动换片，则直接在幻灯片的浏览视图下，使用 Ctrl＋A 组合键全选，直接取消选中“设置自动换片时间”即可。

### 21.1.2 幻灯片输出

1. 幻灯片的打印输出，默认是“整页幻灯片”，即一张纸打印一张幻灯片，但一般可选择下面的讲义母版方式中的 6 页或 9 页等选项，纸张也可以选横向。“视图－讲义母版”中可对打印的细节进行设置，如页眉页脚、背景、幻灯片方向等设置。将幻灯片方向设置为横向后，打印时默认纸张就是横向的，和幻灯片一致，适合 4 页、9 页幻灯片打印。如图 21-3 所示。

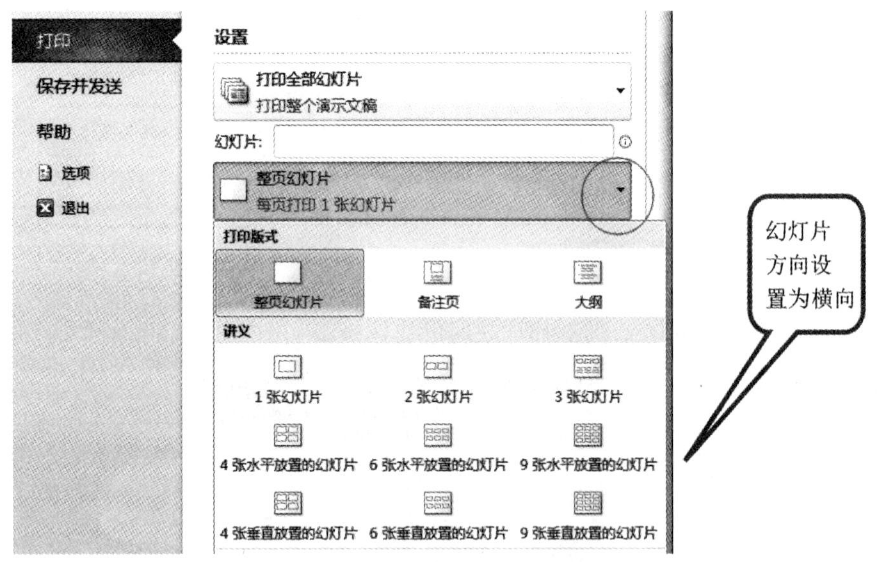


图 21-3　一般打印要用多张幻灯片的讲义母版方式

2. 另存为“PowerPoint 放映”文件（扩展名为 ppsx）后，可以直接双击放映文件播放，按 Esc 键可直接退出。放映文件可以直接播放，并不能进行任何修改，对文件内容有一定的保护作用。

3. 单击“文件－保存并发送－把演示文稿打包成 CD”，不仅能把文件复制到 CD 中，也可复制到一个文件夹中。该功能会自动搜索演示文稿文件中存在的链接文件，并自动把这些链接文件复制到文件夹中，避免手工复制遗漏了链接文件。

## 21.2 实验目的

1. 掌握幻灯片放映的基本操作；
2. 掌握自定义放映的使用与操作；
3. 掌握隐藏幻灯片的操作；
4. 掌握排练计时的录制和修改的操作；
5. 掌握打包输出的作用和操作；
6. 掌握打印输出的方法。

## 21.3 实验内容

1. 建立 5 张幻灯片，内容只要编号即可，不设置切换。然后进行排列计时，5 张计时分别为 5、4、3、2、1 秒。

2. 再增加只有编号的两张幻灯片，并把这两张设置成隐藏幻灯片。

3. 再增加只有编号的 5 张幻灯片，在这 12 张幻灯片中，建立两个自定义放映“前 4 页”和“后 8 页”，分别播放相应的页面。然后设置默认播放为“后 8 页”。

4. 在第 9 页中插入一张图片，在第 10 页中链接一个视频。

5. 把该文件打包到一个文件夹中，复制到另一台电脑播放。

6. 把幻灯片按一张纸 4 页的方式打印输出(预览即可)。

## 21.4 实验分析

1. 排练计时后，若需要修改时间，可通过单击“切换－计时－持续时间”，在相应界面中修改。

2. 隐藏幻灯片可在普通视图或幻灯片浏览视图下设置。

3. “自定义放映”和已经定义的“放映”会同时出现在“开始放映幻灯片－自定义幻灯片放映”按钮的下拉列表中。

4. 图片和视频文件，都可以有“插入”或“链接到文件”两种方式，按钮默认是“插入”，需“链接到文件”时，应下拉选择。

5. 打包时，会自动复制链接的视频文件到目标文件夹。

6. 默认打印是 1 页打印 1 张幻灯片，需重新选择 1 页打印 4 张幻灯片。

## 21.5 实验步骤

1. 使用 Ctrl＋M 组合键新建 5 张灯片，在文本框中各输入编号。单击“幻灯片放映－排练计时”，分别在幻灯片等待时间为 5、4、3、2、1 秒时按空格键切换。排练时左上角有计时显示，但显示的时间只精确到秒，实际记录的精度到 0.1 秒。排练完后，会自动切换到幻灯片浏览视图，每张幻灯片的左下角会显示切换时间，若和要求不一致，可重新录制排练计时，或直接修改“切换－计时－持续时间”中的值。

2. 在最后一张幻灯片下，使用 Ctrl＋M 组合键新建 2 张灯片，选中第 6、7 张幻灯片，单击“幻灯片放映－隐藏幻灯片”。

3. 在最后一张幻灯片下，使用 Ctrl＋M 组合键新建 5 张灯片，在文本框中各输入编号。单击“幻灯片放映－自定义幻灯片放映－新建”，命名为“前 4 页”，把左边的前 4 页，添加到右边列表中，“确定”。同样建立“后 8 页”的自定义放映，关闭对话框。单击“幻灯片放映－设置幻灯片放映”，在“放映幻灯片”中选中“自定义放映”，并在列表中选择“后 8 页”，确定后，直接按 F5 键播放，观察播放幻灯片序号。

4. 用“插入－图像－图片”插入图片；单击“插入－媒体－视频”，在对话框中，选择视频后，在“插入”按钮右侧下拉选择“链接到文件”，这样链接的文件并不包含在 pptx 文件中。

5. 单击“文件－保存并发送－将演示文稿打包成 CD”，再单击“打包成 CD”，命名，再单击“复制到文件夹”，选择位置，“确定”。打包完成后，打开文件夹，观察分析文件，正常结果会是：图形文件不在里面(直接包含在 pptx 文件中了)，视频文件在文件夹中(由于链接的文件并不包含 pptx 文件)，其他文件不用理会。将本文件夹复制到其他机器播放时保证不缺文件，即可正常播放。

6. 单击“文件＋打印”(Ctrl＋P)，下拉选择幻灯片数量和方向。在窗口的右边可直接观察预览效果。如图 21-4 所示。

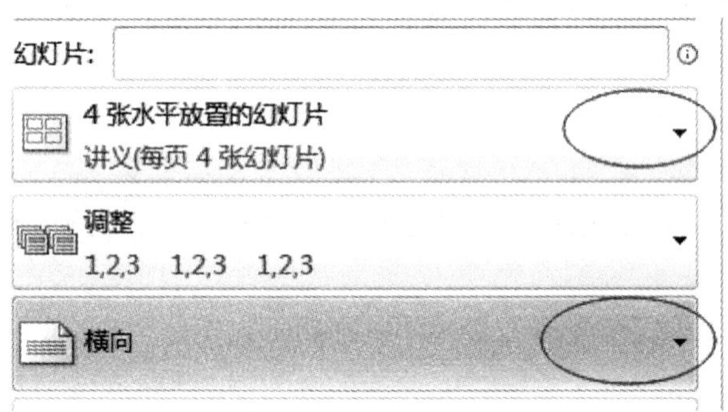


图 21-4　打印输出设置

# 实验 22

# 幻灯片的切换和动画

## 22.1 知识要点

### 22.1.1 切换与动画综述

1. 切换的基本单位是一张幻灯片，动画的基本单位是一个对象，切换可在幻灯片浏览视图下操作，而动画不可以，动画必须先选中对象。

2. 切换或动画中的时间，分、秒之间以冒号分隔，秒和秒以下以小数点分隔。

3. 切换或动画，都是先选择一种效果，再选择效果选项，不同的效果，选项可能会不同。

### 22.1.2 幻灯片切换

1. 切换中的换片方式，“鼠标单击时”和“自动换片时间”都是复选框，可同时选中，也可同时都不选中，或选中一个。当两者都没选中时，无法用鼠标或定时换片，但可通过单击页面中的超链进行切换，也可用键盘切换。

2. 切换效果是指切换到当前页面的效果，持续时间是指切换动作的时间，自动换片时间是指当前页自动切换到下一页的等待时间。

3. 在幻灯片浏览视图下，或普通视图下的幻灯片面板中选中多个幻灯片，可同时设置成一种切换效果和计时设置。也可在设置后通过单击“动画－计时”下的“全部应用”按钮对所有幻灯片按当前选项进行设置。

4. 设置了切换效果后，在幻灯片窗格中，幻灯片的边上会有一个五角星图标。

### 22.1.3 动画

1. 动画分进入、强调、退出和动作路径几种方式，理论上一个对象可同时设置这四种动画的任何几种，也可按任何次序设置，但实际上一般按进入、强调、退出的次序进行，动作路径也很少和其他动作一起使用，一般单独使用。若多次在“动画”中选择动作效果，并没有设置多个动作，而是只保留最后一次设置。因此若要设置多个动作，第 2 种及后续的动作，应该通过“添加动画”按钮实现。“添加动画”的选项和“动画”中的选项并无区别。如图 22-1 所示。

2. 设置这 4 类动画效果，除了可直接选择以外，每种还有“更多效果”可选。“添加动画”一样有更多效果可选。

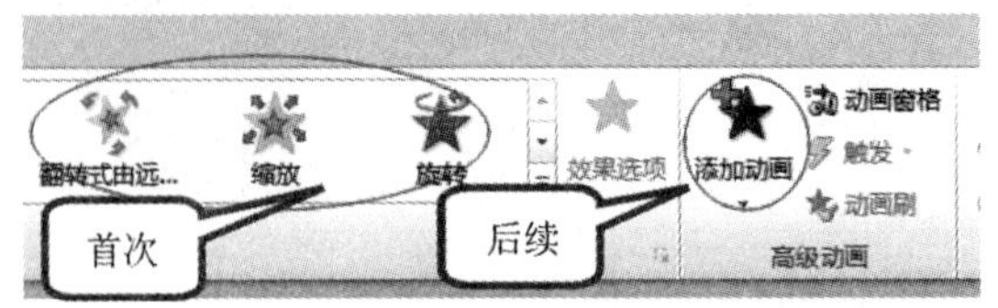


图 22-1 对象的首次动画与后续动画用不同的按钮

3. 动画有时间顺序，建议打开动画窗格，改变动画顺序可在动画窗格中用鼠标上下拖动，或直接单击动画窗格下方“重新排序”两边的上下两个按钮来实现。

4. 如果要求单击对象 A，让对象 B 出现，则要对 B 设置触发动画。

注意：这里是设置对象 B 动画，不是设置对象 A 动画。

步骤如下：先对 B 进行普通动画设置，然后单击“触发－单击”，选择对象 A。此时可能会有许多对象，一般根据名称不容易确认具体对象，可以在“开始－选择”中打开“选择窗格”，这样选中的对象和对象名称就有一个一一对应关系，可方便得知对象的名称。在选择窗格中，双击对象名称还可修改对象的名称，改成一个合适的名称有助于后续的操作。另外在选择窗格中，还可隐藏某些暂时不需要操作的对象，方便某些操作。

5. “动画刷”，类似于“格式刷”，先设置一个对象的动画，然后可“刷”其他对象，把动画效果复制到其他对象中去。使用方法也与“格式刷”一样，单击可刷一次，双击可刷多次。“动画刷”只能复制普通动画，无法复制触发动画。

## 22.2 实验目的

1. 掌握切换和动画的基本概念；
2. 掌握常用的切换和动画的操作方法；
3. 掌握几种特殊的切换和动画的操作与制作方法；
4. 掌握触发动画的概念与操作方法；
5. 掌握常用对象的动画效果设置方法。

## 22.3 实验内容

1. 卡拉 OK 歌词同步显示：在演示文稿中添加多张幻灯片，插入一个歌曲音频文件，同时歌词以卡拉 OK 字幕方式同步显示。歌词可分多页，每页切换都自动进行。

2. 上升字幕设计：制作一张幻灯片，包含一个文本框，内含几十行文字，行数超过 2 个屏幕高度。将本文本框制作成影视上升字幕方式。

3. 用触发动画制作选择题：新增一张幻灯片，制作一道选择题：题目(黑色)、4 个答案(黑色)、3 个“错”(红色)、1 个“对”(蓝色)，均使用文本框。当鼠标单击某个答案时，如“对”从下面上来，“错”则从上面下来。如图 22-2 所示。

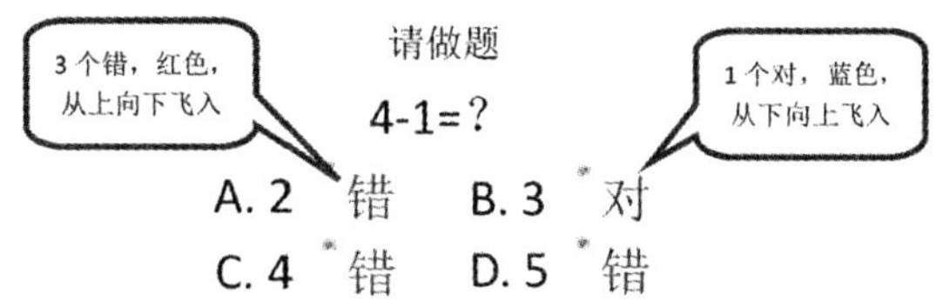

图 22-2　有触发动画的选择题

4. 多图淡出设计：新建一页幻灯片，添加 4 行 4 列 16 幅图形，设置各图动画，每幅图按顺序以淡出方式逐渐出现，时间间隔为 0.8 秒。

## 22.4　实验分析

1. 卡拉 OK 歌词同步显示。

(1) 以卡拉 OK 方式显示字幕，是在同一位置显示两种颜色的文字，一种文字直接显示，另一种以动画方式动态覆盖显示。动画可以选择“擦除”方式，以段落方式依次显示。“计时”中的“持续时间”是指动画的持续时间，“迟延”时间是每行歌词逐步显示的前面的停留时间，即上一行歌词整体显示完，到本行开始显示的间隔。若第 2、3 行间隔太短，需要调整，则可以通过增加第 3 行的迟延时间来实现。

(2) 整个文本框可一次性对“动画－计时”的多项进行设置，但也可以单独修改每段的设置，方法是先选中具体某段(至少要选中段中的一个字，只是光标停留是不行的)，再设置。

(3) 从网上下载过来的歌词，看着是一行一行的，但很有可能它们之间是换行符，而不是回车符，即使“效果选项”设置了“按段落”的方式，发现最终动画还是一起进行的，文本框左边也只有一个动画序号。此时就需要把每行的换行符替换成回车，内容少的时候可直接删除，并按回车键手工替换。若先复制到 Word 中，可方便辨别回车符和换行符。

2. 上升字幕设计。

(1) 上升字幕，可用“动画－路径动画”下的“直线”动画实现，若用自定义的“直线”动画，则其起始点可以拖到播放屏幕外部去，实现从屏幕外边进入和离开。为了操作方便，可缩小显示比例后进行操作。而自定义动画的默认时间也比较短，需要重新调整；效果中的“方向”也应改变，还应选择“作为一个对象”的方式。这种方式比较麻烦，不建议使用。

(2) 而在“动画－更多进入效果”下还有一个“字幕”效果更方便。“字幕”效果默认时间是 15 秒，也比较合适，而且默认就是“作为一个对象”方式，方向也是向上方式，建议选择这种效果。

3. 触发动画制作。

(1) 4 个选项的格式、动画基本相同或相似，因此可以先制作完成一个选项的内容和对错动画，然后再复制粘贴，内容或格式不同的，再修改。这样可以减少步骤。触发动画也会随着复制粘贴自动相对修改(即 Textbox3 触发 Textbox4 复制粘贴后，会自动成为 Textbox5 触发 Textbox6，不会还是由 Textbox3 触发)。2 个对象粘贴后，对象还处于选中状态，最好直接将其拖动到合适的位置，以免成对的 2 个被误拆散。

(2) “错”的选项有 3 个，可先做错的选项再复制 3 次，这样只需修改一个“对”的文本框的格式和动画。

4. 多图淡出设计。

(1) 图形文件在一个文件夹中,可一次性全部插入。插入后,先摆放、排列好各图形对象。

(2) 先设置第一个图形的动画,其余图形的动画可用“动画刷”依次复制。

## 22.5 实验步骤

1. 卡拉 OK 同步歌词设计操作步骤如下。

(1) 单击“插入—音频”插入一首歌曲。歌曲文件一般不大,建议用插入方式,不要用链接方式。

(2) 对插入的音频设置播放方式:“音频工具—播放—音频选项—开始”,在如图 22-3 所示的界面中设置“跨幻灯片播放”并勾选“放映时隐藏”。由于该音频设置了跨幻灯片播放,因此需要设置自动播放:“动画”选“播放”,“计时—开始”选“与上一动画同时”,“持续时间”选自动。

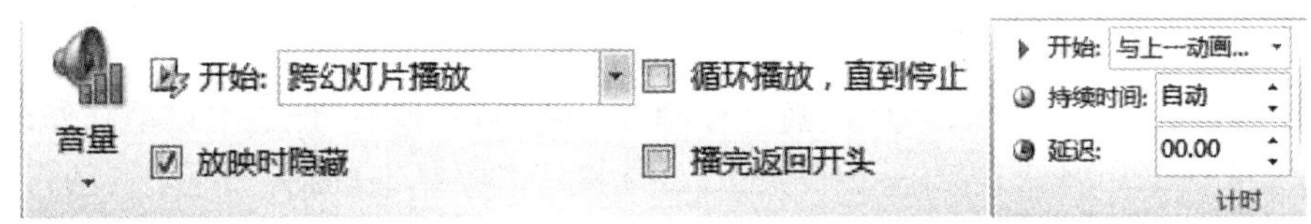


图 22-3 设置播放方式

(3) 在幻灯片中插入文本框,输入或粘贴歌词,尽量让每行歌词的播放时间一致,方便一个文本框的动画时间一起设置。直接设置需要动画的文字的字体、字号、颜色,如红色。一个页面放不下的,可分开放多张幻灯片上。由于一般歌曲前面都有一段时间的“过门”,因此歌词前面可以增加一行特殊文字或符号,占用“过门”时间,也可以不要增加文字,而直接增大第一行动画的“迟延”。

(4) 设置该文本框的动画:单击“动画—擦除”将“效果选项”设置为“自左侧”、“按段落”。

(5) 先设置总文本框的动画时间:“计时—开始”为“上一动画后”,“持续时间”为 4 秒,“迟延”为 2 秒,即一行(段)的显示时间为 6 秒。这 2 个数值可根据具体歌曲的播放速度调整。

(6) 选中第一段(过门),重新设置“计时—开始”为“与上一动画同时”(即播放音频的同时开始字幕动画),“持续时间”和“迟延”根据具体歌曲的情况适当调整。其他段,若计时方面有所不同,也可重新设置。时间可通过多次预览播放,重新调整,直到歌词同步合适为止。

(7) 用同样的方式插入新的幻灯片,用文本框显示歌曲的剩余部分。

(8) 为了让第一张幻灯片播放完后,自动切换到下一张,需要设置幻灯片的自动切换时间。单击“幻灯片放映—排练计时”,幻灯片开始播放,当第一张幻灯片的歌词播放结束后,单击鼠标,切换到下一页,反复直到歌曲播放完毕,按 Esc 键退出。排练后,系统将自动记录每张幻灯片的切换时间。然后可重新播放,观察切换时间是否合适,若不合适,可重新在“切换一设置自动换片时间”里修改时间值，直到切换时间合适。

(9) 歌词的所有动画全部完成后，可以复制并粘贴一份。两份完全一样的歌词，选中原来的一份，把字体颜色改为固定层的颜色，如黄色，并把动画设置成“无”，直接显示歌词。两层歌词的叠加次序需动画层在前，固定层在后，动画层覆盖固定层。若设置反了，可用右键把其中红色层“置于顶层”，或把黄色层“置于底层”。最后用鼠标或光标键移动文本框，让两层重叠，只看到红色层。

2. 上升字幕动画操作步骤如下。

(1) 输入或粘贴字幕文字到文本框中。若内容较多行，可能字号会被自动压缩成比较小的字，需要重新拉高文本框高度。由于显示以字幕方式动态滚动，因此高度超过屏幕总高也是可以的。

(2) 单击“动画一更多进入效果”，选择“字幕”，设置适当的“持续时间”即可。

3. 带触发的选择题制作操作步骤如下。

(1) 使用 Ctrl＋M 组合键添加一页幻灯片，添加文本框标题和题目，修改字体大小等格式。

(2) 插入两个文本框，分别输入文字“A. 2”与“错”，设置大小为 60，并把“错”设置成红色。

(3) 对“错”字设置动画：单击“飞入一效果选项”，选择“自顶部”，再单击“触发一单击”选择 Textbox3。此处若不清楚哪个是 A 选项的对象，可单击“开始一编辑一选择一选择窗格”，选择选项 A，在选择窗格中确定对象名称。

(4) 选中两个对象，复制、粘贴，在新生成两个对象后，对象还处于选中状态，鼠标指向边缘位置，图标变成 4 个箭头时，直接拖放到右边合适位置。再重复粘贴 2 次，拖放到合适位置。完成 4 对 8 个对象。

(5) 修改复制的 3 个选项内容。修改 B 选项后面的文字为“对”，并把字体颜色设置为红色。重新修改动画方向：单击“动画一效果选项”，选择“自底部”。粘贴的 3 个触发动画，不需要重新设置。

4. 多图淡出设计操作步骤如下。

(1) 用 Ctrl＋M 插入一张幻灯片，删除占位符。图形文件在一个文件夹中，单击“插入一图片”，可选中 16 个图形文件，一次性插入。

(2) 插入后，对象处于选中状态，然后右击选择“大小和位置”，设置相同的大小。再用鼠标拖动到适当的位置，按行或列 4 个 1 组，辅助以“图片工具一格式一对齐”下面的各种操作进行对齐。

(3) 设置第一个图形的“动画”为“淡出”，“持续时间”为 0.8 秒，“开始”中选择“上一动画之后”。

(4) 在动画设置后，再选中第一个图形，双击“动画刷”，按顺序逐个单击其余 15 个图形，复制相同的动画设置。最后再单击“动画刷”结束。

# 其他篇

## 实验 23

# Office 文档保护和共享

## 23.1 知识要点

### 23.1.1 Office 文档设置密码保护

1. Word 文档可提供密码保护：在“另存为”对话框中，下拉“工具”选项，选择“常规选项”，在对话框中，输入两种密码，打开密码和修改密码(注：这是两种密码，不是两次密码，按惯例，每种密码都要输两次，第二次是在确定后，再提示输入的)，保存后，即对该文档进行密码保护。如图 23-1 所示。

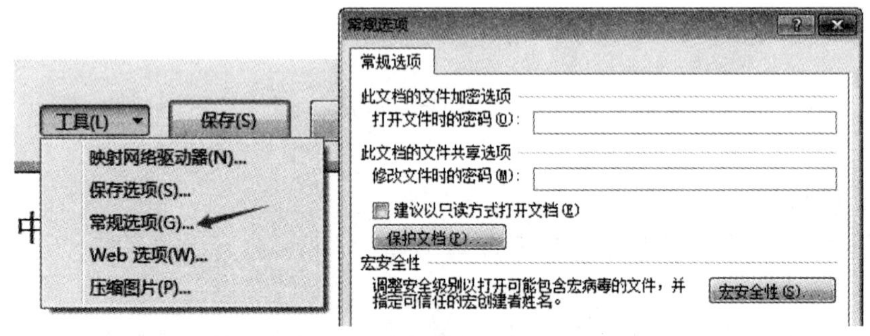


图 23-1　对 Word 文档设置密码

2. 下次打开该文档时，会提示输入打开密码，只有当打开密码正确时，才会提示输入修改密码，若修改密码正确可正常查看并修改文档，若不正确，则文档处于只读状态，即修改了文档内容，但只能另存为新文档，而不能覆盖原有文档。

3. Excel 和 PowerPoint 文档的密码保护：操作几乎和 Word 完全一样，都是在“另存为一工具一常规选项”中设置两种密码，然后保存。不再重复。

### 23.1.2 Word 文档的编辑限制

1. Word 的“编辑限制”，主要就是保护文档内容，使之处于只读状态，不能进行修改。“格式限制”就是不允许文档内容设置成某些样式。

2. 单击“审阅—保护—限制编辑”打开限制编辑窗格，两种保护“格式设置限制”和“编辑限制”下的选项选中，就是对应的限制。

3. 选中“限制对选定的样式设置格式”后，单击“设置”，可指定某些样式可以设置，某些不允许。设置了限制样式后，不能使用的样式将不显示在快速样式库中，无法选择使用。

4. “格式设置”和“编辑限制”都是复选框，一般进行一种限制。但如果同时选中，由于只读部分本身就已经不允许任何修改了，因此格式限制只对编辑限制中可编辑区域起作用。

5. 选中“仅允许在文档中进行此类型的编辑”后，可在下拉列表中选择可允许的 4 种操作选项：①“修订”；②“批注”；③“填写窗体”；④“不允许任何更改(只读)”。除了④以外，其他选项都是指允许该类型的操作。其中①和③可直接“强制保护”，保护后全文可以修订，或者只能填写窗体。选择②和④两项，后面还有例外项可选。

### 23.1.3 编辑限制的例外项

1. 选择②和④两项限制，不选中“每个人”，直接保护，则文档全文只允许批注或只读。

2. 选择②和④两项限制，若选中“每个人”，那么在保护后，文档未选中部分可以批注或是只读的，选中部分是可以编辑修改的。如图 23-2 所示。

3. 设置好限制措施后，要单击后面的“是，启动强制保护”按钮，在弹出的对话框中输入密码。密码可以不设置，那么停止保护时也不需要输入密码。

4. “限制格式和编辑”窗格显示与否，并不影响限制的设置。

*注意：若需要部分保护、部分可以修改，在保护前，要先选中允许修改的部分内容，而不是选中保护部分。*

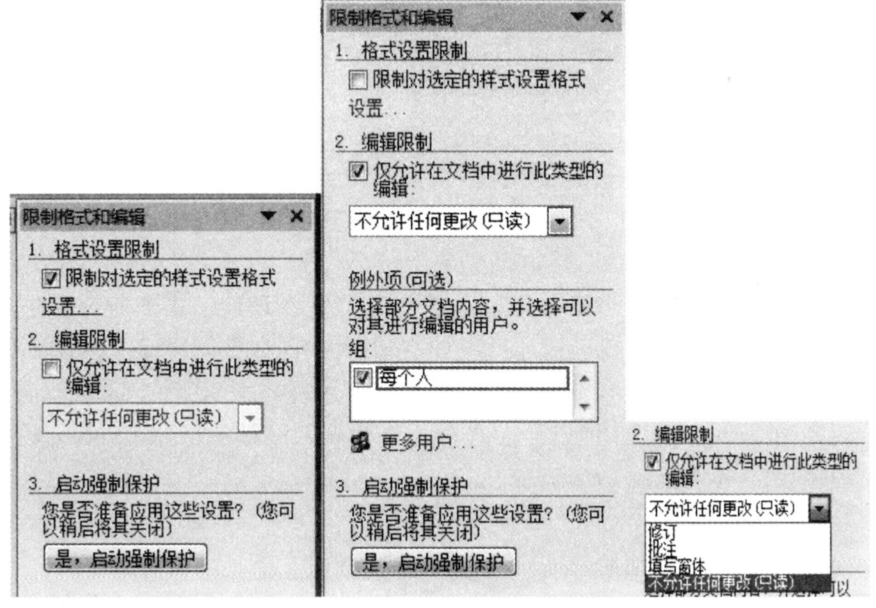


图 23-2 格式设置限制和编辑限制

### 23.1.4 Word 窗体界面制作

1. Word 的窗体有两种，一是在文档中直接插入各种控件；二是在 VBA 编辑环境中，用“插入用户窗体”来实现，在用户窗体中，可以摆放各种控件，用于人机对话。但 VBA 窗体涉及大量编程，本书不做讨论。由于后面要讲述到“填写窗体”保护，因此这里对窗体控件进行简单叙述。本书只讨论在 Word 文档中直接插入各种窗体控件的操作。

2. Word 不需要窗体模块，在文档中可直接插入各种控件对象，“开发工具－控件”组中，提供了若干控件，如图 23-3 所示。为了和后续的旧式控件区别开来，这些控件暂时称为“新式控件”，其中有：

- 格式文本内容控件：可输入文字，选中文字可单独设置各种格式。
- 纯文本内容控件：可输入文字，但整体文字格式统一。
- 图片内容控件：可插入图片。
- 构建基块库内容控件：可插入构建基块库。
- 组合框内容控件：内容可在多项中选择，也可直接输入。
- 下拉列表内容控件：内容只能在多项中选择。
- 日期选取器内容控件：可输入或选择一个日期。
- 复选框内容控件：选中或取消选中。
- 旧式工具：包括旧式窗体控件和各种 ActiveX 控件。

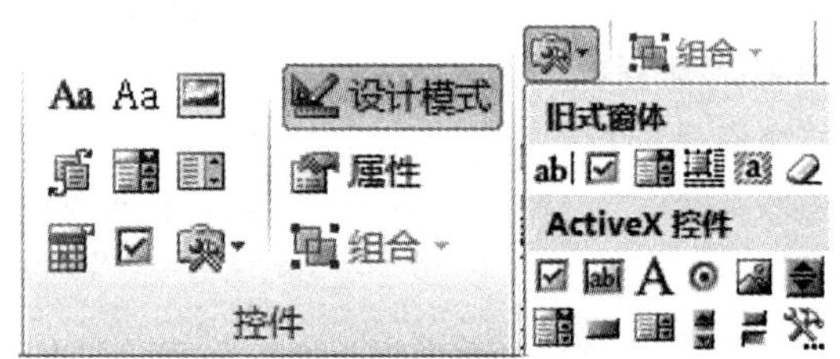


图 23-3 Word 的各种控件

3. 旧式窗体控件、ActiveX 控件和新式控件中，可能有重复，但界面和设置会有所不同，如复选框、组合框在新式控件、旧式控件、ActiveX 中都有。

- 旧式控件有：文本框、复选框、组合框、横排图文框等。
- ActiveX 控件有：复选框、文本框、标签、单选框、图像框、微调、组合框、按钮、列表框、滚动条、切换按钮和其他控件。

4. 虽然未选中“设计模式”也能插入各种控件，但最好在设计模式下插入控件。各种控件都可通过打开“属性”窗口进行设置，新式控件和旧式控件都是以对话框方式显示属性对话框进行设置，ActiveX 控件是以英文属性名称和值的列表方式显示。只有在设计模式下，右击才有“属性”的菜单项。关闭“设计模式”，控件就处于运行状态，在 ActiveX 控件上右击，处理由程序掌控，不会出现 Word 的快捷菜单。

### 23.1.5 “填写窗体”保护

1. 文档中的窗体对象的使用，一般是设计者在设计模式下插入各种控件，并设置属性，然后关闭设计模式，保存文件，发给其他人使用，使用者根据文档的提示，对各种控件进行输入或选择进行填写。

2. 在文档的“限制编辑”中，“编辑限制”中就有一项“填写窗体”的选项，选择了这种方式，使用者就只能对窗体控件进行填写或选择，而对普通文档就不能进行任何修改了，这可以保证文档的其他内容不受破坏。

3. 使用步骤：在文档中，插入并设置好各个控件对象的属性后，关闭“开发工具－控件－设计模式”，在“开发工具－保护－限制编辑”中选中“仅允许在文档中进行此类型的编辑”，在下面的下拉选项中，选择“填写窗体”，然后单击“是，启动强制保护”，输入密码即可。

注意：①“审阅”中有“保护－限制编辑”，“开发工具”中也有“保护－限制编辑”，都可使用；②“是，启动强制保护”一定要在关闭“开发工具－控件－设计模式”下才能使用。

### 23.1.6 Excel 工作簿保护

1. 单击“审阅－更改－保护工作簿”，在弹出的“保护结构和窗口”对话框中可选择“结构”和“窗口”进行保护(默认为选中“结构”)，结构保护就是不允许对工作表进行添加、删除、改名、移动、复制、隐藏等操作，窗口保护就是不允许对工作簿窗口进行放大、缩小、关闭等操作，对窗口保护后，右上角内部的最小化、最大化(恢复)、关闭按钮将不显示，即不允许用户操作。

2. “保护工作簿”是一个“开关”，设置时可输入密码，也可不输入，当有密码时，再次单击关闭时，需验证密码。如图 23-4 所示。

### 23.1.7 Excel 工作表的保护

1. 直接单击“审阅－更改－保护工作表”，则对整个当前工作表进行保护，在对话框中选中允许的操作行为(默认为选中前两项)，然后输入密码，并点击“确定”。如图 23-5 所示。

2. 同样，“保护工作表”也是一个“开关”，若保护时没输入密码，则撤销时也不需要输入密码。

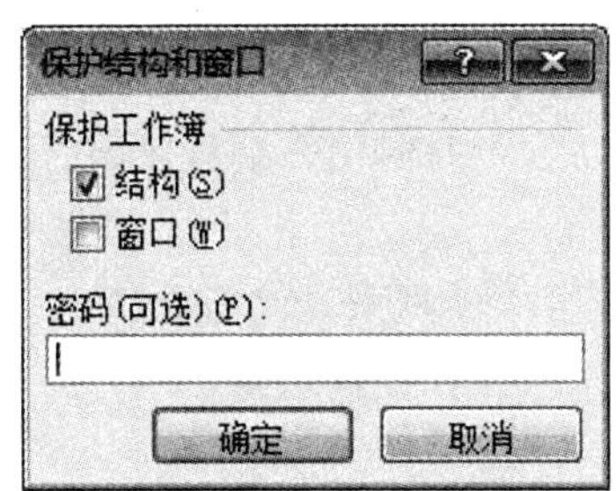


图 23-4　保护工作簿对话框

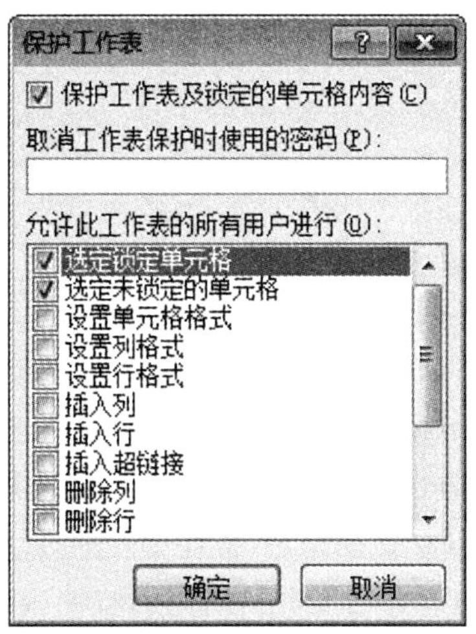


图 23-5　保护工作表对话框

### 23.1.8 有可编辑区域的工作表保护

若有区域允许修改，但其他区域需要保护，则可先建立“用户编辑区域”：先选中需要编辑的单元格区域，然后单击“允许用户编辑区域”，在对话框中，“新建”一个区域，如果先前已经有选中单元格，则自动把它作为单元格区域，也可在此时选择单元格区域。“允许用户编辑区域”可建立多个，每个区域都可以有各自不同的密码。最后可直接单击“保护工作表”按钮，对整个工作表进行保护，此时界面及操作和工作表保护一样，选择允许操作项以及总密码。“确定”后进行工作表保护。当然，先“确定”退出对话框，然后再单击“审阅－更改－保护工作表”，也是一样可行的。如图 23-6 所示。

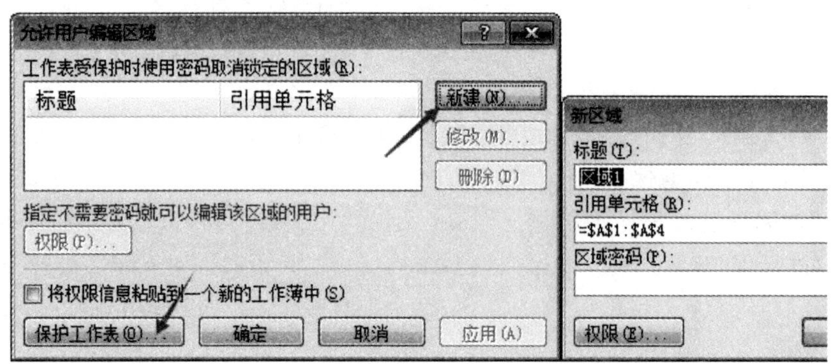


图 23-6 允许用户编辑区域及新建区域对话框

### 23.1.9 共享工作簿

1. Excel 工作簿可由多个用户同时打开进行操作。不同的用户在输入过程中，只要一保存，自己及其他用户输入的内容都会保存到文件中，显示也会重新刷新。这种操作可方便多人同时录入信息使用。

2. 一台电脑上若同时打开一个 Excel 工作簿文件，第二次将无法打开，因此简单通过两次打开是无法实现本文件共享功能的，连简单的实验都不行。共享打开，可以用多台电脑同时打开一个共享文件夹中的文件实现。文件夹可通过“右键－共享”设置成共享，然后局域网中的其他电脑可以通过“网络”来打开共享文件夹访问。文件夹共享是一种较老的共享方法，在 Windows XP 及之前版本被广泛使用，但由于这种共享方式不太安全，其他用户可以把病毒等文件私下保存到共享文件夹下，如“比特币勒索病毒”就是通过共享文件夹传播的，因此在 Windows 7 及以后平台，对文件夹共享功能进行了限制，默认情况下是关闭的，不建议大家使用该方式共享。同时现在许多路由器也封杀了文件夹共享功能。因此这里不再叙述文件夹共享的实验方式，改用多用户方式来实验共享打开 Excel 工作簿的功能。

3. 一台电脑可以建立多个用户，然后还可切换用户，不同的用户是可以同时打开一个文件的。使用步骤如下：

(1) 当前用户必须是管理员用户，或拥有管理员用户的权限，在“控制面板－添加或删除用户”中，新建一个用户，也拥有管理员权限。假设当前用户是 A，新建用户是 B。A 用户在 Excel 中建立一个工作簿，保存到“C：\”下。

注意：由于文件需要进行共享实验，不要保存在桌面或文档下，因为桌面及文档是每个用户专用的，不同的用户有不同的桌面和文档。

(2) 单击“审阅－更改－共享工作簿”，在对话框中选中“允许多用户同时编辑，同时允许工作簿合并”，单击“确定”。如图 23-7 所示。系统会提示要保存一次。保存后可继续输入一些内容。

(3) A 用户保持 Excel 工作簿打开状态，此时在开始菜单中切换用户到 B。

注意：首次使用用户 B 登录时会有点慢，因为系统要准备桌面、文档等各种设置，需要时间。切换到 B 用户后，找到文件，直接双击打开。此时 Excel 的标题栏的文件名前面会有“共享”两字，说明共享成功。

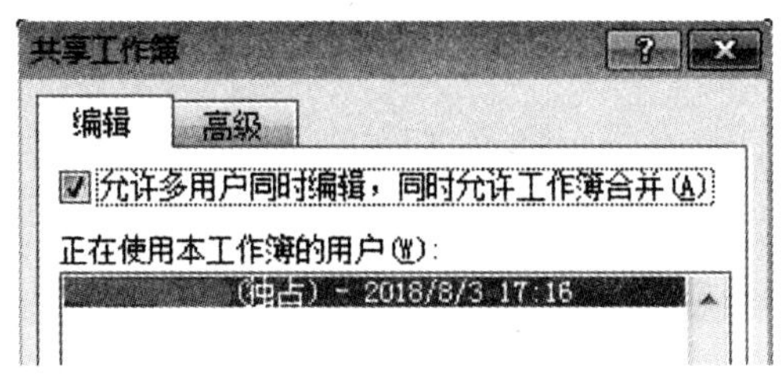


图 23-7　共享工作簿对话框

(4) 分别在两个用户中输入若干文字，保存；然后切换到另一用户中也输入文字，保存。观察文件内容的变化。发现每次保存时，另外一个用户保存的内容也会存在，系统会提示“工作表已用其他用户保存的更改进行了更新”。

4. 如果需要密码保护，则通过单击“审阅－更改－保护并共享工作簿”代替“审阅－更改－共享工作簿”，除了多一个密码，其他操作基本相同。

## 23.2　实验目的

1. 掌握 Word 文档密码保护的设置；
2. 掌握 Excel 和 PowerPoint 的文档密码保护设置；
3. 掌握 Word 的文档保护以及可编辑区域设置；
4. 掌握 Word 文档中填写窗体的保护限制；
5. 掌握 Excel 的工作簿保护；
6. 掌握 Excel 的工作表保护以及用户可编辑区域设置；
7. 了解 Excel 的共享工作簿的模拟实验操作。

## 23.3　实验内容

1. 自建 Word 文档、Excel 工作簿和 PowerPoint 演示文稿，内容不限，设置打开密码为“123”，修改密码为“456”，保存并重新打开，验证密码保护的工作方式。

2. 在给定的 Word 表格“信息登记表 1”中，将已有内容的设置为不可修改部分，空白表格部分可以任意输入内容。把填写的空白内容作为可编辑区域，密码为“123”。

3. 在给定的 Word 表格“信息登记表 2”中，需要填写内容的位置都用控件实现，然后用“填写窗体”方式进行限制编辑。

4. 在“教材订购.xlsx”工作簿中，把 Sheet1 复制到 Sheet2 中，并把 Sheet1 整个保护成只读，不能被修改，工作表保护密码为“abc”。把 Sheet2 中的订数、单价、金额三列设置成可编辑区域，密码为“123”，工作表保护密码为“456”。

5. 若有条件，可用网络共享，多台电脑测试 Excel 工作簿共享，若无条件，可在单机上用多用户登录、切换测试 Excel 工作簿共享。

## 23.4 实验分析

1. Word、Excel、PowerPoint 均有密码保护功能，操作类似。

2. Word 文档的部分保护、部分可编辑，要先选中可编辑部分，而非保护部分。

3. “填写窗体”方式保护，先插入各种控件并设置属性，再进行限制编辑。

4. Excel 的可编辑区域保护，应先设置可编辑区域及密码，再保护工作表。直接保护整个工作表就意味着没有可编辑区域，保护工作表的步骤是相同的。

5. 文件夹网络共享方式，其他电脑能打开该共享文件夹，但由于涉及安全问题，现在比较难设置，实验可以用单机多用户共享来模拟。多用户环境中，每个用户都是单独拥有独立的“我的文档”、“桌面”等文件夹，这些文件夹不能共享，因此要保存文件供多个用户共享使用时，不能使用这些文件夹，可以在磁盘中单独建立新的文件夹使用。最好是使用管理员用户账号，因为管理员用户可以拥有所有文件夹的操作权限。

## 23.5 实验步骤

1. Word、Excel、PowerPoint 的加密保存，方法和步骤都类似，单击“文件－另存为”，在“另存为”对话框的“工具”中选择“常规选项”，在对话框中输入打开密码与编辑密码，“确定”返回到“另存为”对话框，继续保存即可。

2. Word 中部分可编辑、部分只读保护：

(1) 先选中可编辑部分，本题中即要选中空白单元格。同时选中连续单元格可直接拖动选中，增加非连续单元格，可用 Ctrl＋单击增加单元格选中。

(2) 整体把需要选中的单元格都选中后，单击“审阅－保护－限制编辑”打开限制编辑窗格。

(3) 选中编辑限制下的“仅允许在文档中进行此类型的编辑”，保留下列选项为默认的“不允许任何更改(只读)”，再选中“例外项”下的“每个人”。

(4) 最后单击最下面的“是，启动强制保护”，在对话框中输入密码。

(5) 启用保护后，保护将一直存在，即使关闭“限制编辑”窗格也不影响保护方式，除非“停止保护”。

3. 窗体控件插入及窗体保护：

(1) 选中“开发工具－控件－设计模式”，按要求在表格中插入各种控件。一般情况下，插入控件后，都不需要设置属性，因此可以把“纯文本”控件的默认文字“单击此处输入文字”改为“请输入姓名”等合适的文字。

(2) “出生日期”一项，用日期选取器，在属性中可设置成“XXXX 年 XX 月 XX 日”的格式。注意：日期选取器可输入也可选择，但当输入非法日期时，系统不会校验是否正确。默认日期为当前日期，日期切换一次只能增减 1 月，若要选择较早日期，可先输入相近日期，再选择。

(3) “性别”为 ActiveX 选项按钮控件(又称单选框)。插入一个单选框后，打开属性窗口,把 Caption 属性改成“男”,把 AutoSize 属性改为 True(双击即可)。然后选中复制、粘贴一份到后面,选中后面的单选框,把 Caption 改成“女”。

(4)“学历”和“职称”项需要用下拉列表,插入控件后,在属性对话框中,重复点“添加”按钮,输入 4 个选项,最后单击“确定”即可。

(5)照片栏中用图片控件,不需要设置任何属性。

(6)ActiveX 文本框控件,单行不需要设置属性;多行需要设置 MultiLine 属性为 True;EnterKeyBehavior 默认为 False,输入时必须用 Ctrl+Enter 才能换行,改为 True 则可直接用回车换行。然后再把控件拉大。

(7)插入、并设置完所有控件后,单击“开发工具-保护-限制编辑”,选择“填写窗体”,启动强制保护。

4. Excel 工作表保护:先复制工作表,再在两个工作表中操作。复制工作表,可用 Ctrl+A 选中内容,再复制粘贴;也可用 Ctrl+拖放复制整个工作表,然后改名。

(1)Sheet1 整个工作表的保护,直接单击“审阅-更改-保护工作表”,输入密码“abc”,选择权限为默认即可。

(2)Sheet2 允许三列需填写数据的单元格为可编辑,其他单元格全部为只读。先单击“审阅-更改-允许用户编辑区域”建立可编辑区域,密码为“123”。最后“保护工作表”,输入密码“456”,选择权限默认,单击“确定”即可。

5. 共享 Excel 工作簿的准备工作:假设当前用户为 A,在控制面板中新建管理员用户 B。在磁盘中单独建立文件夹,供两个用户共享使用。

(1)A 用户编写 Excel 工作簿文件,保存到共享文件夹中,单击“审阅-更改-保护并共享工作簿”或“审阅-更改-共享工作簿”,然后继续输入。

(2)用 Windows 的“开始-关机-切换用户”切换到用户 B。B 用户打开共享文件夹,双击 A 用户保存的工作簿文件,直接打开,继续录入若干内容并保存。

(3)重新切换到 A 用户,录入数据并保存。观察双方用户保存操作的单元格变化情况:用户保存时,另外用户输入的单元格数据,会同时增加。这就是共享工作簿的作用。

注意:多用户情况下,关闭工作簿后,B 用户最好是注销掉。因为只切换,所有用户的程序还处于运行状态,一样占用 CPU 和内存。

# 实验 24

# 宏与 VBA

## 24.1 知识要点

### 24.1.1 VBA 简介

MS Office 系列软件中，都内嵌了一个二次开发的编程环境，编程语言为 VBA(Visual Basic for Application)。利用 VBA 编号的程序，可使 Office 系列软件功能增强，甚至可以定制一套 Excel 版的管理系统。VBA 在 PowerPoint、Outlook、Access 等软件中都能使用，本实验以 VBA 在 Word 和 Excel 中的应用为例，做简要介绍。

VBA 和 VB(Visual Basic)的开发环境非常相似、基本语法几乎都相同。VBA 与 VB 的不同处主要是 VBA 程序只能从属于它的宿主应用程序(即 Word 或 Excel)，只能在它的环境中使用，不能单独编译成 EXE 文件运行。比起 VB 来，VBA 增加了许多 Word 或 Excel 的内置对象。

### 24.1.2 VBA 基本语法

VBA 的语法和 VB 是相同的，下面简要介绍几个有关的语法规定。

1. VBA 的标识符(引号外的所有内容，包括：关键字、变量、对象名、属性名、方法名、函数名、过程名等)与大小写无关，大写、小写甚至大小写混合都一视同仁。关键字都会自动转换成为单词首字母大写的名称，变量名都转换成一致，自动转换在光标离开本行时自动执行。

2. VBA 的字符串(或叫字符型数据)与大小写有关，大写和小写代表不同的内容；字符串以一对双引号作为分隔符。字符串内的双引号用两个双引号表示。

3. 一般一行写一条语句，若要一行写多条语句，多条语句之间以冒号分隔。一条语句也可分多行书写，在行尾加空格和下划线，即说明下行为续行。

4. 以单引号开始的为注释语句，可写在语句后，也可单独一行，单引号后的内容将忽略，不做任何语法分析，注释内容以绿色显示。注释语句是不执行的，是给人注释、说明用的。有时当语句临时不用，可加单引号变注释，再次想使用时删掉单引号，语句又恢复了。

5. 程序的主要结构有两个，一个 Sub 结构(以 Sub 语句开始，以 End Sub 语句结束)，一个 Function 结构(以 Function 语句开始，以 End Function 语句结束)。VBA 的语句中，除了个别的语句(如 Dim 语句等)可以放在所有的 Sub 或 Function 块结构的前面外,其它所有的语句都要放在一个 Sub 或 Function 结构内。

6. Sub 结构叫"过程",在 VBA 中也称为"宏"。一个 Function 结构就是一个"自定义函数",函数可以有若干个参数,程序中要给函数名赋值,作为函数的返回值。

7. VBA 是一个面向对象的编程语言,程序中可以使用大量的对象,每个对象又有若干的属性和方法可用,对象名和属性(或方法)之间用点(.)隔开。由于某些属性也是对象型的,因此一个对象中可能会同时使用多个点,这里的点相当于"的"的意思。如:语句 ActiveSheet.Range("A1").Value=1 的意思是给当前工作表的 A1 单元格赋值 1。

### 24.1.3 程序的录入与编辑

1. VBA 集成环境:与宏或 VBA 程序相关的操作,都在"开发工具"选项卡下,而"开发工具"选项卡,在 Office 的各软件中,默认状态下是隐藏的,若需要打开,应在"文件－选项－自定义功能区"中把"开发工具"选中,确定后,"开发工具"选项卡将一直处于可用状态。

要进行录入或修改程序,首先要进入 VB 编辑器(IDE),进入 IDE 可单击"开发工具－Visual Basic"按钮,或按快捷键 Alt＋F11 实现。

IDE 界面的左边是工程窗口,下面一般有 Word 对象(或 Excel 对象)、窗体、模块等几类,程序一般要写在模块下,录制宏后,系统会自动在一个模块下生成程序。若没有任何模块,可直接右击插入一个模块,然后双击进入该模块。

虽然 Word 不能直接使用 Function 自定义函数,但在 Word 宏中是可以调用 Function 函数的。

宏程序可以直接手工编写,也可以用"录制宏"让系统自动生成宏程序,甚至可以先录制宏程序,然后再进行修改。

2. 模块中程序的插入或修改方法:

(1) 模块中的程序可在 IDE 中直接修改,也可直接添加一个或多个 Sub 或 Function 结构的程序。输入 Sub 或 Function 行后,会自动出现 End Sub 或 End Function 行,要编写的程序要在这两行程序之间输入。Sub 和 End Sub、Function 与 End Function 都必须配对使用,多个 Sub 或 Function 结构的先后顺序无关。

(2) 程序可以从其他文件中复制粘贴到 IDE 中。如果粘贴完整的 Sub 结构,一定要粘贴到 End Sub 以后,或 Sub 以前,切勿粘贴到某 Sub 和 End Sub 之间去,因为 Sub 结构是不能嵌套的。

(3) 在 Word 中单击"开发工具－代码－宏",在"宏"对话框中,选择一个宏后,可以进行编辑或删除,也可输入一个宏名后,直接创建一个新的宏(自动生成 Sub 和 End Sub 头尾语句)。

(4) 从外部文件导入:右击 IDE 左边的工程窗口,选择"导入",允许把扩展名为 bas 的文件(VB 模块代码)导入到模块中,或把 frm 文件导入到窗体中(VB 界面,包括窗体控件程序,细节本书不讨论)。同理,模块代码也可导出到 bas 文件保存。

### 24.1.4 录制宏

录制宏,就是系统自动把操作转变成程序,记录下来,录制的程序可重新执行。

录制宏的步骤:单击"开发工具－录制宏"选项卡下的"录制宏",根据提示选择快捷键或工具栏按钮，再设置宏的保存位置，开始后将把操作都录制下来，直到单击“停止录制”。

1. Word 录制宏功能。Word 录制宏，可录制各种按键及鼠标操作功能区中的按钮操作功能，但一般无法录制鼠标在文档中的选择等操作，应该尽量用键盘实现选中的操作。宏保存在“所有文档 Normal.dotm”（即通用模板）中时，以后对任何文档都能起作用；当保存在“当前文档”中时，只对当前文档起作用。录制时可直接将宏指定到一个快速访问工具栏按钮中。如图 24-1 所示。

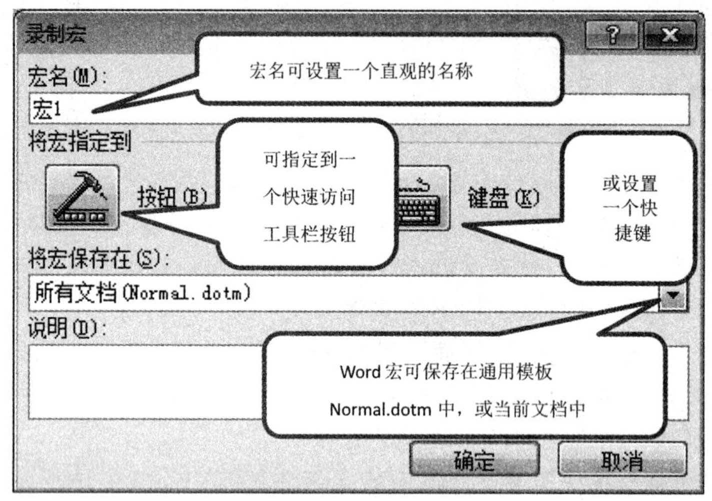


图 24-1　Word 录制宏

2. Excel 录制宏功能。Excel 录制的宏，可通过选中单元格的操作来录制，但会录制成绝对引用的单元格选中，一般不通用，因此一般也尽量不用鼠标选择单元格。选择宏保存在“个人宏工作簿”中时，系统会自动把程序保存在启动目录的 personal.xlsb 文件中，以后每次启动 Excel 时，都会自动打开此文件，因此宏对其他工作簿也能起作用。如图 24-2 所示。

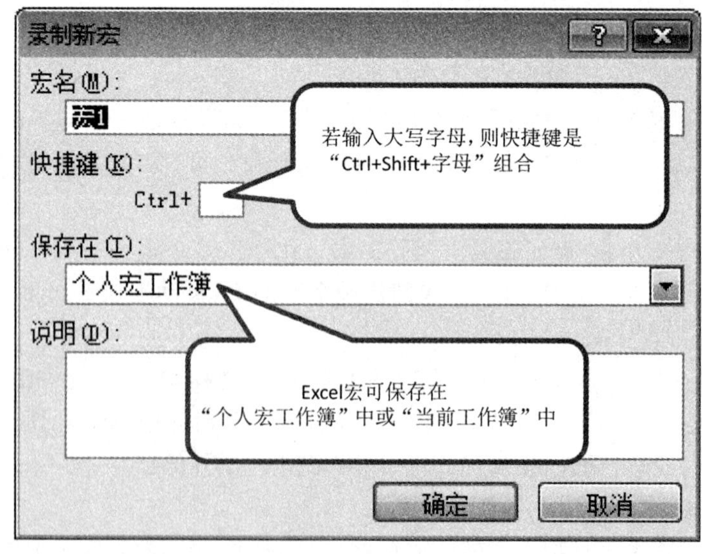


图 24-2　Excel 录制宏

### 24.1.5 宏程序的运行

要执行一个宏，有多种办法，如果录制时已经指定了快速访问工具栏按钮，或者指定了快捷键，那么直接单击按钮或按快捷键就可以了。如果没有，还有几种方法可执行这个宏：

1. 单击“开发工具－Visual Basic”（或组合键 Alt＋F11）进入 VB 编辑器，使光标停在一个 Sub 结构内，直接单击工具栏中的运行宏按钮（或按 F5 键）来运行。但 Function 结构是不能直接运行的，它只能由其他程序调用。

若程序运行过程时间较长（如中间有对话框等），可以单击暂停按钮，或按 Ctrl＋Break 键中断（暂停）程序；中断后的程序可继续执行。按停止键后的程序只能从头开始。但录制的宏，一般不会出现长时间运行的情况。

2. 单击“开发工具－代码－宏”，在对话框中选择一个宏后，再单击“运行”，甚至可以“单步执行”。

3. 添加宏到快速启动工具栏，或自定义功能区中单击执行，也可定义到某快捷键中，以按键执行。

（1）宏程序，可以在 Word 或 Excel 中添加到选项卡的自定义组中，步骤：单击“文件－选项－自定义功能区”（或右击工作区，选“自定义功能区”），选择命令“宏”，在右面选择主选项卡，在某功能区中新建一个自定义的组，就可添加到该组中去了。添加后可修改图标和名称。如图 24-3 所示。

（2）宏添加到“快速启动工具栏”的办法：单击“文件－选项－快速访问工具栏”（或在快速访问工具栏最右边下拉列表，选“其它命令”），选“宏”，添加一个宏到右边列表中。由于快速访问工具栏固定存在，使用更方便，内置功能或宏都可添加到快速访问工具栏中。

（3）若 Word 在录制宏的时候未指定快捷键，那么在录制后在“自定义功能区”下面的“键盘快捷方式”的“自定义”中定义，如图 24-3 所示。这个“自定义”在 Excel 选项中是没有的。

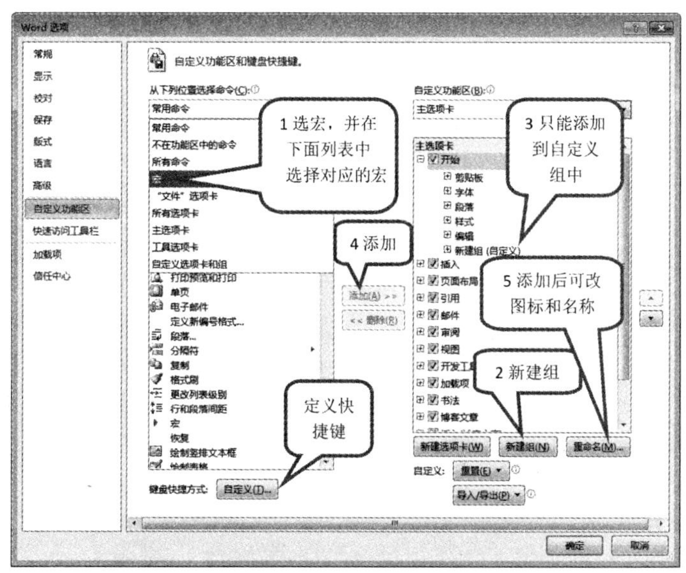


图 24-3 把宏添加到功能区的自定义组中

(4) 若 Excel 录制时未设置快捷键,事后要设置,可通过单击"开发工具—宏—选项"进行设置。这个"选项"功能,在 Word 的"宏"中是不存在的。如图 24-4 所示。

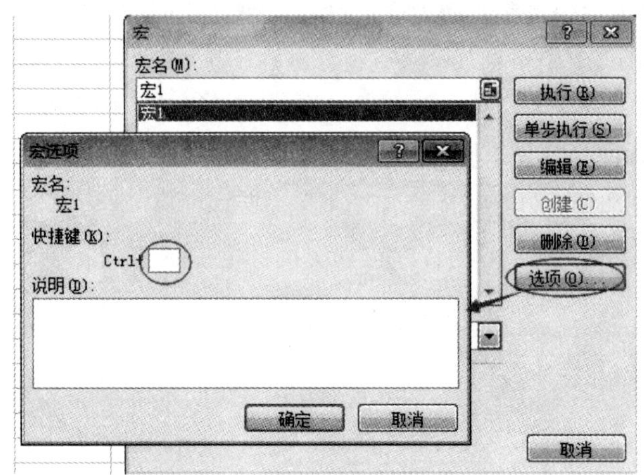


图 24-4　Excel 中重新对宏指定快捷键的方法

### 24.1.6　宏的安全性

既然宏是由程序组成,程序也就可以有破坏或自动复制功能,因此执行宏是有安全隐患的。2003 版的 Word 或 Excel,扩展名为 3 个字母,所有文档或工作簿文件都能直接保存宏程序,从文件扩展名上无法判断是否有宏程序在里面。而 2010 版对是否有宏的文档或工作簿进行不同处理,docx 和 xlsx 文件只能保存没有宏程序的文档或工作簿,有宏的文件必须保存成"启用宏的文档"(或工作簿),即 docm 或 xlsm 文件。也就是说,4 个字母扩展名的,且以 x 结尾的文件肯定是没宏程序的,m 结尾的才有可能有宏程序。若把有宏的文档直接保存成默认的"Word 文档",系统将有警告提示,强行保存会丢失宏程序。

在"开发工具—宏安全性"下的宏设置中,可对宏的执行进行设置,默认设置情况选项是"禁用所有宏,并发出通知",用 Office 2010 软件打开一个带有宏的文档,系统会有一行黄色提示,只有单击了"启用内容",文档中的宏才能使用,否则任何宏均无法使用;"禁用所有宏,并且不通知"则完全无法使用宏;"启用所有宏"则太不安全。一般情况下,默认情况比较合适。如图 24-5 所示。

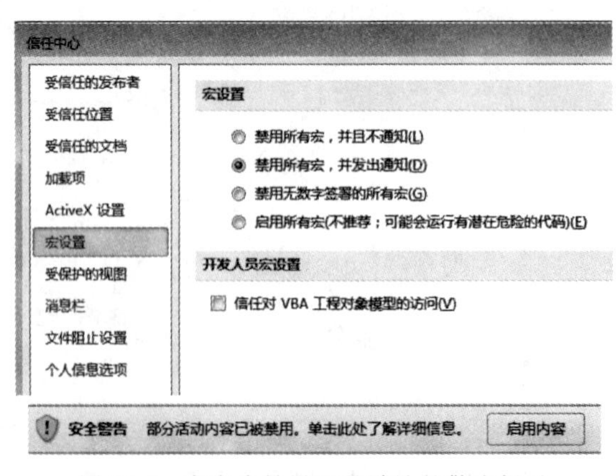


图 24-5　宏安全性设置及默认的警告提示

某些杀毒软件，会把带有宏程序的文档或工作簿，认为有疑似病毒而清除宏程序。若出现这种情况，应该设置病毒白名单，或者关闭杀毒软件，防止杀毒软件的误杀。

### 24.1.7 Excel函数与VBA函数及相互调用

这里有3种函数：①Excel函数，也叫Excel工作表函数，是单元格计算中使用的函数，总共有400多个；②VBA内部函数，是VBA系统提供，在程序中使用的函数，总共有100多个；③VBA自定义函数，用Function定义的函数，数量可用程序无限扩充。VBA函数包括内部函数和自定义函数，在VBA中都可直接使用。

本部分内容只适用于Excel的VBA，由于Word中无法直接使用VBA的自定义函数，因此与Word无关。

1. 函数用法的异同点。这两种函数，使用场合不同，虽使用方法差不多，但也有小区别。Excel函数，若无参数，空括号必须有；而VBA函数，若无参数，则不需要空括号（程序中若输入空括号，编辑器会自动去掉）；两种函数都是与大小写无关的，Excel函数系统会自动处理成全大写，VBA内部函数程序会自动处理成首字母大写，自定义函数会自动处理成和Function定义的一致。

2. 函数功能的区别。函数的功能，大部分名称相同的，功能也相同；但也有少量函数，虽然名字相同，但功能是不同的。如：

Round函数，两者都有，参数一样，功能也类似，但有微弱差别，Excel函数是四舍五入，而VBA函数是“四舍六入五成双”（结果的最后1位为偶数，如1.5和2.5用VBA的Round函数取整后，结果都是2）；

用年月日，合成一个日期的函数，Excel是Date函数，VBA是DateSerial函数；取当前日期，Excel是Today函数，而VBA是Date函数。两个Date函数，功能完全不同。

函数名不同，而功能相同的，如Excel的IF函数和VBA的IIF函数等。

3. VBA调用Excel函数。由于Excel函数远远多于VBA函数，并且功能很强，因此在VBA中，若本身没函数，而Excel有对应的函数，VBA是可以调用Excel函数的，如求最大值、求和等函数，方法是在Excel函数前加“Application.WorksheetFunction.”来调用即可，而“Application.”还可省略。如：调用MAX函数可用“WorksheetFunction.MAX(1,7,3,5)”。

4. Excel中调用VBA中的自定义函数。Excel公式中可以调用文件模块中的自定义函数（Function函数）。如果函数存在当前文件的模块中，或者是在加载宏中，那么可直接调用；若是要调用其他已打开的文件模块中定义的函数，则需要在函数前加三维引用方式调用，即“文件名！函数名（参数）”的格式调用。

能在Excel中调用的函数，或能执行的宏，文件必须已经打开，未打开的文件是无法使用的。“Excel启动文件夹”中的文件，在Excel启动后会自动打开，说明任何文件均可使用（但要加文件名前缀）。

5. Excel调用VBA的内部函数。Excel是不能直接调用VBA的内部函数的，若需要调用，可以先编写一个自定义函数，再在程序中调用内部函数，这样Excel就可间接调用VBA内部函数了。

### 24.1.8 Excel 单元格及工作表的表示方法

本部分只在程序中使用，对编程有兴趣的，可以关注参考。

Excel 单元格是最常用的一个对象，对象名叫 Range，表示方法也有多种，代表 1 个或若干个单元格组成的数组。Range 对象的表示方法如表 24-1 所示。

表 24-1 程序中单元格的表示方法

| 表示方法 | 代表单元格 | 说明 |
|---|---|---|
| Range("A1")或[A1] | 单元格 A1 | Range 可简化成[]来表示 |
| Range("A1:C6")或[A1: C6] | A1 与 C6 对角的 18 个单元格 | 用两个对角单元格，冒号分隔的 1 个参数组成矩形区域 |
| Range("A6","C1") | 同上 | 用两个对角单元格、2 个参数组成矩形区域 |
| Cells(1,2)或 Cells(1,"B") | 第 1 行第 2 列，即 B1 | 行用数值，列可用数值或字母 |
| [A1:C6].Offset(1,2) | 移动 1 行 2 列，即[C2:E7] | 可移动负数行或列，结果行列数量不变 |
| [A1].Resize(2,3) | 扩展为 2 行 3 列，即[A1:C2] | 改变行列数量，Resize 中的两个值就是最终行列数 |

VBA 中的对象，有一个属性是默认属性，可以省略不写。Range 对象的默认属性是 Value，即单元格的值。即 Range("A1").Value 可直接写成[A1]。

若一个单元格 Range 对象，未指定工作表，则是指程序所在的工作表(当程序写在某工作表中时)，或者是指当前已经激活的工作表(程序在某模块下时)。

工作表的表示方法也有多种，如表 24-2 所示。工作表是对象，后面还可跟“.”与单元格的表示方法。

表 24-2 工作表的表示方法

| 表示方法 | 说明 |
|---|---|
| ActiveSheet | 当前激活的工作表 |
| Worksheets("Sheet1") | 用 Worksheets 对象及名称指定 |
| Worksheets (1) | 用 Worksheets 对象及序号指定(从左到右，序号从 1 开始) |
| Sheets("Sheet1")或 Sheets(1) | 也可用 Sheets 代替 Worksheets，两者略有区别，Sheets 对象还包括 charts 等对象 |
| Sheet1 | 直接以工作表名称表示 |

工作表前还可增加工作簿前缀，之间还是以点(.)为分隔符。工作簿的表示方法也有多种，如表 24-3 所示：

表 24-3　工作簿的表示方法

| 表示方法 | 说明 |
| --- | --- |
| ActiveWorkbook | 当前激活的工作簿 |
| ThisWorkbook | 程序所在的工作簿 |
| Workbooks("book1.xlsx") | 以文件名指定工作簿 |
| Workbooks(1) | 以序号指定工作簿 |

### 24.1.9　加载宏

VBA 编写的自定义函数，可以供 Excel 工作表调用，这样就可无限扩展 Excel 的函数，使其应用更广泛。但若函数写在"a.xlsm"文件中，而应用是在"b.xlsx"文件中，那么每次应用公式中，必须要在函数前写上文件名，显然这很麻烦。即公式要用这种方式书写："=a.xlsm！myfun(a1)"，而且使用前还要打开该文件(文件若放启动文件夹下会自动打开)。

为了解决这个麻烦，Excel 提供了加载宏的功能，加载宏文件在启动 Excel 的时候会自动加载，而且引用的时候不再需要在函数前加文件名，可直接使用。

加载宏的使用方法：在 Excel 的模块中编写自定义函数，把 Excel 另存为"加载宏文件(*.xlam)"。加载宏文件只有放在特定的文件夹下时，加载宏才能起作用，另存为加载宏文件时，文件夹会自动切换到该文件夹下。加载宏的默认文件夹是：C:\Users\用户名\AppData\Roaming\Microsoft\AddIns。如图 24-6 所示。

图 24-6　另存为加载宏对话框

将文件保存到加载宏文件夹下，重新启动 Excel，此文件就会自动加载，而且文件是隐藏的。为了能直接使用该文件中的自定义函数，还需要在加载项中选中该文件，方法是：单击"开发工具—加载项"，在弹出的对话框中选中相应的文件即可。

如果加载宏文件是从别的机器复制来的，先放任意文件夹下(或在 U 盘中)，在文件夹里复制该文件,然后进 Excel,单击“开发工具－加载项”,再点“浏览”,在窗口中可直接粘贴,就可直接把文件粘贴到加载宏文件夹下。这样复制文件和选择文件可一次完成。浏览加载宏后,再打勾选中对应的加载宏即可。

### 24.1.10　工作簿与工作表事件

普通 Sub 过程(宏)的名称可以任意起名,宏可以被执行,或在程序中被调用。还有一种特殊的过程名,是特定的事件。当工作簿或工作表发生某种事件,就会自动执行对应的过程。如:Workbook_Open 事件为“打开工作表时”自动执行,Workbook_SheetChange 事件为“工作簿中任何单元格内容改变时”自动执行。这种事件程序的过程名不用输入,可以直接选择:①双击工程窗口的“ThisWorkbook”,②在代码窗口左边列表框选择“Workbook”,③在右边选择相应事件。程序的 Sub 与 End Sub 行会自动生成,在其中写代码即可。工作簿事件,对本工作簿的所有工作表有效。

同样,工作表也有事件,工作表事件只对指定的工作表有效。使用方法类似,先在工程窗口中双击某个工作表,再在代码上端左边选择 Worksheet 对象,在右边选择事件名,然后在下边写代码。如图 24-7 所示。

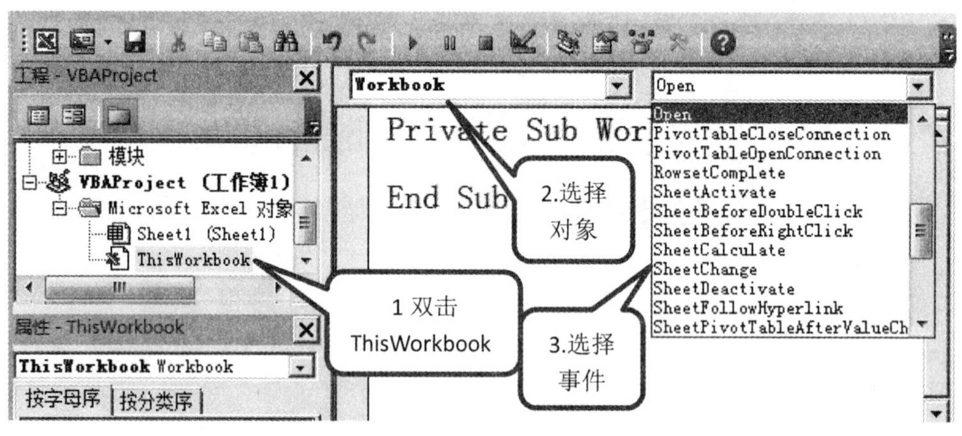


图 24-7　选择工作簿事件

选择事件后,自动生成的 Sub 语句前面会多了一个单词 Private,这个指“私有”的意思,即不同的工作簿或工作表,事件名称会相同,但它限制在当前工作簿或工作表中使用。

### 24.1.11　在立即窗口查询汉字的编码,用编码输入汉字

1. 汉字编码有如下几种:① GB18030(每个英文字母 1 字节、汉字 2 字节,中国的国家标准编码,兼容 GB2312－80 以及 GBK,简称 GB 编码),② Unicode(所有文字都 2 字节,国际标准,全世界文字全部统一编码),③ utf－8(Unicode 变种,文字编码长度不固定,英文 1 字节,其他文字 2、3 字节都有,网页使用比较多)。Office 内部使用 Unicode 编码。

2. 在 VBA 中,查询文字编码的函数为:ASC 函数查 GB 编码,ASCW 函数查 Unicode 编码。汉字的编码是负数,应该加 65536 变成正数。用 HEX 函数可转为 16 进制,转 16 进制的可以不加 65536。

3. 在 VBA 环境,可直接按 Ctrl＋G 组合键打开立即窗口,在立即窗口中,输入一句 VBA 代码,回车可直接执行。像这种查编码的代码就一句,可以不编程序,在立即窗口执

行，“?”可代替 Print 语句，就是显示的意思。例：查汉字“阿”的各编码代码：

“? ASC("阿")+65536”　显示 GB 编码：45218

“? ASCW("阿")+65536”　显示 Unicode 编码：38463

“? HEX(ASCW("阿"))”　显示 Unicode 的 16 进制编码：963F

4. 当经常需要输入偏僻、难输入的汉字时，用编码输入是个好办法。在 Office 中以编码输入汉字的方法有两种(以“阿”为例)：

(1) 在 Word 中，先输入 4 位 Unicode 的 16 进制代码(963F)，光标停在编码后面，然后按 Alt+X 键，编码自动转换成汉字。本方法只在 Word 中有效，在 Excel 和 PowerPoint 都无法使用。

(2) 通用方法：关闭汉字输入法，打开键盘数字锁，按住 Alt 键，用小键盘数字键依次输入编码，再放开 Alt 键。这种方法在所有软件中都适用，Word 和 PowerPoint 中要用 Unicode 编码(38463)，而 Excel、WPS、浏览器和及其它软件，大多要用 GB 编码(45218)，个别软件若用 GB 不正确，可以用 Unicode 编码测试。

## 24.2 实验目的

1. 掌握 VBA 及宏的基本概念；
2. 掌握录制宏的方法；
3. 掌握 VBA 程序的查看、修改、导入的方法；
4. 能看懂简单的 VBA 程序；
5. 能修改简单的 VBA 代码；
6. 掌握 Excel 调用 VBA 自定义函数的方法；
7. 掌握加载宏文件的制作步骤与使用方法；
8. 了解工作簿事件程序的作用与代码编写方法。

## 24.3 实验内容

1. 在 Word 中录制宏，实现删除当前行功能。并显示在快速访问工具栏中，名称为“删除行”，任选一个图标，保存在通用模板 Normal.dotm 中。

2. Word 朗读程序。宏名为 DocSpeak，实现朗读选中文字的内容功能。程序保存在 Normal.dotm 中，把此宏功能添加到快速访问工具栏中，图标自选，内容为“朗读选中文本”。输入或粘贴一段中英文文本，选中进行测试。

3. 录制 Excel 宏，对不及格数据用红字显示。宏名为“bujige”，保存在个人工作簿中，设置快捷键为 Ctrl+q，实现功能：从当前选中单元格开始，一直向下选中到最后，设置所有选中内容格式，数值小于 60 的，用红色字显示。

4. Excel 朗读程序。在个人宏工作簿中编程，实现依次朗读 Excel 选中单元格内容功能，宏名为“XlsSpeak”。把宏功能添加到快速访问工具栏中，图标自选，内容为“朗读选中单元格”。可输入若干姓名，选中后朗读测试。

5. 闰年判断：在个人宏工作簿中编写函数 RunNian(n)，判断 n 年是否是闰年，返回“闰年”或“平年”。然后在其他工作簿中调用，显示相应结果。

6. 加载宏的实现：

(1) 编写一个加载宏程序，内有 3 个自定义函数，分别是根据身份证号码，获取号码校验和(IDCheck 函数)、出生日期(IDBirth 函数)和性别(IDSex 函数)的功能。程序从给定的文件“ID.BAS”中导入到模块中。

(2) 复制 IDSex 函数，粘贴并改名为“取性别”，把参数 IDNo 改为中文“身份证号码”。

(3) 将程序保存为加载宏，文件名为“myaddins.xlam”。

(4) 打开给定的文件“身份证.xlsx”，根据 A 列中的身份证号码，用这 3 个函数，分别计算校验和、出生日期和性别，放在对应的 BCD 列下，并验证信息，正确的身份证号码的校验和是 0，其他都是错误的。同时增加若干真实身份证号码来验证 3 种信息。用中文函数名获取性别，同样填写到 E 列中。

(5) 选中多个身份证号码，调用宏“身份证号码检查”来检查身份证号码是否正确。

7. 用工作表事件程序，实现两列单元格的相互计算：当在 A 列中输入值，则自动计算 B 列值；在 B 列输入值时，则自动计算 A 列值。转换关系为 B 列是 A 列的 2 倍。

## 24.4 实验分析

1. 删除一行，用键盘操作，需要 3 次按键：Home、Shift＋向下、Delete。即录制这 3 个按键。录制的代码如下：

```
Selection.HomeKey Unit:=wdLine
Selection.MoveDown Unit:=wdLine, Count:=1, Extend:=wdExtend
Selection.Delete Unit:=wdCharacter, Count:=1
```

代码分析：宏代码，除了前面的注释外，有 3 行代码，刚好对应的是录制时按的 3 个按键的执行功能，可直接修改程序，局部调整功能。譬如一次删除 2 行，就把 MoveDown 行的内容改为“Count:=2”即可。

2. Word 朗读程序：Word 本身没有朗读功能，需要调用 Excel 相应功能，程序如下：

```
Sub DocSpeak()
    Set sp = CreateObject("excel.application")
    sp.Speech.Speak Selection.Text
End Sub
```

3. 从当前选中单元格开始，录制从向下选中本列全部单元格开始。录制时不能用鼠标选单元格，向下选中需用键盘实现，即 Ctrl＋Shift＋向下。其余用条件格式，可以用鼠标单击功能区，数据也可用键盘输入。

4. Excel 本身有朗读功能，可直接使用。程序要循环朗读选中的每个单元格，程序如下：

```
Sub XlsSpeak()
    For Each s In Selection
        Application.Speech.Speak s.Value
    Next
```

```
End Sub
```

5. 闰年函数程序如下：

```
Function RunNian(n)
    If (n Mod 4 = 0And n Mod 100 <> 0) Or (n Mod 400 = 0) Then
        RunNian = "闰年"
    Else
        RunNian = "平年"
    End If
End Function
```

程序说明：在 VBA 中，Mod、And、Or 和"+"、"－"一样，都是运算符，不是函数，内容直接放前后，而在 Excel 中，Mod、And、Or 都是函数。VBA 的运算符优先级别是"+、－"→"=、〈〉"→"And"→"Or"，因此程序中的 2 个括号都可省略。

6. 加载宏文件编写。

(1) Bas 文件可直接导入到 VBA 中。

(2) 复制成另外的函数后，函数名与参数如果要更改，则该函数程序中对应的变量要全部修改，保持一致。

(3) 工作簿可另存为加载宏，加载宏只需要程序，不需要 Excel 工作表的内容，工作表内容可任意。

(4) 加载宏起作用后，里面的函数可直接由 Excel 工作表的单元格使用，使用方法同 Excel 函数。身份证号码校验和的返回值：0 为正常号码，大于 0 为非法号码，－1 代表位数不正确。

(5) 身份证号码检查：把加载宏中的"身份证号码检查"宏添加到快速访问工具栏中。检查方法：先选中若干需要检查的身份证号码，单击"快速访问工具栏"的相应按钮，当遇到错误身份证号码(校验和错误或位数错误)时，光标会停留在相应单元格，并提示错误信息。

7. 工作簿事件。这种互相计算，可以通过工作簿事件"Workbook_SheetChange"来计算，当任何单元格的值发生变化时，都会自动执行该事件程序，判断发生变化的是哪列，分别计算。程序代码必须放在工程的 ThisWorkbook 中，不能放在模块或其它工作表中。程序如下：

```
Private Sub Workbook_SheetChange(ByVal Sh As Object, ByVal Target As Range)
        If Sh.Name <> "Sheet1" Or VarType(Target.Value) = vbString Then Exit Sub
        '若非 Sheet1，或者单元格是字符型，则不做任何事情，直接退出
        r =Target. Row        '行号
        c =Target. Column       '列号
        If c = 1 Then Cells(r, 2).Value =Target.Value * 2      '第 1 列变化，则计算第 2 列
        If c = 2 Then Cells(r, 1).Value =Target.Value/2      '第 2 列变化，则计算第 1 列
End Sub
```

程序也可用工作表的 Change 事件实现。程序差不多，即方法名为：Worksheet_Change。这里就不详细介绍程序了，请读者自己思考，哪里需要修改。

## 24.5 实验步骤

1. 录制删除行的 Word 宏。

(1) 录制宏步骤如下：

① 由于在录制过程中，也同时对文档进行操作的，因此，录制前，先在文档中任意输入几行文字。

② 光标停在某行中，按“录制宏”，重新为宏起个名字，如“DeleteLine”。

③ 选择工具栏，可把宏功能放在“快速工具栏”下。选中左边对应的宏名，添加到右边列表中，选中并单击修改按钮，设置显示名称为“删除行”，并选择一个合适的图标。确定后开始录制。录制状态下，鼠标形状可以指示当前处于录制状态。

④ 依次按 Home、Shift＋向下和 Delete 三个键。

⑤ 按“停止录制”。

(2) 使用已录制的宏：

把光标定位到任一行位置，单击录制时指定的快速访问工具栏，或者使用快捷键，就能直接删除光标所在的行。

2. 直接编程完成朗读 Word 选中内容的功能。

(1) 程序的录入：在 Word 的 VBA 左边的工程管理器中，展开“Normal.dotm”，双击任意一个模块，输入程序(或粘贴程序)，也可直接导入 bas 文件。

(2) 创建快捷工具栏：单击快捷工具栏最右边的下拉三角，选择“其他命令”，在位置列表中，选择“宏”，找到“DocSpeak”，单击“添加”按钮，把该宏添加到快捷工具栏中。添加后单击“修改”，重新设置按钮图标和显示名称。

(3) 朗读文章：先选中文字，直接单击快速访问工具栏图标即可朗读。在电脑有音箱或耳机的情况下，会听到朗读声。个别电脑，如软件安装有问题，运行会出错，可能需要修复才能使用。

3. 录制 Excel 宏，对不及格数据用红色显示。

(1) 录制准备工作：先在某列任意输入几个数据，包含 60 上下，然后选中开始单元格。

(2) 单击“录制宏”，输入宏名称为“bujige”，设置快捷键为 Ctrl＋Q，选择保存在“个人宏工作簿”，单击“确定”开始录制。录制开始后，除单击功能区中的按钮外，不要在单元格中单击鼠标，直接用键盘操作：先用 Ctrl＋Shift＋向下组合键，选中内容，再单击“开始－条件格式”进行设置，设置单元格值小于 60 为红色。设置完后，单击“开发工具－停止录制”。

(3) 使用录制的宏：把光标停留在一列数据的开头，按 Ctrl＋Q，即可把整列数据设置成 60 以下为红色。

4. 编程完成朗读 Excel 选中单元格内容：除了程序不同，VBA 环境不同，其他操作几乎和 Word 朗读完全一致。个人宏工作簿是“PERSONAL.XLSB”。

5. 编写自定义函数程序。

(1) 在“PERSONAL.XLSB”的模块中输入程序。

(2) 调用时由于程序不在当前文件中，必须加文件名前缀和感叹号，单元格中调用方法是：=“Personal.xlsb！ RunNian(B2)”。

6. 加载宏的实现。

(1) 新建 Excel 文件，工作表中不用输入任何内容。直接按 Alt+F11 切换到 VBA 编辑器，右击当前工作簿，选择“导入文件”，选择 ID.BAS 导入，双击导入生成的“模块 1”，在编辑窗口中可查看、编辑程序。

(2) 修改中文名称和中文参数函数。找到函数 IdSex，把整个函数内容(Function 到 End Function 之间)复制粘贴一次，把其中一个函数名“Idsex”全部改为中文“取性别”(2 处)，把参数“ID”全改为中文“身份证号码”(2 处)，这样一个功能相同的另一个函数产生了。如图 24-30 所示。

```
Function IdSex(ID) As String
Dim n%
n = Mid(ID, 17, 1) Mod 2
IdSex = IIf(n = 1, "男", "女")
End Function
```

```
Function 取性别(身份证号码) As String
Dim n%
n = Mid(身份证号码, 17, 1) Mod 2
取性别 = IIf(n = 1, "男", "女")
End Function
```

图 24-30　自定义函数名与参数均可使用中文

(3) 保存为加载宏文件。导入程序，并对程序进行编辑后，可关闭 VBA 编辑器，返回 Excel 窗口，把 Excel 文件另存为“加载宏文件”。在文件类型中选择加载宏( *.xlam)，此时文件夹会自动切换到加载宏文件夹，不要再切换到文件夹，直接输入文件名“myaddins”，保存、关闭并重启(Excel)。

重启 Excel 后，单击“开发工具—加载项”，选中“myaddins”，确定。

此加载项即会自动加载，但工作簿不会显示，在所有 Excel 工作簿中，均可像 Excel 的工作表函数一样直接使用了，而且在输入“=”后，函数名也会和普通 Excel 工作表函数一样，会自动提示。单击 *fx* 后也有函数提示，只是这样的函数没有详细的帮助信息。如图 24-31 和图 24-32 所示。

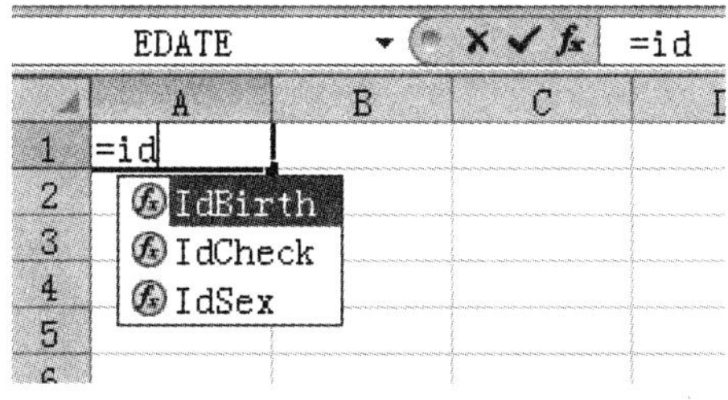


图 24-31　使用加载宏中的自定义函数

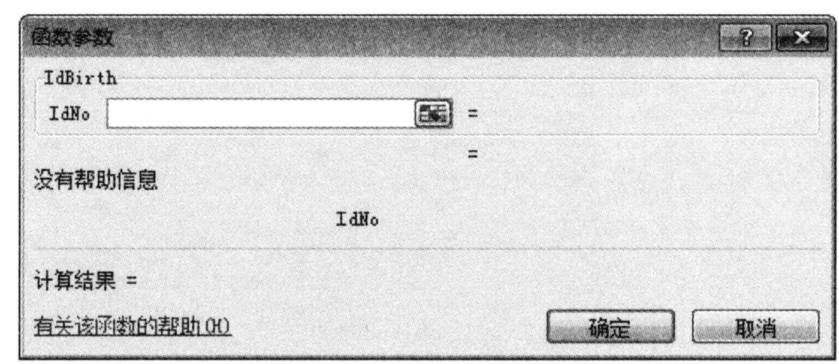


图 24-32　自定义函数可以使用提示对话框，但没详细帮助信息

函数参数使用中文后，提示信息中直接用中文显示参数，可解决没详细帮助信息的缺点。使用函数“取性别”时，输入“＝取”，同样会有提示函数，对话框界面为图 24-33 所示。

函数参数
取性别
身份证号码 =
=
没有帮助信息
身份证号码
计算结果 =
有关该函数的帮助(H) 确定 取消

图 24-33 自定义函数参数用中文，提示也为中文

(4) 工作表中使用加载宏中的函数。打开给定的工作簿文件，工作表 A 列中包含若干 18 位身份证号码，使用加载宏中的自定义函数，根据身份证号码获取相应信息：

在 B2 中输入公式“＝IdCheck(A2)”，得到“校验和”，并双击填充柄复制；

在 C2 中输入公式“＝IdBirth(A2)”，得到“出生日期”，并双击填充柄复制；

在 D2 中输入公式“＝IdSex(A2)”，得到“性别”，并双击填充柄复制；

在 E2 中输入公式“＝取性别(A2)”，得到“性别”，并双击填充柄复制。

(5) 身份证号码检查。把加载宏中的“身份证号码检查”宏添加到快速访问工具栏中。选中多个身份证号码单元格，然后单击快速访问工具栏中对应的按钮，执行宏。如遇到非法身份证号码时会有提示。

7. 两列互相计算。

(1) 新建 Excel 文件，打开 VBA 环境，双击工程中本文件的“ThisWorkbook”，右边上方有两个下拉列表，左边“通用”重新选择“Workbook”，右边“声明”重新选择“SheetChange”，自动生成首尾语句，在期间输入相应程序。如果整体复制上述给定的程序，则不需要上述选择，直接粘贴全部程序即可。若程序通过导入实现，则需要把模块中的程序剪切到 ThisWorkbook 中才可以。

(2) 程序效果实验：在 Sheet1 的 A 列或 B 列分别输入数据，观察另一列的数据变化。

(3) 将整个 Excel 文件保存成“Excel 启用宏的工作簿(＊.xlsm)”文件，下次再进入也可使用程序。

# 实验 25

# 在 Office 中插入 ActiveX 对象

## 25.1 知识要点

### 25.1.1 ActiveX 控件

本文提到的对象，称作 OLE 对象（Object Linking and Embedding）或者叫 ActiveX 控件。这是一种编程语言中普遍使用的功能，利用其他已经开发的功能，方便扩充自己软件的功能。在软件开发中，也讲究“我为人人，人人为我”的原则，Office 软件的功能可以嵌入其他软件中，Office 也可嵌入其他软件的功能。其他软件使用 Office 功能不是本书要讲述的范围，这里只讲 Office 软件嵌入其他软件功能模块的使用。

### 25.1.2 插入 ActiveX 控件的步骤

1. Word、Excel、PowerPoint 插入 ActiveX 控件的方法略有不同，但都是在“开发工具—控件”组中，如图 25-1 所示。有关“控件”或“对象”的称呼，不是很严格，经常混合使用，双方都不能算错误，但称呼一般有个习惯：将未插入前的一类称为控件，插入后的称为一个具体的对象。

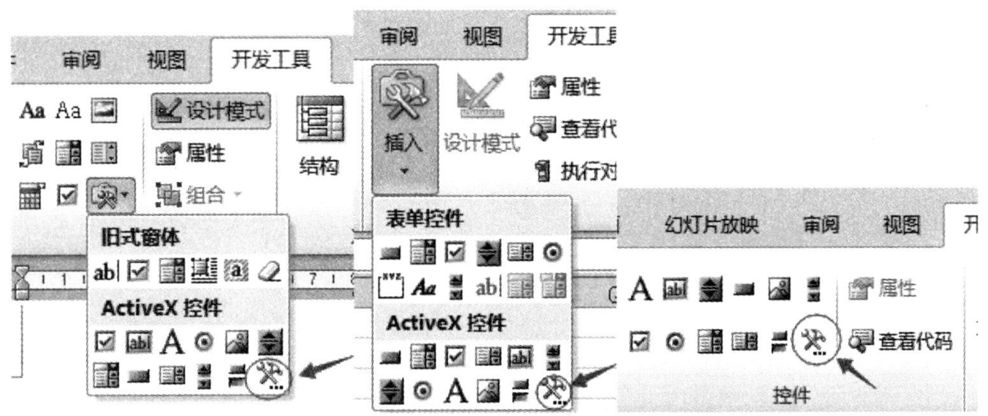


图 25-1 Word、Excel、PowerPoint 插入 ActiveX 控件的方法略有不同

2. 插入其他控件后，出现的对话框中有各种控件（对象）的列表，以字母顺序排列，有几

百个。列表中的控件,并不是固定的,它和该电脑安装了哪些软件有关。Windows 本身、Office 本身都提供了大量的控件,后续安装的软件也会提供各种控件。控件名称大多是英文名称,当然中文名称也是合法的,这些名称是软件开发者起的。如图 25-2 所示。如果列表中并不存在某个控件,说明该机器没有安装对应的软件,可以重新安装该软件或注册控件后再插入控件。

图 25-2 ActiveX 对象列表

3. 选择控件,单击“确定”后,鼠标形状会变成一个“+”字光标,用鼠标拖动成一个矩形区域,就是该控件对象的摆放位置和大小,后续也可继续修改大小和位置。

4. 下面是几个常用的 ActiveX 控件:

- Shockwave Flash Object:Flash 控件,可播放 Flash 动画;
- Microsoft Web Browser:IE 浏览器控件,可制作浏览器。

5. 插入控件后,需要设置控件的某些属性:单击“开发工具－控件－属性”打开属性面板,在属性面板中,其左边是属性名,都是英文单词,右面是属性的值,可以输入、修改。若属性是逻辑型,还可双击改变 TRUE 和 FALSE 值;如果是文件名,不能用对话框选择,但可以粘贴文件路径。

6. 部分控件在设置某些属性后可直接使用,但有些控件对象还需要编写程序才能工作。若需要编写程序,可双击某对象,系统会自动切换到 VBA 环境中,且自动显示一个事件程序的 Sub 结构,如果自动出现的事件并不是所需的,可重新选择事件名称,在 Sub 后面书写程序。自动生成的空白 Sub 结构可删可不删,其结果都不会影响程序的执行。

### 25.1.3 控件对象的执行

控件有两种模式:设计模式与执行模式。Word 和 Excel 的“开发工具－控件”组中都有一个“设计模式”开关,选中“设计模式”进行设计,取消选中即处于执行模式。但 PowerPoint 下并无此开关,在 PowerPoint 下,编辑状态(普通视图)就是设计模式,播放方式(阅读视图和幻灯片放映视图)就是执行模式,不能进行人工模式切换。在设计模式下,单击对象,就是选中对象,可删除、移动、改变大小等,双击对象会切换到 VBA 的代码视图进行编辑;在执行模式下,单击、双击或右击对象,都是要执行对象的对应事件的程序代码。

## 25.2 实验目的

1. 掌握在 Office 软件中插入各种控件及 ActiveX 的步骤；
2. 掌握简单的 ActiveX 控件的使用方法；
3. 掌握 PowerPoint 中插入 Flash 动画的方法；
4. 掌握 PowerPoint 中插入浏览器的方法。

## 25.3 实验内容

1. 在 PowerPoint 中插入一个 Flash 文件，并设置背景颜色为蓝色。
2. 在 PowerPoint 中插入一个浏览器，并实现百度搜索功能。

## 25.4 实验分析

1. 在 PowerPoint 中插入 Flash 文件。

(1) Flash 对象的对象名为"Shockwave Flash Object"。

(2) Flash 对象的颜色属性：BGColor 属性为 16 进制背景颜色，按红绿蓝顺序各 2 位数，蓝色的 16 进制编码为 0000ff。BackgroundColor 属性同样是背景颜色，但它用 10 进制数表示，蓝色数值为 255。注：与大小、位置等属性不同，背景颜色属性修改后，不能马上反映到界面中，需要播放时才会有变化。

(3) Movie 属性用于指定 Flash 文件的全路径。若该文件不含盘符和路径，那么就指 Flash 文件存在与当前演示文稿文件相同的文件夹中。Flash 文件的扩展名为"swf"。

(4) 如果 EmbedMovie 属性设置为 TRUE，则在保存演示文稿文件时，该 Flash 文件会自动插入到 pptx(或 pptm)文件中，后续的播放也不再需要对应的 Flash 文件了。

(5) Flash 控件的属性如图 25-3 所示。

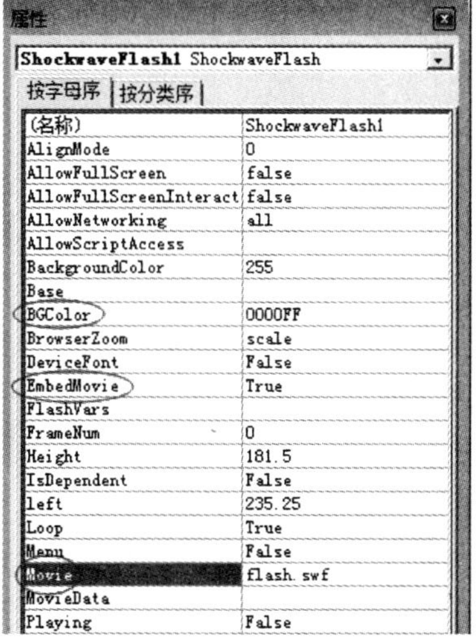


图 25-3　Flash 控件的几个主要属性

(6) 用 Flash 控件播放 Flash 文件,不需要任何程序。

(7) Flash 文件可以用“插入一视频”方式直接插入。虽然这样操作简单,但这种方式的 Flash 不能设置属性,也不能像普通视频一样进行剪辑或其它播放设置。

2. 插入浏览器控件,实现百度搜索功能。

(1) 百度搜索功能需要一个空白幻灯片;

(2) 需要一个文本框,用于输入搜索内容,除了大小位置可拖放设置外,其他属性都不需要设置;

(3) 需要一个按钮,用于开始搜索,将 Caption 属性设置为“百度一下”;

(4) 需要一个浏览器控件,控件名为“Microsoft Web Browser”。

(5) 浏览器控件的使用,需要程序,但程序不在浏览器控件中书写,是在按钮中书写(即百度搜索是在单击了“百度一下”开始显示搜索结果的,不是在单击下面浏览器区域后显示的)。双击按钮“百度一下”,自动生成的事件就是 CommandButton1_Click,刚好是所需的事件(即 CommandButton1 的单击事件),直接写入如下代码。

```
Private Sub CommandButton1_Click()
WebBrowser1.Navigate "http://www.baidu.com/s? wd=" & TextBox1
End Sub
```

(6) 程序分析:3 行程序中,前后两行是自动生成的,不需要输入。“WebBrowser1.Navigate”就是要浏览一个网址的意思,具体网址由后面的字符串提供,"http://www.baidu.com/s? wd="是百度搜索固定的地址,后面是搜索的内容,由用户输入,即文本框 TextBox1 的内容。

(7) 浏览器使用:播放 PowerPoint 即可。

(8) 保存文件:由于该文件包含程序,只能保存为“启用宏的 PowerPoint 演示文稿(*.pptm)”文件。如果强行保存成“PowerPoint 演示文稿(*.pptx)”,那么程序将丢失,浏览器将无法使用。

思考:另加一个按钮,用于显示某固定网页,程序如何写?

## 25.5 实验步骤

1. 在 PowerPoint 中插入 Flash 文件。

(1) 在 PowerPoint 中插入一页幻灯片,单击“开发工具一控件一其他控件”,在对象列表中选择“Shockwave Flash Object”,插入后调整大小和位置。

(2) 单击“开发工具一控件一属性”,在 BGColor 属性中输入蓝色的 16 进制编码 0000ff,或在 BackgroundColor 属性中输入蓝色的 10 进制数 255。

(3) 先准备好一个 Flash 文件,在 Movie 属性中输入该 Flash 文件的全路径:单击 Flash 文件所在的文件夹上面的地址栏,使光标停在最后,用键盘输入“\”,以及文件名前面部分字母,系统将自动列出匹配的文件,用光标键向下移动到该 Flash 文件(不要用鼠标单击)上。此时地址栏会显示文件全名,复制该地址,粘贴到 Movie 属性中。

(4) 假设 Flash 文件保存在当前演示文稿相同文件夹中,则 Movie 属性中只需要文件名即可。假设文件名为“Flash.swf”,则 Movie 属性就填“Flash.swf”。Windows 默认设置是不显示扩展名的,属性要为文件名全称。

(5) 将 EmbedMovie 属性设置为 TRUE,即把该 Flash 文件嵌入 pptm 文件中。

(6) 其他属性根据具体情况设置。

(7) 播放 PowerPoint 观察效果。

2. 插入浏览器控件,实现百度搜索功能。

(1) 重新插入一页,删除所有对象,保留空白页面。

(2) 单击“控件—文本框(ActiveX 控件)”,插入一个文本框,供输入搜索内容用,其他属性不用修改。

(3) 单击“控件—命令按钮(ActiveX 控件)”,插入一个按钮,选中按钮后,把 Caption 属性修改为“百度一下”。

(4) 在文本框下面插入一个名为“Microsoft Web Browser”的 ActiveX 控件,浏览器对象尽量拉大,属性不需要设置。刚插入的浏览器对象,整个底色是黑色的,这不影响最终显示网页信息。三个对象如 25-4 所示。

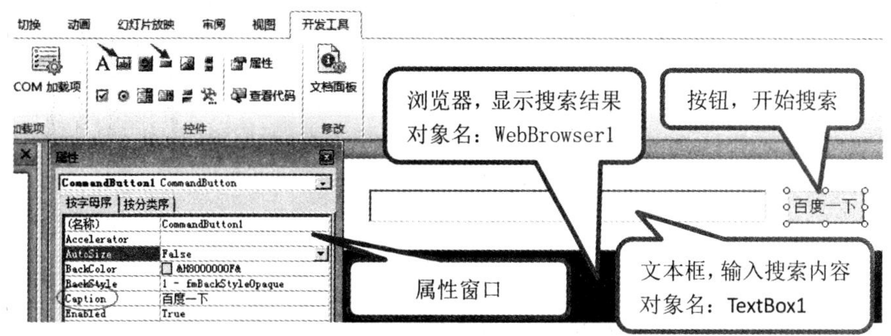


图 25-4 在 PowerPoint 中插入文本框、按钮、浏览器三个对象

(5) 双击按钮“百度一下”,在 Sub 和 End Sub 之间直接输入上述代码:

```
WebBrowser1.Navigate "http://www.baidu.com/s?wd=" & TextBox1
```

(6) 播放 PowerPoint,单击文本框,并输入内容,单击“百度一下”按钮即可显示搜索结果网页。

(7) 另存文件,选择类型为“启用宏的 PowerPoint 演示文稿(*.pptm)”文件,保存成 pptm 文件。

思考题解答:若显示固定网页,可取消标签与文本框,只留一个按钮,在按钮的单击事件代码 Navigate 后的引号内直接写固定地址即可。

# 实验 26

# WPS的使用

## 26.1 知识要点

### 26.1.1 WPS 介绍

1. WPS 的全称为 WPS Office，是由金山软件股份有限公司自主研发的一款办公软件套装，可以实现办公软件最常用的功能。目前使用最多的是 WPS 2016 版，本实验后续内容，若没有特别说明，就以该版本为准。WPS 2019 版已经发布，本实验有专门介绍。WPS 有文字（对应 Word，扩展名为 wps）、表格（对应 Excel，扩展名为 et）、演示（对应 PowerPoint，扩展名为 dps）、秀堂（移动端 H5 制作，可直接网上发布，大多收费）等多种应用模块。如图 26-1 所示。

图 26-1　WPS 2016 家庭成员

2. WPS 体积小巧，WPS 2016 安装软件只有 70M，比 MS-Office 小很多，安装非常快速。WPS 有强大插件平台支持、免费提供海量在线存储空间及文档模板。

3. WPS 全面兼容 MS-Office 各种版本的 doc、docx、xls、xlsx、ppt、pptx 等文件格式，可直接打开这些文件，WPS 保存的这些文件，Office 软件也能直接打开。在 WPS 安装时，可直接设置保存为 Office 2010 兼容格式，即保存时的文件类型默认为 docx、xlsx 及 pptx。

4. WPS 支持 PDF 文件的阅读、折分、合并、批注、输出及转换成 Word 文件的功能。

5. WPS 提供"云"存储功能，可随时在电脑、手机等设备间共享文件。

6. WPS 不但能直接打开 Office 文件，而且操作界面也和 Office 非常相似，容易学习使用，甚至连 Excel 的函数、VBA 编程接口都能完全兼容。

7. WPS 支持众多中文特有的功能。WPS 提供许多 MS-Office 不具备的功能、控件，提供大量模板、素材和知识库，可以方便生成具体应用，以及不断扩充本身的功能等。

8. WPS 有 Windows、Linux、Android、IOS 等多个平台的版本，WPS 支持桌面和移动办

公。Android 版或 IOS 版，适用于智能手机、平板电脑、智能电视等多种设备，随时随地移动办公。并包含文字、表格、演示等组件，完美支持各种 Office 文档格式的查看及编辑。WPS 同时支持社交媒体如 QQ、微信、微博共享，支持团队共享。

9. WPS 根据收费及方式不同，分不同的版本，有个人版、专业版、租赁版等。个人版完全免费，但广告比较多，而且部分功能有限制。

### 26.1.2 WPS 总体界面简介

1. WPS 也和 MS-Office 一样，以功能区、选项卡、组的方式安排各种操作。同样单击每组右下角的小图标，可弹出该组的总对话框，一般包含本组的所有功能。但 WPS 中并不显示各组的名称。与 MS-Office 一样，WPS 功能区中除了“开始”、“插入”等固定的选项卡外，也有关联选项卡，即当选中一个对象，与此对象关联的选项卡可以切换出来使用，如选中图形对象，就会有“图片工具”选项卡可以使用。

2. WPS 和 MS-Office 一样，有快速访问工具栏，WPS 的快速访问工具栏在功能区下方，快速访问工具栏右边是文档选项卡（这里的文档泛指文档、表格和演示，或叫工作区选项卡）。

3. 以文档选项卡方式直接显示多文档的方式，比 Office 要受欢迎，选择其他文档时，直接单击，不用像 Office 那样要从任务栏选择。

4. 文档选项卡最前面的两个“我的 WPS”和“云文档”，并不是真正打开的文档，而是默认的起始界面，包括个人文档历史信息、个人云信息，以及相关广告等。这两个虚拟文档一样可以关闭，当执行某项功能需要时又会自动打开。

5. 文档选项卡最后一个“＋”号，就是新建文档。关闭文档，可单击选项卡标签后面的“×”或者双击标签来关闭。如图 26-2 所示。

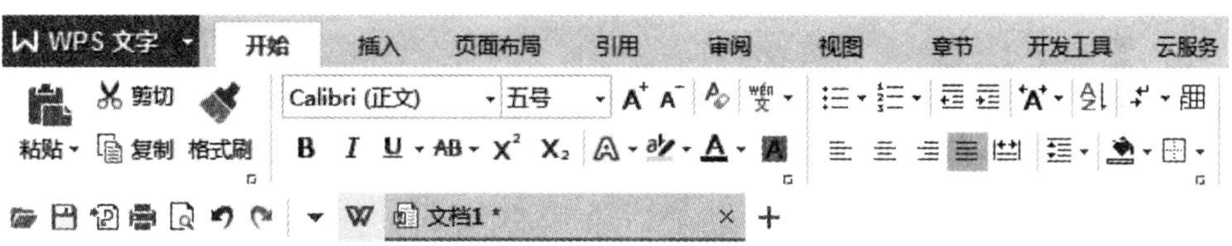


图 26-2 WPS 的功能区、快速访问工具栏和文档选项卡

6. 和 Office 一样，WPS 一样有“视图”选项卡和状态栏右侧小图标，可设置一些显示方式。除了常规的和 MS-Office 大同小异的多种视图模式外，WPS 文字和 WPS 表格还有“护眼模式”和“夜间模式”，可以调节显示亮度以适应眼睛。与 MS-Office 相比，WPS 文字增加了全屏视图、去掉了草稿视图。

7. WPS 的任务窗格，包含多种对话框，可缩放成右边一条竖线，也可只显示图标，还可把其中正在显示的任务窗格单独移到文档区（不占用任务窗格位置）。任务窗格有：新建、样式（文字）、动画（演示）、切换（演示）、选择、形状、属性、限制（文字）、分析（表格）、传图、推荐、分享、工具、备份、帮助等。WPS 甚至可以自定义任务窗格。

### 26.1.3 WPS 的“开发工具”

1. 从选项卡中的功能来看，WPS 的“开发工具”中的功能和 MS-Office 对应的功能几乎完全一样。

2. 其实不只是功能几乎一样，从本质上讲，WPS 使用的还是 MS-Office 相同的 VBA 软件，所以 WPS 才能做到连 VBA 程序都能完全兼容 MS-Office。如果一台电脑先安装了 Office，再安装 WPS，而 WPS 也安装了对应的 VBA，那么 MS-Office 的 VBA 会因为版本不同而受影响，可能会出现使用不了的情况。

3. 为 Office 开发安装的 Excel 加载宏文件，在 WPS 中也能使用，WPS 同样会自动出现加载项选项卡。

4. WPS 的“开发工具”默认就是显示的，而 MS-Office 的“开发工具”默认是隐藏的。

### 26.1.4　WPS 的“云服务”

1. WPS 的 3 个模块的功能区中，都包含一个“云服务”的选项卡。这是 MS-Office 完全没有的功能。云服务功能一般要在联网且登录账号的情况下才能使用，有些功能需要会员用户（收费用户）才可使用。图 26-3 为 WPS 文字的“云服务”选项卡（为了显示更清晰，把一长条截成两行显示）。云服务的存储相关功能是以 WPS 云为基础的服务，注册账号后，每个用户同时拥有了云空间，免费账号拥有 1G 空间，升级成会员后，空间会增大。

图 26-3　WPS 文字的云服务功能

2. WPS 软件中还有一个单独的模块，叫“WPS 云文档”的管理器，管理 WPS 云文档。“我的云文档”是一个虚拟文件夹，直接存在于“计算机”中。对应于硬盘中的一个文件夹，可对它直接进行拖放、复制、移动、改名、删除等操作，在后台软件的管理下，可自动把文档同步到云中。另一种操作方法是在 WPS 中的“云文档”中进行，操作方法也类似。WPS 的文档保存的位置有两种，一种是本地硬盘，一种是 WPS 云中，WPS 的所有模块，其默认保存文件夹就是“我的云文档”。

3. “分享”、“输出为 PDF”、“输出为图片”、“文档加密”等功能，除了“云服务”中存在以外，同时还存在“文件”菜单中。

4. “分享”：把 WPS 文件，通过网络链接分享给其他人，可分享给 QQ 好友、微信好友，或者通过邮件发送，或者只复制一下链接。如果文档是保存在本地硬盘，在“分享”时，需要 WPS 云作为实际存储，因此系统会自动上传至 WPS 云中，并自动生成一个链接供分享，如图 26-4 所示。好友得到分享链接后，可直接打开浏览文档内容，或者直接在浏览器中浏览，不需要安装 WPS 软件。

5. “文件修复”：可修复各种已经损坏的文档、电子表格、演示文稿，包括 Office 格式的文档。当然是否能真正修复，还得看文件损坏程度。

6. “发送到手机”：若手机也安装了 WPS 软件（安卓或 IOS 版 WPS），那么在电脑中直接单击一下按钮，就可把当前文档发送到手机，以方便多平台交流。发送功能，是通过保存

图 26-4　WPS 分享功能

到云的方法实现的，本质上文件并没有发送到手机，只是通过手机自动下载并打开云中的文件。和"分享"操作一样，即使文档保存在本地硬盘中，没保存在云中，"发送到手机"操作也会自动上传至云中。若要能正常使用发送的文档，手机 WPS 必须用与电脑相同的账号登录。

7. "朗读"：可直接对全文或选中的文字朗读。WPS 的 3 大模块都有朗读功能，只是下级菜单略有不同，主要有全文朗读和对选中文本进行朗读。WPS 表格还有"回车朗读"的开关，打开后，在单元格中输入内容并回车后（用光标键或 Tab 键离开也一样），刚输入的单元格内容就会被朗读出来。朗读功能不需要联网，可本机独立完成。MS-Office 虽然编写几句 VBA 代码也能实现朗读功能，但没有直接的朗读功能可用。

8. "团队文档"：为文档在多人间共享的方法，相关操作都在"我的 WPS"虚拟文档选项卡下的"云文档"中进行（如果"云文档"选项卡已经关闭，则会自动打开）。可以把想一起协同办公的用户组建为一个团队，单击"团队文档"后，再单击"新建团队"，输入团队名称，把自动生成的链接发给其他人，其他人就可通过这个链接加入团队中，就可以一起分享团队的文件。团队文件夹中的文件，组内成员都可以进行浏览、编辑、下载与评论，真正实现团队内人员随时随地办公。团队的建立者还可以设置每个成员的使用权限，实现虚拟化团队管理。

9. "文档加密"：除了和 Office 类似的密码加密外，还可用 WPS 账号加密，只有本人或授权者能打开，别人无法打开。授权者的权限可设置。如图 26-5 所示。

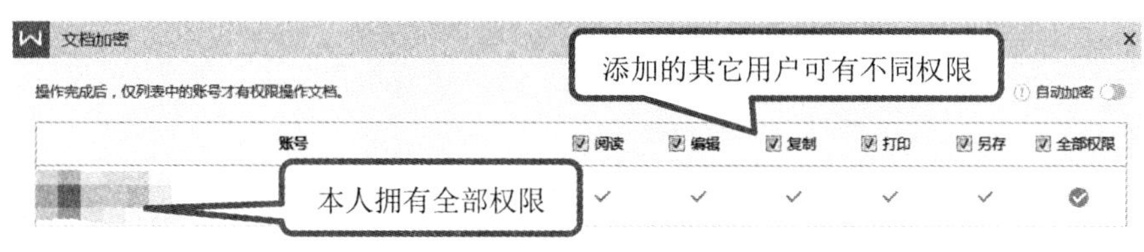


图 26-5　文档的 WPS 用户账号加密

10. "划词翻译"：是个开关按钮，打开后，选中文本，直接就有英文或中文翻译出现在光标位置。如果翻译窗格打开，同时也会在窗格中显示。翻译的语言默认是自动识别，以中英互译为默认语言，也可在翻译窗格中手工选择翻译语言。

11. "云编辑器"：启动一个叫"写得"的模块。"写得"可直接编写文章，并保存在云中，只要标题和内容,不需要起文件名、不需要单击保存,系统会自动保存。文字内容可进行简单的格式设置。除了普通文字外,还可添加图片、音视频、地图、投票报名、表格图标、思维导图、流程图等信息。“写得”也可直接在浏览器中使用,也可在手机、平板上使用。“写得”可用 QQ、微博、微信、二维码等方式分享,分享得到的链接,可直接在浏览器中(电脑、手机均可)显示。

12. “PDF 转 Word”:把 PDF 转换成 Word 文档。可能有一些特殊格式的 PDF 文件会转换失败,无法转换的,系统还会提示尝试用加强版进行转换。即使转换正常,也会有个别文档的格式有少许的不一致,这是正常情况。正常转换完后会直接打开转换后的文件。

13. “图片转文字”:即 OCR 识别,把图形中的文字识别成文字。本功能为会员功能,免费版无法使用。

14. “论文查重”:是通过第三方服务商进行文章的重复检查,本功能的每次使用都需要付费。

15. “秀堂 H5”:启动网页版的秀堂,网址为 http://s.wps.cn/。

16. WPS 版本会不断更新,特别是“云服务”的功能模块会不断有更改和增加。

**26.1.5 WPS 的“文件”选项卡**

1. WPS 中不存在明确的“文件”选项卡,由于和 MS-Office 相比,功能相似,这里还是借用了“文件选项卡”的说法,其实是单击窗口左上角的“WPS 文字”或“WPS 表格”等出现的下拉菜单,功能上与 MS-Office 也差不多。

2. “文件”选项卡,与其他选项卡还是有区别的,“文件”选项卡下并不是横向的各种按钮,而是竖着的菜单选项。同时它与 MS-Office 也不同,WPS 文件选项卡不占用屏幕版心位置,而 MS-Office 占用整个版心位置,称为 Backstage 视图。

3. 如果单击的是“WPS 文字”靠右的下拉箭头,那么下拉出来的是传统的菜单功能(类似于 MS-Office 2003 及以前的菜单)。如图 26-6 所示。

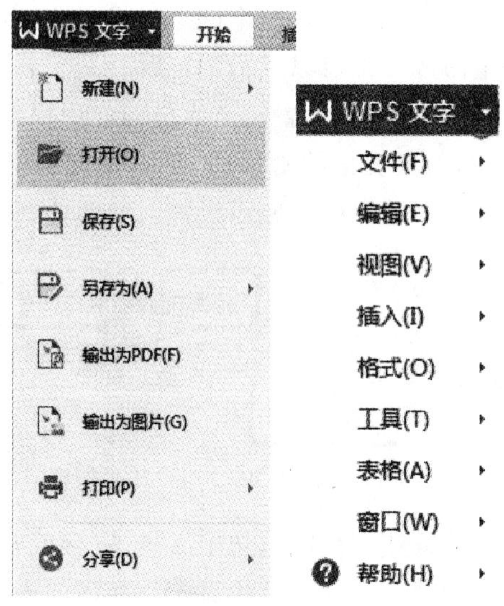


图 26-6　WPS 的“文件”选项卡

### 26.1.6 WPS 文字

1. WPS 文字的功能区，和 Word 相比，多了“章节”和“云服务”选项卡。

2. “开始”选项卡下功能和 Word 对应的“开始”几乎相同，WPS 中多了一个“文字工具”，可对选中内容进行各种处理，如删除空行、删除空格(英文单词之间保留一个空格，汉字间空格全删除)、换行转回车、段首缩进两字等等。

3. “插入”选项卡下的项目，大多和 Word 非常相似。如插入图表，在 Word 中，数据由 Excel 提供，WPS 文字下的图表也是类似，数据由 WPS 表格提供。“关系图”、“在线图表”大部分为会员或收费项目，只有少量可免费使用。

4. “页面布局”和 Word 几乎相同。

5. “引用”和 Word 也大多相同。默认情况下，WPS 没有 Word 的“邮件”选项卡，在“引用”中，有一个开关项“邮件”，选中后，才会出现“邮件合并”选项卡。可以在“引用”中取消选中这开关，或者直接单击“邮件合并－关闭”关闭选项卡。

6. “邮件合并”的常用功能，与 Word 的“邮件”也相似，只是少了几个不常用的功能。

注意：Word 2003 及以前版本，也是叫“邮件合并”的，2007 版开始才改称为“邮件”。

7. “审阅”选项卡与 Word 大致相同。WPS 的拼写检查，对于中文，比 Word 要强大。WPS 中还多了一个“文档校对”功能，它需要联网进行专业的校对处理，校对完后会显示校对结果：发现错误 XX 处，错误类型 XX 种，单击“马上修改文档”，显示“文档校对”窗格，在错误列表中，选择是否自动改正每个错误。WPS 的校对，对于“同音字”的中文错误，校对准确率的确不错。校对指出的问题，是需要人工验证的，确认更正还是保留。校对完后可退出“文档校对”。“审阅－翻译”功能可对选中文字进行翻译，也可进行全文翻译。在翻译窗格中可选择翻译语言。

8. “章节”选项卡是 WPS 文字独有的选项卡，但大多数功能在“页面布局”或“页眉页脚”中已出现，放在一起也只是为了统一章节排版方便而已。

### 26.1.7 WPS 表格

1. WPS 表格的功能区，和 Excel 相比，多了一个“云服务”选项卡。

2. “开始”功能区中，和 Excel 差不多，增加了一个“智能工具箱”开关，打开后，增加一个“智能工具箱”选项卡。该选项卡中有众多功能，在实际应用中可提供方便。但该功能属于会员功能，对免费账号只提供 7 天免费时间。各功能如图 26-7 所示。

图 26-7 WPS 表格的“智能工具箱”及各项功能

3.“插入”选项卡中,除了和 Excel 相同的功能外,还增加了“照相机”和插入表单控件功能。照相机可以生成一个链接于指定单元格内容的动态图形,即单元格内容改变了,图形的内容会跟着变化。使用方法:选中若干单元格,单击“插入—照相机”,单击生成图形的区域。这个不同于屏幕截图,屏幕截图是截取固定图形,这个照相机是生成动态图形。

4.其他选项卡下的功能,大多与 Excel 类似,不再详细讨论。

### 26.1.8 WPS 演示

1.“开始”选项卡下,有一个二合一按钮:“幻灯片放映—从头开始”和“幻灯片放映—从当前开始”,直接单击上次使用的按钮,也可用下拉二选一选择。其他功能基本和 PowerPoint 差不多。

2.“插入—音频”除了和 PowerPoint 一样的嵌入和链接文件对象外,还有“嵌入背景音乐”和“链接背景音乐”功能。“插入—视频”除了嵌入和链接本地视频外,还可使用“网络视频”,直接播放网络上的视频,不再需要下载就能使用。

3.“插入”选项卡中,增加了一个“Flash”功能。单击“插入—Flash”,选择文件,不用设置任何其他属性,即可正常播放。但在 WPS 演示中插入的 Flash 文件,保存成 pptx 文件后,在 PowerPoint 中再打开时,此 Flash 动画可能无法使用。

4.“模板”选项卡中,与 PowerPoint 比较,增加了“魔法”、“导入模板”、“编辑母版”、“演示工具”。各种设计模板与 PowerPoint 一样可直接选择,WPS 还可以单击“更多设计”直接从网上众多的模板中直接选择(免费或收费)。“编辑母版”和“视图—幻灯片母版”功能相同,都是进入幻灯片母版编辑状态。

5.“动画”选项卡已经包含了 PowerPoint 对应的“动画”和“切换”两大功能了,切换效果可直接选择,和 PowerPoint 类似,切换的具体细节设置,要在“切换”窗格中进行。“切换”窗格可在窗格左侧的选项卡中选择,或者单击“动画—切换效果”来显示。“动画—自定义动画”可切换到“动画”窗格。动画和切换方面的界面和操作,WPS 和 PowerPoint 相差比较大,具体操作不再细说,自己另外探讨、学习。

6.“审阅”选项卡中的功能,比 PowerPoint 的要少,但多了个“文档加密”功能,该功能和“云—文件加密”相同。

7.“手机遥控”功能,存在于“云服务”和“幻灯片放映”中,可以用手机控制电脑进行幻灯片播放切换,可代替激光笔的使用。使用方法是:单击“手机遥控”后,显示二维码,然后打开手机 WPS,用右上角“…—扫一下”,即可把手机当成 WPS 演示的遥控器使用。在手机界面上单击可向前(即向下)翻页,左右划动可前后翻页。

### 26.1.9 WPS 2019 简介

1. WPS 2019 把 WPS 家族的各软件合并在一起,软件不再分文字、表格、演示等,整个软件就一个图标、一个入口,就只有一个“WPS”。同一个入口就可打开各种文件,也可同时新建多种类型的文件,多种文件可同时存在。除了能打开原来 WPS 家族的经典“三大件”(W 文字、P 演示、S 表格)相关的文件外,还可打开 PDF 文件以及对 PDF 文件的合并、转换等操作,同时它还内置了一个浏览器,文档中若有超链,单击它可直接在内置浏览器中浏览网页。

2.若窗口最大化,右上角的窗口按钮和下面的文档标签会合并成一行。如图 26-8 所示。

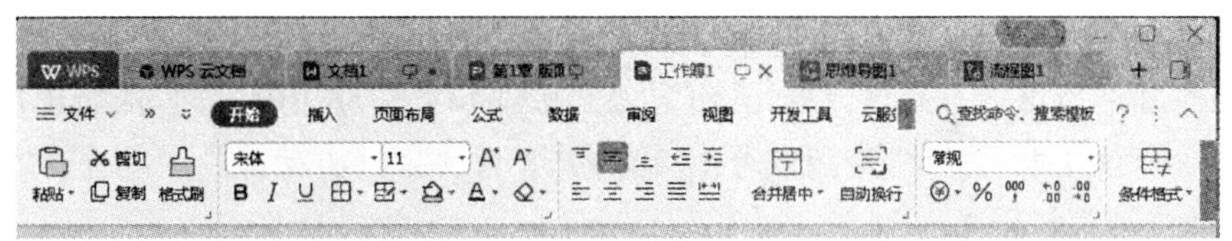

图 26-8　WPS 2019 可同时打开或编辑多种文档

3. WPS 2019 家族中，新建文件时除了原有的 WPS 三大件（W 文字、P 演示、S 表格）外，还有流程图、思维导图。如图 26-9 所示。

图 26-9　WPS 2019 新建文件类型

4. WPS 2019 把文档选项卡放在最上面，快速访问工具栏和功能区选项卡放下面。如图 26-10 所示。

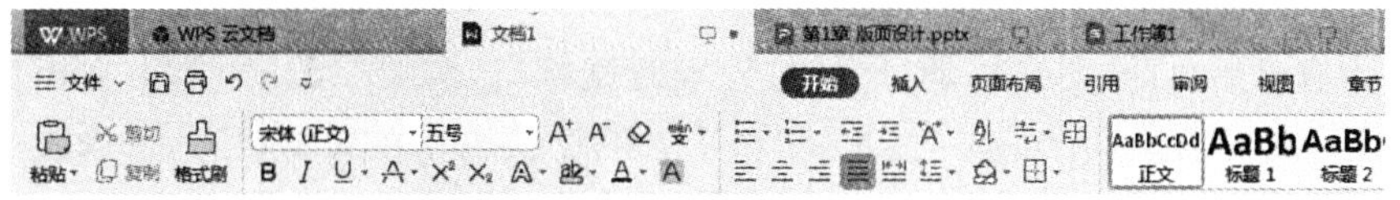

图 26-10　WPS 2019 界面布局

5. WPS 2019 中，“文件”选项卡在快速启动工具栏的左边，功能与 2016 版的“WPS 文字”的图标一致。单击“WPS”图标出现的是起始页，除了前面的“打开”和“新增”，其余的都是与当前文档无关的一些 WPS 其他应用模块，单击最后的“更多”可显示全部应用，单击某应用后面的五角星图标，可把该应用添加到起始页右面。在起始页的某项中右击，可删除该项。如图 26-11 所示。

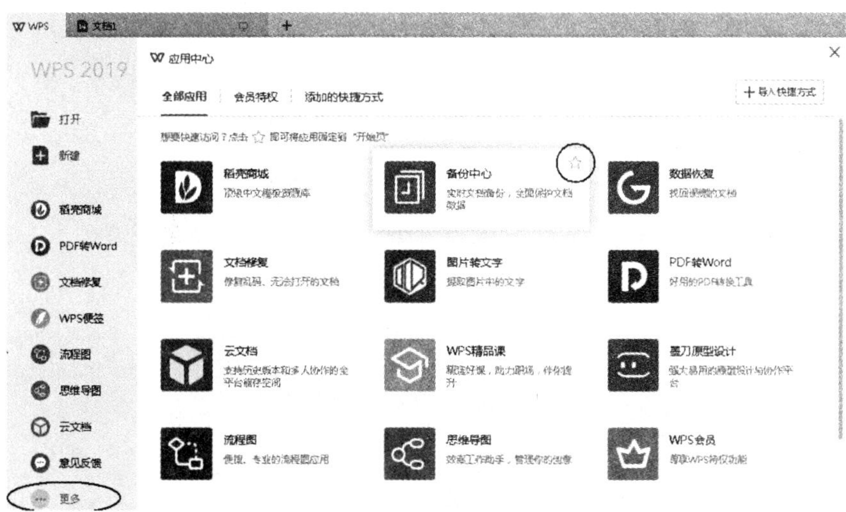

图 26-11　WPS 2019 的起始页

6. WPS2016 可能会自动升级至 2019 版。即使主版本没变，随着更新版本的不断自动升级，界面与功能也可能会有所改变，若有界面与版本和本文叙述的不同，也属正常。另外，WPS 还有一个教育版可下载，该版本可免费提供 31 天的会员功能。

### 26.1.10 稻壳与稻米

WPS 打造一个全名为“稻壳模板”的商城，专门用于各种模板的销售，有全免费的，也有付费的，有会员免费的，有包月、包年，等等。

WPS 的虚拟币叫“稻米”，可以充值，也可以由每天签到等方法赚取“稻米”，“稻米”可购买“稻壳”里付费的模板，也可购买其他 WPS 的各种服务。

### 26.1.11 手机 WPS 的使用

1. 打开手机 WPS 后，下面有导航条“最近”、“云文档”、“应用”、“稻壳”、“我”。如图 26-12 所示。其中最有用的是“云文档”，所有云上的文档都在其中，是最近更新的文件，单击即可打开该文档。

图 26-12 手机 WPS 导航条

2. 默认情况下，打开的文档是只读的，处于阅读状态，需要修改时，单击文档任意位置，上端会出来一行导航条，有“编辑”按钮，单击进入编辑状态。在编辑状态，可修改文章，完成后可单击上方的磁盘图标进行保存，单击“完成”返回阅读状态。在编辑状态下可以对文字进行编辑、修改，可以加批注，可以改变格式，等等，但毕竟在手机上进行大量修改不是很方便，因此编辑功能主要是进行一些少量的修改。如图 26-13 所示。如果保存后没有单击“完成”，直接关闭，那么系统会记忆编辑状态，下次再次打开此文件时，直接进入编辑状态。

图 26-13 进入编辑前后的上端导航条

3. 在阅读状态，单击屏幕，下端出现导航条为：“工具”、“使用手机”、“分享”、“小助手”，如图 26-14 所示。其中“工具”可再打开一个导航条，有“小助手”、“文件”、“查看”、“审阅”。图 26-15 为“工具－审阅”菜单。

图 26-14 阅读状态下端导航条

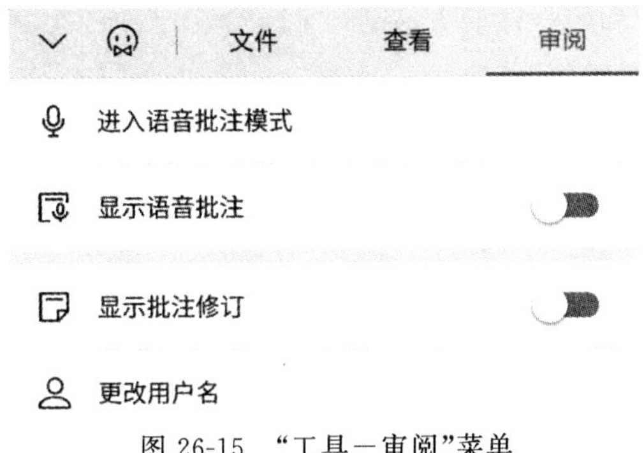


图 26-15　“工具－审阅”菜单

4. 在编辑状态，下端也有导航条，导航条左边有固定的三个按钮：“工具”、“键盘”、“小助手”，右边许多按钮为格式设置、插入表格、批注等常用操作，而且可左右滚动。“工具”还有一级导航条，项目有：“开始”、“文件”、“插入”、“查看”、“审阅”、“笔”。再下级为菜单方式显示。如图 26-16 和图 26-17 所示。

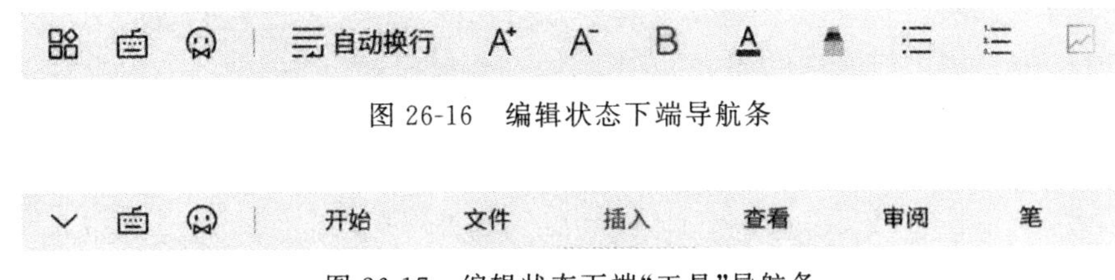


图 26-16　编辑状态下端导航条

图 26-17　编辑状态下端“工具”导航条

5. “语音批注”功能是手机 WPS 的一个特色，手机打字毕竟不方便，但语音输入很方便。批注功能（包括语音批注）在阅读状态就可进行，不需要进入编辑状态。语音批注的使用步骤：单击“工具－审阅－进入语音批注模式”，然后直接按住需要批注的语句，对着手机用语音朗读，朗读完放开手指即可。语音批注的本质还是文字批注，此操作只是使用了汉语语音识别功能，最终还是自动转换成文字，用文字进行批注。

6. “小助手”，可语音识别命令，在识别后，显示几个备选项，再单击执行。

7. “适应手机”，属于开关按钮，打开后，显示字体变大，手指左右划动可换页。关闭后，普通显示，字体略小，上下划动滚动内容。

8. 文档雷达功能：在手机 WPS 的首页（即“最近”），除了显示最近打开使用的文件外，还会自动把手机 QQ、微信、浏览器等接收的文档列出（但只列出最近的一个文档，非文档图标，是一个雷达图标），这就是文档雷达功能。当单击该文档时，会显示文档雷达列表，即该手机接收到的所有文档列表（文档图标），再单击即可打开该文档。文档雷达功能还可在“我－设置－文档雷达”中设置“接收到新文档时自动打开”（默认关闭）与“首页显示新文档”（默认打开）。

## 26.2　实验目的

1. 了解 WPS 软件的基本知识；

2. 掌握 WPS 的安装和账号注册方法；
3. 掌握 WPS 的常用云服务的使用；
4. 掌握用 WPS 打开各种 Office 文档、工作簿、演示文稿的方法；
5. 掌握 WPS 文字、表格和演示的基本使用；
6. 掌握用手机、平板设备的 WPS 来打开各种文件并使用的方法；
7. 掌握几种 WPS 特有的实用的功能。

## 26.3 实验内容

1. 从 WPS 的官网或指定位置下载 WPS 安装文件，安装到电脑中。

2. 根据自己的手机号码注册一个 WPS 账号。

3. 使用刚注册的账号，或者用其他账号登录 WPS。

4. 下载安装手机版 WPS，并用电脑相同账号登录。

5. 用 WPS，打开任意 Word、Excel、PowerPoint、PDF 等现有文件，观察显示是否与 Office 中有区别。在 WPS 中适当修改后保存，重新在 Office 中打开，观察变化情况。

6. 分别在 WPS 中进行各种云服务的实验：

(1) 新建任意内容的 WPS 文字文档，保存在本地硬盘中，然后分享给微信好友或 QQ 好友，或者复制链接，自己在浏览器中打开。分享后，再观察云中的文件列表，看当前文件是否已经存在云中。

(2) 直接发送到自己的手机，查阅文档。

(3) 任意输入或打开一长文档，输出为图片。

(4) 输入或从网上复制一段中文，朗读全文。

(5) 使用云编辑器，编写一篇文章，分享给其他人阅读。

(6) 编写 WPS 演示，或打开 PowerPoint 演示文稿，使用手机进行遥控播放。

7. 用手机操作 WPS 文档：用手机 WPS 打开一个云文档，进行文字内容增删修改、格式修改、增加批注，重新保存。然后再用电脑打开该文档，观察变化情况。

## 26.4 实验分析

1. 通过 WPS 官网地址：http：//wps.cn，可下载 WPS 的各种版本，或从其他指定位置下载安装文件。

2. 注册 WPS 账号，有两种方法：在 WPS 软件中注册和在网站中注册。

3. WPS 除了使用本身的账号登录外，也可使用第三方账号登录，如 QQ 账号、微信账号、小米账号、微博账号等。

4. WPS 主页 wps.cn 上就有各种环境的手机软件下载，可用二维码扫码安装。

5. 若 Office 文件已经关联到 WPS，则文件可直接双击打开，否则可右击在打开方式中选择 WPS 打开。

6. 云服务功能必须登录账号，且大多需要联网操作。

7. WPS 手机功能，需要电脑、手机登录相同的账号进行操作。

## 26.5 实验步骤

1. WPS 的下载和安装。

(1) 安装注意事项：机器若已经安装了 MS-Office 2010，那么 doc、xls、ppt 等扩展名已经关联到 MS-Office，WPS 默认情况下会把关联改成 WPS。注意：后续把关联改回 MS-Office 比较困难，因此建议以 MS-Office 为主的机器，在安装 WPS 时，不要更改关联。即要求在安装时，不要直接按默认安装，看看设置，若有选中更改关联的要取消选中。具体操作 2016 版和 2019 版不同：2016 版要单击“更改设置”修改；而 2019 版要单击后面的设置图标修改。分别如图 26-18 和图 26-19 所示。

(2) 如果已经安装完成，而设置有问题，还可以通过“开始菜单－WPS Office-WPS Office 工具－配置工具－高级”来更改设置。

2. 注册账号，有两种方法。

(1) 在 WPS 软件中，如果已经以某个账号登录，可先注销，然后再登录。在登录界面中单击“注册新账号”，在账号注册界面中，输入手机号和密码，然后输入手机验证码，注册成功后，即可自动登录。如图 26-20 所示。

(2) 网页中的注册页面，可在 wps.cn 的右上角，单击“会员中心”进行注册、登录。当wps.cn 域名中任何网页，若需要登录而还没登录时，就会提示登录。若已经登录还想重新注册账号，也和上文一样，要先注销当前账号。登录时并没有“注册新账号”的链接，需先单击“手机或邮箱”，才有“注册新账号”的超链可用。其余同上。如图 26-21 所示。



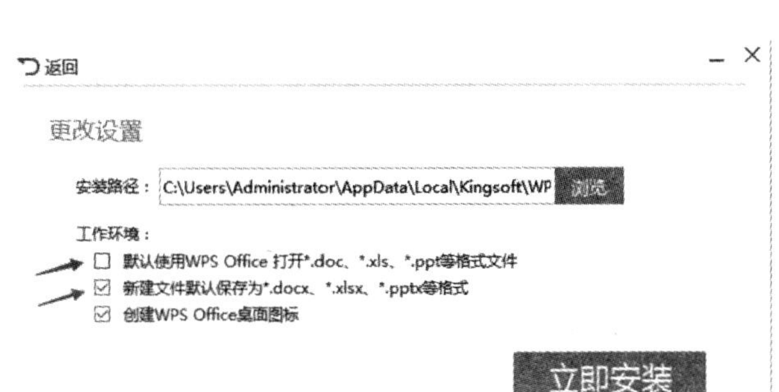


图 26-18 WPS 2016 安装更改设置选项

3. 虽然 WPS 在不登录的时候也能使用主要的功能，但由于 WPS 的特色功能“云服务”，必须登录账号才能使用，因此使用 WPS 时还是登录账号为好。

4. 在 WPS 主页 wps.cn 右上角选择合适的软件下载，可通过二维码扫码安装。安装后

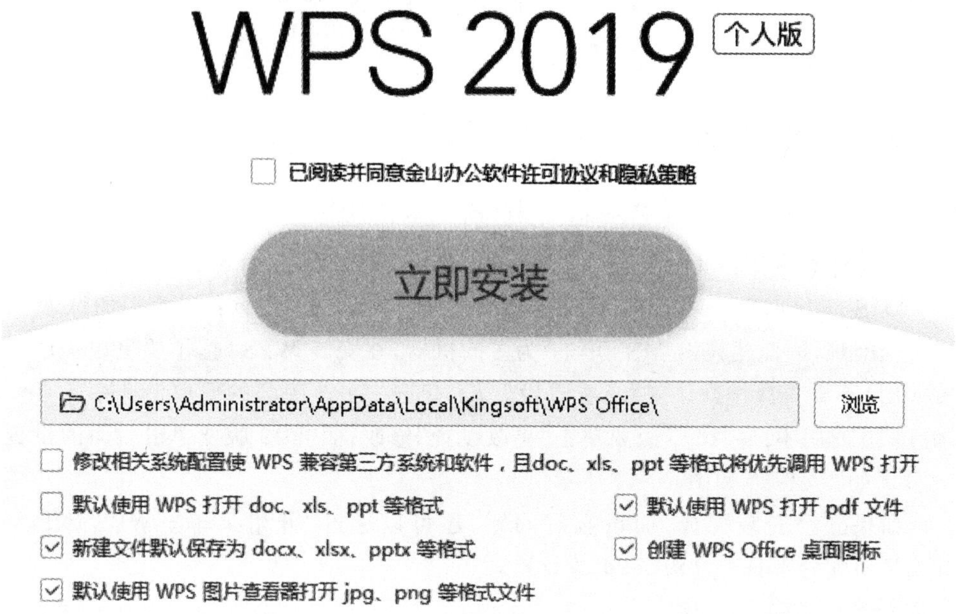

WPS 2019 个人版
已阅读并同意金山办公软件许可协议和隐私策略
立即安装
C:\Users\Administrator\AppData\Local\Kingsoft\WPS Office\
浏览
修改相关系统配置使 WPS 兼容第三方系统和软件，且doc、xls、ppt 等格式将优先调用 WPS 打开
默认使用 WPS 打开 doc、xls、ppt 等格式
默认使用 WPS 打开 pdf 文件
新建文件默认保存为 docx、xlsx、pptx 等格式
创建 WPS Office 桌面图标
默认使用 WPS 图片查看器打开 jpg、png 等格式文件

图 26-19　WPS 2019 安装更改设置选项

WPS Office
账号登录
一个账号，开启云端办公
文档云端同步
文档安全备份
海量素材资源
密码
自动登录
立即登录
忘记密码
注册新账号
账号注册
手机号
密码
密码为8-16位大小写字母、数字或符号3种组合
立即注册

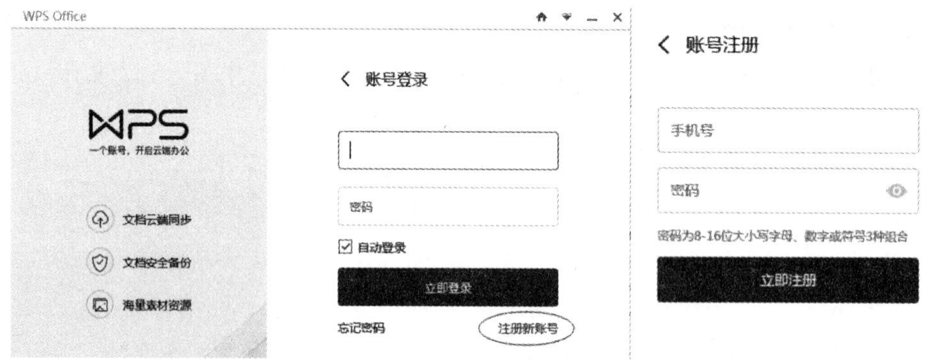

图 26-20　在 WPS 中注册 WPS 账号

直接运行，用与电脑相同的账号登录。

5. 如果安装 WPS 时按照前文说的，没有把 WPS 作为 doc/docx 等文件的默认打开软件，那么双击文件，还是会用 Word 打开的。若想用 WPS 打开文档，需右击文件，选择“打开方式”，选择对应软件“WPS 文字”即可。具体的兼容测试、功能练习，这里不再叙说了，操作方法和 Office 差不多。

6. 云服务实验。

(1) 新建文档，保存在本地硬盘，然后单击“分享”，把该文档分享给微信好友、QQ 好友等。好友收到消息后，可直接打开，甚至当电脑（或手机）未安装 WPS 软件时，也可正常显示文档内容。

(2) 发送至手机，是指发送给自己以相同账号登录的手机。在手机上打开 WPS 客户端，即可在“最近”的最上面看到发送的文件，单击即可打开。

图 26-21　在网页中注册 WPS 账号

(3)“输出为图片”可把文档转换为一张图,输出方式有“合成长图”和“逐页输出”之分。对于免费用户,其输出的图形有水印“非会员水印”。

(4) 复制文章,粘贴到 WPS 文字中,单击“朗读－全文朗读”即可进行朗读。在朗读时,会有一个小窗口显示,可暂停、停止,也可以再次单击“朗读”按钮来停止朗读。

(5)“云编辑器”即“WPS 写得”,单击“云编辑器”后,弹出“WPS 写得”,单击“去试试”就可开始编辑一篇文章。输入标题、内容,系统会随时保存,没有保存按钮,系统也无文件名。编辑界面右边有“手机预览”、“分享”,导出等操作。分享可进行私密设置:公开(以链接访问)、私密(需密码)、私有(仅自己可见)。

(6) 编写完成 WPS 演示文档后,单击“手机遥控”,显示二维码,用手机 WPS 扫该二维码,即可用手机进行遥控翻页了。

7. 用手机操作 WPS 文档。

(1) 打开手机 WPS,在“最近”或“云文档”中找到一个文档,单击打开。

(2) 内容编辑和格式设置:单击正文,在出现的上端导航条中,单击“编辑”,进入编辑状态,和普通手机一样操作文字,增、删、改内容。选中文本的方法:先选中一句,然后拖动前后位置调整选中内容,直接在下端导航条中设置格式。编辑后,点“保存”,再点“完成”返回阅读状态。

(3) 批注可直接在浏览状态下进行,也可进行语音批注。单击“工具－审阅－打开语音批注”,在文章的适当位置按住,语音输入,输入完成后放开手指,系统将对语音进行识别,把识别的文字作为批注内容。

# 参考文献


1. 吴卿.办公软件高级应用(Office 2010)[M].杭州：浙江大学出版社,2012.

2. 吴卿.办公软件高级应用考试指导(Office 2010)[M].杭州：浙江大学出版社,2014.

3. 周燕霞,王旺迪.办公软件高级应用技术(考证实践指导)[M].北京：电子科技大学出版社,2014.

4. 杨学林,陆凯.Office 2010 高级应用教程[M].北京：人民邮电出版社,2015.

5. Excel Home.别怕,Excel 函数其实很简单Ⅱ[M].北京：人民邮电出版社,2016.

# 附录

## 附录 1

# Office 常用快捷键

## 1.1 Office 各软件通用快捷键

1. 基本功能和常用排版功能

| 快捷键 | 功能 | 说明 |
| --- | --- | --- |
| Ctrl+O 或 Ctrl+F12 | 打开 | Open |
| Ctrl+N | 新建 | New |
| Ctrl+S 或 Shift+F12 | 保存 | Save |
| F12 | 另存为 | |
| Ctrl+P | 打印 | Print |
| Ctrl+F | 查找 | Find |
| Ctrl+H | 替换 | |
| Ctrl+C 或 Ctrl+Insert | 复制 | 剪切板操作有两组：Ctrl+字母一组，适合单手操作；编辑键一组，适合双手操作 |
| Ctrl+X 或 Shift+Delete | 剪切 | |
| Ctrl+V 或 Shift+Insert | 粘贴 | |
| Ctrl+B | 加粗 | Bold |
| Ctrl+I | 倾斜 | Italic |
| Ctrl+U | 下划线 | Underline |
| Ctrl+K | 超链接 | linK |
| Ctrl+Z | 撤销上一操作 | |
| Ctrl+Y | 重复上一操作 | |
| Esc | 取消操作或退出对话框 | |

续 表

| 快捷键 | 功能 | 说明 |
| --- | --- | --- |
| F1 | 联机帮助 | 几乎所有软件都一致 |
| F10 | 激活菜单 | |
| Shift+F10 | 激活快捷菜单 | |
| Ctrl+F10 | 最大化 | Windows 功能 |
| Alt+F11 | 进入 VBA 环境 | |
| Alt+F8 | 查看宏 | |
| Ctrl+鼠标滚轮 | 改变显示比例 | |
| Ctrl+L | 左对齐 | Left |
| Ctrl+R | 右对齐 | Right |
| Ctrl+E | 居中对齐 | cEnter |
| F7 | 拼写检查 | |
| Alt+小键盘数字 | 输入编码文字 | 不同软件中用不同的编码，编码有 Unicode 或 GB |
| 例：Alt+0162 | 输入分币字符¢ | 小值 Unicode 编码符号在各软件中通用 |
| 例：Alt+0163 | 输入英镑字符£ | |
| 例：Alt+0128 | 输入欧元符号€ | |
| 例：Alt+38463 | 输入 Unicode 汉字“阿” | Word 与 PowerPoint 中使用汉字 Unicode 编码 |
| 例：Alt+45218 | 输入 GB 汉字“阿” | Excel 及其它软件中使用汉字 GB 编码 |

2. Word 和 PowerPoint 中通用的快捷键，在 Excel 中无效或有另外功能

| 快捷键 | 功能 | 说明 |
| --- | --- | --- |
| Shift+F3 | 大小写转换 | 由大写-小写-首字母大写依次转换 |
| Ctrl+= | 下标 | |
| Ctrl+Shift+= | 上标 | |
| Ctrl+Shift+>或 Ctrl+] | 字体变大 | |
| Ctrl+Shift+<或 Ctrl+[ | 字体变小 | |
| Alt+= | 插入公式 | |
| Ctrl+J | 两端对齐 | |
| Tab | 右移一个单元格 | 在表格中 |
| Shift+Tab | 左移一个单元格 | 在表格中 |
| Ctrl+A | 选定整篇文档 | |

3. Word 和 PowerPoint 中通用的光标移动和键盘选择键

| 快捷键 | 直接为光标移动 | 再组合 Shift 为选择 |
| --- | --- | --- |
| → | 向右侧移动一个字符 | 选定右侧一个字符 |
| ← | 向左侧移动一个字符 | 选定左侧一个字符 |
| ↑ | 向上移动一行 | 向上选定到上一行位置 |
| ↓ | 向下移动一行 | 向下选定到下一行位置 |
| Home | 光标移至本行行首 | 向左选定到行首 |
| End | 光标移至本行行尾 | 向右选定到行尾 |
| PgUp | 向上移动一页 | 向上选定到上一页位置 |
| PgDn | 向下移动一页 | 向下选定到下一页位置 |
| Ctrl＋Hom | 光标移至本文档的开始处 | 选定文本从光标处至文档开始处 |
| Ctrl＋End | 光标移至本文档的结尾处 | 选定文本从光标处至文档结尾处 |

注：在 PowerPoint 的文本框中编辑时，Ctrl＋Home、Ctrl＋End 等同于 Home 和 End。

## 1.2 Word 快捷键

1. 常规快捷键

| 快捷键 | 功能 |
| --- | --- |
| Shift＋空格 | 全角、半角转换 |
| Ctrl＋Shift＋* | 显示非打印字符 |
| Ctrl＋Shift＋C | 复制格式 |
| Ctrl＋Shift＋V | 粘贴格式 |
| F4 或 Ctrl＋Y | 重复上一步操作 |

2. 格式设置的快捷键

| 快捷键 | 功能 |
| --- | --- |
| Ctrl＋Shift＋W | 只给字、词加下划线，不给空格加下划线 |
| Ctrl＋Shift＋D | 给文字添加双下划线 |
| Ctrl＋1 | 单倍行距 |
| Ctrl＋2 | 双倍行距 |
| Ctrl＋5 | 1.5 倍行距 |
| Ctrl＋0 | 在段前添加一行间距 |
| Ctrl＋Q | 删除段落格式 |

续 表

| 快捷键 | 功能 |
| --- | --- |
| Ctrl+T | 悬挂缩进 |
| Ctrl+Shift+T | 减少悬挂缩进量 |
| Ctrl+M | 左侧段落缩进 |
| Ctrl+Shift+M | 减少左侧段落缩进量 |
| Ctrl+Shift+N | 应用“正文”样式 |
| Ctrl+Alt+1 | 应用“标题 1”样式 |
| Ctrl+Alt+2 | 应用“标题 2”样式 |
| Ctrl+Alt+3 | 应用“标题 3”样式 |
| Alt+Shift+↑ | 上移所选段落 |
| Alt+Shift+↓ | 下移所选段落 |
| Alt+Shift+← | 提升段落级别 |
| Alt+Shift+→ | 降低段落级别 |
| Ctrl+D | 打开“字体”对话框 |
| Ctrl+Shift+S | 应用样式 |
| Ctrl+Shift+G | 打开“字数统计”对话框 |

3. 用于处理文档的快捷键

| 快捷键 | 功能 |
| --- | --- |
| Ctrl+Alt+P | 切换到页面视图 |
| Ctrl+Alt+O | 切换到大纲视图 |
| Ctrl+Alt+N | 切换到普通视图 |
| Ctrl+Alt+M | 插入批注 |
| Ctrl+Shift+E | 打开或关闭修订功能 |
| Ctrl+Alt+F | 插入脚注 |
| Ctrl+Alt+D | 插入尾注 |
| Ctrl+K | 插入超链接 |
| Ctrl+Alt+S | 拆分文档窗口 |
| Alt+Shift+C | 撤销拆分文档窗口 |

4. 插入特殊字符的快捷键

| 快捷键 | 功能 |
| --- | --- |
| Alt+X | 把光标前的16进制 Unicode 编码转换为文字 |
| Ctrl+Enter | 插入分页符 |
| Shift+Enter | 插入手动换行符(不分段) |
| Ctrl+Shift+Enter | 插入分符栏 |
| Ctrl+Alt+C | 插入版权符号© |
| Ctrl+Alt+R | 插入注册商标符号® |
| Ctrl+Alt+T | 插入商标符号™ |
| Ctrl+Alt+句号 | 插入省略号… |

5. 域相关操作的快捷键

| 快捷键 | 功能 |
| --- | --- |
| Ctrl+F9 | 插入域特征符,用于手动插入域 |
| Shift+F9 | 在所选的域代码及其结果之间进行切换 |
| Alt+F9 | 在所有的域代码及其结果之间进行切换 |
| F9 | 更新域 |
| Alt+Shift+D | 插入日期域(当前日期) |
| Alt+Shift+T | 插入时间域(当前时间) |
| Alt+Shift+P | 插入 Page 域(当前页码) |
| Ctrl+Shift+F9 | 解除域链接,变成硬文本,无法再更新 |
| F11 | 定位至下一个域 |
| Shift+F11 | 定位至前一个域 |
| Ctrl+F11 | 锁定域,防止选择的域被更新 |
| Ctrl+Shift+F11 | 解除对域的锁定 |

6. 邮件合并相关的快捷键

| 快捷键 | 功能 |
| --- | --- |
| Alt+Shift+K | 预览邮件合并 |
| Alt+Shift+N | 合并文档 |
| Alt+Shift+M | 打印已合并的文档 |
| Alt+Shift+E | 编辑邮件合并数据文档 |
| Alt+Shift+F | 插入合并域 |

## 1.3 Excel 快捷键

1. 光标定位与选择快捷键

| 快捷键 | 功能 | 加 Shift 为连续选中 |
| --- | --- | --- |
| ↑↓←→ | 光标移至上下左右单元格 | 向上下左右连续选中 |
| Shift + Enter、Enter、Shift + Tab、Tab | 光标移至上下左右单元格 | — |
| Ctrl+↑↓←→ | 光标移动到上下左右中最后一个非空单元格 | 向上下左右连续选中到最后一个非空单元格 |
| Home | 光标移至本行行首(即 A 列) | 连续选至 A 列 |
| Ctrl+Home | 光标移至开始处(即 A1 单元格) | 连续选至 A1 列 |
| Ctrl+End | 光标移至有效数据右下角 | 连续选至有效数据右下角 |
| Ctrl+PgDn | 移动光标到下一个工作表 | 连续选中下一个工作表 |
| Ctrl+PgUp | 移动光标到上一个工作表 | 连续选中上一个工作表 |
| Ctrl+A | 选中当前连续矩形区域 | — |
| F5 | 显示“定位”对话框 | — |
| Ctrl+空格 | 选定整列(中英文输入法切换) | (因此无法使用) |
| Shift+空格 | 选定整行(半全角切换) | (英文输入法下可用) |
| Ctrl+Shift+0(零) | 选定含有批注的所有单元格 | |

2. 数据格式设置快捷键

| 快捷键 | 功能 |
| --- | --- |
| Alt+'(单引号) | 弹出“样式”对话框 |
| Ctrl+1 | 弹出“设置单元格格式”对话框 |
| Ctrl+9 | 隐藏选定行 |
| Ctrl+Shift+((左括号) | 取消选定区域内的所有隐藏行的隐藏状态 |
| Ctrl+0(零) | 隐藏选定列 |
| Ctrl+Shift+0(零) | 取消选定区域内的所有隐藏列的隐藏状态 |
| Alt+Enter | 在单元格中换行 |

3. 内容输入快捷键

| 快捷键 | 功能 |
| --- | --- |
| Ctrl+;(分号) | 输入日期 |
| Ctrl+Shift+:(冒号) | 输入时间 |
| Ctrl+Enter | 用当前输入项填充选中的单元格区域 |
| Alt+= | 插入 SUM 函数公式 |
| Ctrl+Shift+Enter | 将公式作为数组公式输入 |
| Ctrl+Del | 删除插入点到行末的文本 |
| Ctrl+Shift++(加号) | 插入空白单元格 |

## 1.4 PowerPoint 快捷键

1. 编辑状态的快捷键

| 快捷键 | 功能 |
| --- | --- |
| Ctrl+M | 在当前幻灯片后添加一张幻灯片 |
| Ctrl+Shift+C | 复制文本字体、段落格式 |
| Ctrl+Shift+V | 粘贴文本字体、段落格式 |
| Ctrl+T | 调出字体设置菜单 |
| F5 | 从头开始放映 |
| Shift+F5 | 从当前页开始放映 |

2. 播放状态下的快捷键

| 快捷键 | 功能 |
| --- | --- |
| N/PgDn/→/↓/空格/回车 | 播放下一个动画或换页到下一张幻灯片 |
| P/PgUp/←/↑/Backspace | 播放上一个动画或返回到上一张幻灯片 |
| B/句号 | 黑屏与幻灯片放映切换 |
| W/逗号 | 白屏与幻灯片放映切换 |
| Esc 或 Ctrl+Break 或-(减号) | 退出幻灯片放映 |
| S 或+(加号) | 停止/重新启动自动放映 |
| 同时按下鼠标左右键 2 秒钟 | 返回第一张幻灯片 |

续 表

| 快捷键 | 功能 |
| --- | --- |
| 编号 xx+回车 | 转到第 xx 页 |
| Ctrl+T | 查看任务栏 |
| Ctrl+H/U | 鼠标移动时隐藏/显示箭头 |
| E | 擦除幻灯片内容屏幕上的注释 |
| Ctrl+E | 指针更改为橡皮擦 |
| Ctrl+A | 指针更改为箭头 |
| Ctrl+P | 指针更改为笔 |
| Ctrl+M | 显示/隐藏墨迹标记 |

## 1.5 VBA 快捷键

| 快捷键 | 功能 |
| --- | --- |
| Ctrl+S | 保存文件 |
| Ctrl+M | 导入文件 |
| Ctrl+E | 导出文件 |
| Alt+Q | 关闭并返回的 Word 或 Excel 等 |
| Ctrl+J | 列出属性和方法 |
| Ctrl+G | 打开立即窗口 |
| Ctrl+R | 打开工程资源管理器窗口 |
| F4 | 打开属性窗口 |
| F8 | 逐语句运行 |
| Shift+F8 | 逐过程运行 |
| Ctrl+F8 | 运行到光标处 |
| F9 | 当前语句设置或取消断点 |
| F5 | 运行当前宏或继续运行 |
| Ctrl+Break | 中断程序运行 |
| F1 | 联机帮助，先选中关键词再按 F1 |

## 1.6 Alt 快捷键

1. 简介

(1) 在 Office 环境中，大部分功能都有快捷键操作，把鼠标指向某按钮下，就会有自动提示快捷键。Office 还提供了另外一套键盘操作，也可以算另外一套快捷键的方法。在编辑时，单独按一下 Alt 键，在功能区的选项卡下，会显示带框的字母（在快速启动工具栏的按钮下会显示数字），然后再按一下该键，就会直接显示该选项卡及其功能区（或直接按 Alt 与该字母组合键），功能区的各按钮下都会显示带框字母（或数字，或 2 个字母），直接按该字母即可激活该功能。这里暂时称它为 Alt 快捷键。

(2) 也就是说，功能区的任何一个按钮（包括每组右下角的对话框总按钮）都有快捷键。譬如："加粗"就是 Alt+H 和 1 两个键，"插入公式"就是 Alt+N+E。

(3) 功能区中新建的组、新添加的按钮，一样有快捷键。

(4) 在快速启动工具栏的按钮，按顺序，自动用 1～9 为快捷键，如果添加更多，就是 0+数字两位数，更多就用 0+字母。

2. Alt 快捷键示例

(1) Word 部分

Alt+H 开始

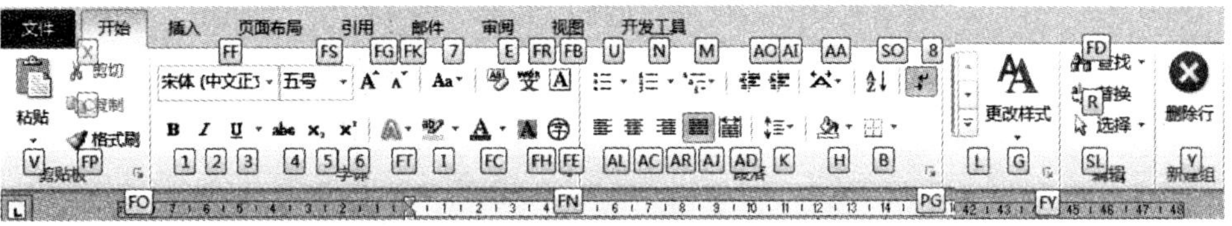


Alt+JP 图片工具-格式

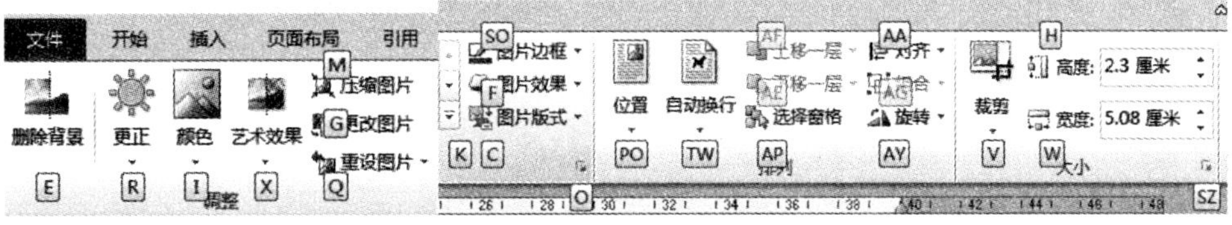


(2) Excel 部分

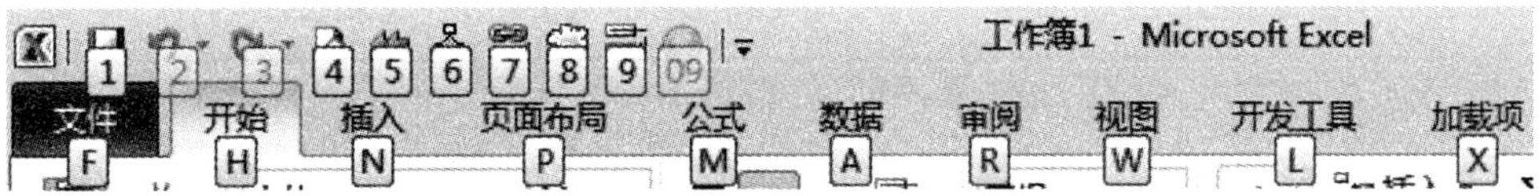


(3) PowerPoint 部分

# 附录 2

# Excel 常用函数一览表

## 2.1 参数说明

| 参数 | 含义 | 英文 | 注释 |
|---|---|---|---|
| N | 数值型 | Number | |
| C | 字符型 | Character | |
| D | 日期型 | Date | |
| T | 时间 | Time | 包括含有时间的日期型 |
| L | 逻辑型 | Logic | |
| A | 数组 | Array | 包括向量 |
| X | 多种类型 | | 2 种或 2 种以上类型 |
| rf | 引用方式 | Reference | |
| rg | 区域 | Range | 可一个或多个单元格范围 |
| vt | 向量 | Vector | 单行或单列的一维数组 |
| cr | 条件 | Criteria | 数值或文本的单边条件，如"＞＝10" |

说明：类型后若有多个参数，以后跟数字序号表示。

本附录的分类和 Excel 中“插入函数”对话框的分类不同，只是为了方便查找而已，不说明任何其他问题。

参数突出类型，不按原函数英文提示，也是为了容易理解、学习、查找，说明也比较简单，若需更详细说明，可查阅对应帮助。

## 2.2 常用函数一览表

1. 时间日期相关函数

| 函数 | 说明 |
| --- | --- |
| DATE(N1,N2,N3) | N1 年 N2 月 N3 日的日期 |
| DATEVALUE(C) | 年－月－日格式组成的日期 |
| TIME(N1,N2,N3) | N1 时 N2 分 N3 秒组成的时间 |
| TIMEVALUE(C) | 时：分：秒格式组成的时间 |
| TODAY() | 当前的日期(无参数) |
| NOW() | 当前的日期时间(无参数) |
| YEAR(D) | 从日期中提取出“年” |
| MONTH(D) | 从日期中提取出“月” |
| DAY(D) | 从日期中提取出“日” |
| WEEKDAY(D[,N]) | 从日期中提取出“星期”,返回 1－7,代表星期日－星期六,若 N＝2 则返回 1 代表星期一 |
| HOUR(T) | 从时间中提取出“时” |
| MINUTE(T) | 从时间中提取出“分” |
| SECOND(T) | 从时间中提取出“秒” |

2. 数值统计函数

| 函数 | 说明 |
| --- | --- |
| COUNT(X1,X2,…) | 统计数值型单元格数量 |
| COUNTA(X1,X2,…) | 统计非空单元格数量 |
| COUNTBLANK(X1,X2,…) | 统计空单元格数量 |
| COUNTIF(rg,cr) | 计算满足条件的单元格数量 |
| COUNTIFS(rg1,cr1,rg2,cr2,...) | 计算满足多条件的单元格数量 |
| SUM(X1,X2,…) | 对数值型求和 |
| SUMIF(rg1,cr[,rg]) | 对 rg1 中满足条件 cr 的对应区域 rg 单元格求和(求和区域参数在最后) |
| SUMIFS(rg,rg1,cr1,rg2,cr2,...) | 在每对 rg1/cr1 都满足条件的对应区域 rg 单元格求和(求和区域在最前) |
| AVERAGE(X1,X2,…) | 计算算术平均数 |
| AVERAGEIF(rg1,cr[,rg]) | 对 rg1 中满足条件 cr 的对应区域 rg 单元格求平均(求和区域参数在最后) |

续 表

| 函数 | 说明 |
| --- | --- |
| AVERAGEIFS ( rg, rg1, cr1, rg2,cr2,...) | 在每对 rg1/cr1 都满足条件的对应区域 rg 单元格求平均(求和区域在最前) |
| PRODUCT(N1,N2,…) | 求积 |
| SUMPRODUCT(A1,A2,…) | 求多个数组对应元素的乘积之和(各数组元素应相等) |
| SUMSQ(N1,N2,…) | 求各数的平方和 |
| SUMX2PY2(A1,A2) | 求两个数组对应元素的平方和之和(2 个数组元素应相等) |
| SUMX2MY2(A1,A2) | 求两个数组对应元素的平方差之和(2 个数组元素应相等) |
| SUMXMY2(A1,A2) | 求两个数组对应元素的差的平方之和(2 个数组元素应相等) |
| GEOMEAN(N1,N2,N3,…) | 计算几何平均值 |
| HARMEAN(N1,N2,N3,…) | 计算调和平均值 |
| MAX(N1,N2,N3,…) | 求最大值 |
| MIN(N1,N2,N3,…) | 求最小值 |
| VAR(N1,N2,N3,…) | 求方差 |
| STDEV(N1,N2,N3,…) | 求标准偏差 |
| AVEDEV(N1,N2,N3,…) | 求平均偏差 |
| LARGE(A,N) | 求数组 A 中第 N 大的数据 |
| SMALL(A,N) | 求数组 A 中第 N 小的数据 |
| RANK(X,A,L) | 求数据 X 在数组 A 中的排名,L 假或省略为降序,真为升序。RANK.EQ 最佳排名(1、2 并列,两者都是第 1 名),等同于 RANK,RANK.AVG 为平均排名(1、2 并列,两者都是第 1.5 名) |

3. 数值舍入函数

| 函数 | 说明 |
| --- | --- |
| INT(N) | 算术向下取整 |
| ROUND(N,N2) | 四舍五入到 N2 位小数 |
| ROUNDDOWN(N,N2) | 绝对值向下到 N2 位小数 |
| TRUNC(N[,N2]) | 绝对值向下到 N2 位小数,同 ROUNDDOWN |
| ROUNDUP(N,N2) | 绝对值向上到 N2 位小数 |
| MROUND(N,N2) | 四舍五入到 N2 的倍数 |
| FLOOR(N,N2) | 算术向下取整到 N2 的倍数 |
| CEILING(N,N2) | 算术向上取整到 N2 的倍数 |
| EVEN(N) | 算术向上到偶数 |
| ODD(N) | 算术向上到奇数 |

4. 指数和对数函数

| 函数 | 说明 |
| --- | --- |
| POWER(N1,N2) | 指数,N1 的 N2 次方 |
| EXP(N) | 自然对数 e 的幂,e 的 N 次方 |
| LOG(N,N1) | 以 N1 为底的对数 |
| LOG10(N) | 常用对数,以 10 为底 |
| LN(N) | 自然对数,以 e 为底 |
| SQRT(N) | 平方根,N 开平方 |
| SQRTPI(N) | nπ 的平方根 |

5. 三角与反三角函数

| 函数 | 说明 |
| --- | --- |
| PI() | 圆周率(无参数) |
| RADIANS(N) | 将角度转换为弧度 |
| DEGREES(N) | 将弧度转换为度 |
| SIN(N) | 正弦值 |
| COS(N) | 余弦值 |
| TAN(N) | 正切值 |
| ASIN(N) | 反正弦值 |
| ACOS(N) | 反余弦值 |
| ATAN(N) | 反正切值 |
| ATAN2(N1,N2) | x—y 坐标的反正切值 |

6. 双曲与反双曲函数

| 函数 | 说明 |
| --- | --- |
| SINH(N) | 双曲正弦值 |
| COSH(N) | 双曲余弦值 |
| ATNH(N) | 比曲正切值 |
| ASINH(N) | 双曲反正弦值 |
| ACOSH(N) | 双曲反余弦值 |
| ATANH(N) | 比曲反正切值 |

7. 矩阵及计算函数

| 函数 | 说明 |
| --- | --- |
| MDETERM(A) | 计算矩阵 A 的值(A 行列数相等) |
| MINVERSE(A) | 返回矩阵 A 的逆矩阵,结果是数组(A 行列数相等) |
| TRANSPOSE(A) | 返回矩阵 A 的转置(行列互换),结果为数组 |
| MMULT(A1,A2) | 计算两数组矩阵的乘积(A1 行数=A2 列数) |

8. 其他数学函数

| 函数 | 说明 |
| --- | --- |
| QUOTIENT(N1,N2) | 商 N1/N2 的整数部分 |
| MOD(N1,N2) | 计算 N1/N2 的余数 |
| GCD(N1,N2,N3,…) | 最大公约数 |
| LCM(N1,N2,N3,…) | 最小公倍数 |
| ABS(N) | 绝对值 |
| SIGN(N) | 正负符号,正为 1,负为-1,0 为 0 |
| FACT(N) | N 的阶乘 |
| FACTDOUBLE(N) | 双阶乘,全偶数或全奇数相乘 N*(N-2)*… |
| RAND() | 产生大于或等于 0 且小于 1 的随机数(无参数) |
| RANDBETWEEN(N1,N2) | 产生 N1 和 N2 之间的随机整数 |
| COMPLEX(N1,N2) | 由实部 N1 和虚部 N2 组成一个复数 |
| I 开头的多种函数 | 各种复数运算函数(略) |

9. 逻辑运算函数

| 函数 | 说明 |
| --- | --- |
| AND(L1,L2,…) | 逻辑与,所有的条件为真,结果才为真 |
| OR(L1,L2,…) | 逻辑或,所有的条件为假,结果才为假 |
| NOT(L) | 逻辑反,对 L 逻辑值求反 |

10. 逻辑检测函数

| 函数 | 说明 |
| --- | --- |
| ISBLANK(X) | 是空白单元格,是则返回 TRUE,不是则返回 FALSE,下同 |
| ISERR(X) | 是“非#N/A”的其他错误值 |
| ISNA(X) | 是“#N/A”错误值(值不存在) |

续 表

| 函数 | 说明 |
| --- | --- |
| ISERROR(X) | 是任何错误值 |
| ISLOGICAL(X) | 是逻辑值 |
| ISTEXT(X) | 是文本 |
| ISNONTEXT(X) | 是“非文本”,或空单元格 |
| ISNUMBER(X) | 是数字 |
| ISREF(X) | 是引用 |
| ISODD(N) | 是奇数 |
| ISEVEN(N) | 是偶数 |

11. 查找与引用函数

| 函数 | 说明 |
| --- | --- |
| VLOOKUP(X,A,N,L) | 垂直查找：在数组A的第1列中查找X,返回第N列的对应值,L为假则为精确查找,默认或为真为非精确查找 |
| HLOOKUP(X,A,N,L) | 水平查找：在数组A的第2行中查找X,返回第N行的对应值,L为假则为精确查找,默认或为真为非精确查找 |
| LOOKUP(X,vt1,vt2)<br>LOOKUP(X,A) | LOOKUP固定为非精确查找。X为查找值,两种方式：<br>向量形式：在向量vt1中查找,返回向量vt2中对应的值；<br>数组形式：在数组A第一列(或行)中查找,返回最后一列(或行)数据,若列数>行数,则水平查找,否则垂直查找 |
| MATCH(X,vt,N) | 在向量VT中查找X,返回搜索值的相对位置,N=1(或省略)升序非精确查找,-1降序非精确查找,0精确查找 |
| OFFSET(rg,N1,N2,[N3],[N4]) | 返回以区域rg为基准,向下N1、向右N2,高N3、宽N4的新区域,省略N3、N4高宽不变 |
| INDEX(A,N1,N2)<br>INDEX(rg,N1,N2[,N3]) | 索引查找,两种方式：<br>数组方式：返回数组A第N1行第N2列交叉位置的单元格,若A为一维数组(向量),可省略N2<br>多区域方式：区域rg的第N3块中第N1行N2列的单元格,省略N3为1 |
| INDIRECT(C) | 间接引用单元格的内容,若C="A1",则结果为A1单元格内容 |
| IF(L,X1,X2) | 条件分支,L为真则返回X1,否则返回X2 |
| CHOOSE(N,X1,X2,X3…) | 从参数表中选择特定的值,若N=3,则返回X3的值 |
| IFERROR(X,X1) | X没错就返回本身,有错则返回X1 |
| COLUMN([rg]) | 返回引用的列号,若多单元格,则返回数组,无参数为当前列号 |
| ROW([rg]) | 返回引用的行号,若多单元格,则返回数组,无参数为当前行号 |
| COLUMNS(rg) | 返回引用或数组的列数 |
| ROWS(rg) | 返回引用或数组的行数 |

12. 字符转换函数

| 函数 | 说明 |
|---|---|
| ASC(C) | 将全角字符转换成半角字符 |
| WIDECHAR(C) | 将半角字符转换成全角字符 |
| UPPER(C) | 将所有英文字母转换成大写字母 |
| LOWER(C) | 将所有英文字母转换成小写字母 |
| PROPER(C) | 将英文单词的开头字母转换成大写字母 |
| VALUE(C) | 字符型转换成数值型 |
| CODE(C) | 首字符转 ASCII 码 |
| CHAR(N) | ASCII 码转字符 |

13. 字符函数

| 函数 | 说明 |
|---|---|
| LEN(C) | 计算 C 的长度，每个中文、英文的长度都为 1 |
| CONCATENATE(X1,X2,…) | 字符连接，可用 & 运算符代替 |
| LEFT(C,N) | 从字符 C 左边取 N 个字符 |
| RIGHT(C,N) | 从字符 C 右边取 N 个字符 |
| MID(C,N1,N) | 从字符 C 第 N1 个位置开始，取 N 个字符 |
| FIND(C1,C,[N]) | 检索字符(区分大小写)，在 C 中找 C1，返回第 N 次出现的位置，N 默认为 1 |
| SEARCH(C1,C,[N]) | 检索字符(不区分大小写)，参数同 FIND |
| SUBSTITUTE(C,C1,C2[,N]) | 把字符串 C 中第 N 次的字符 C1 替换成 C2，省略 N 全替换，有 N 则只替换 1 次 |
| REPLACE(C,N1,N2,C1) | 把字符串 C 从 N1 开始的 N2 个字符替换成 C1 |
| TRIM(C) | 删除前后空格 |
| CLEAN(C) | 删除非打印字符(ASCII 码小于 32 的字符) |
| EXACT(C1,C2) | 检查两文本是否完全相同，大小写有关(比较符号“=”，大小写忽略) |
| REPT(C,N) | 重复 C 文本 N 次 |

14. 数值格式转换函数

| 函数 | 说明 |
| --- | --- |
| RMB(N1[,N2]) | 给数值 N1 添加人民币￥符号和千位分隔符,N2 为小数位数,N2 默认为 2 |
| DOLLAR(N1[,N2]) | 给数值 N1 附加上美元 $ 符号和千位分隔符,N2 为小数位数,N2 默认为 2 |
| FIXED(N1[,N2][,L]) | 给数值 N1 设固定小数位,N2 为小数位数,L 是否有千位分割符 |
| TEXT(N,C) | 将数值 N 转换成各种格式文本,C 为格式 |
| ROMAN(N1[,N2]) | 将数值 N1 转换成罗马数字,N2 为格式 |
| NUMBERSTRING(N1,N2) | 将数值 N1 转换成汉字的文本(提示中不显示),N2 为转换方式：1 普通,2 财务,3 对应 |

15. 进制转换和类型转换函数

| 函数 | 说明 |
| --- | --- |
| BIN2OCT(C) | 2 进制转 8 进制 |
| BIN2DEC(C) | 2 进制转 10 进制 |
| BIN2HEX(C) | 2 进制转 16 进制 |
| OCT2BIN(C) | 8 进制转 2 进制 |
| OCT2DEC(C) | 8 进制转 10 进制 |
| OCT2HEX(C) | 8 进制转 16 进制 |
| DEC2BIN(N) | 10 进制转 2 进制 |
| DEC2OCT(N) | 10 进制转 8 进制 |
| DEC2HEX(N) | 10 进制转 16 进制 |
| HEX2BIN(C) | 16 进制转 2 进制 |
| HEX2OCT(C) | 16 进制转 8 进制 |
| HEX2DEC(C) | 16 进制转 10 进制 |
| CONVERT(N,C1,C2) | 度量衡单位转换,把数 N 从 C1 单位转换为 C2 单位 |
| TYPE(X) | 返回参数 X 的类型,数值为 1,字符为 2,逻辑为 4,错误为 16,数组为 64 |
| N(X) | 把字符型以外的类型转换为数值型 |
| VALUE(C) | 字符型转换成数值型 |

16. 数据库函数

| 函数 | 说明 |
| --- | --- |
| 函数名(rg1,X,rg2) | 所有数据库函数名称都是 D 开头,参数都一样,rg1:数据库区域,X:字段名(C 型)或字段序号(N 型);rg2:条件区域。rg1 和 rg2 首行均为字段名 |
| DCOUNT | 数值型数量,rg1 只能用数值型字段 |
| DCOUNTA | 非空数量,rg1 只能用非空字段 |
| DMAX | 最大值 |
| DMIN | 最小值 |
| DSUM | 和 |
| DAVERAGE | 平均 |
| DPRODUCT | 乘积 |
| DGET | 提取符合条件的记录 |
| DVAR | 计算方差 |
| DSTDEV | 计算数据库的标准偏差 |

17. 财务相关函数

| 函数(参数略) | 说明 |
| --- | --- |
| PMT | 计算贷款的等额分期还款额 |
| PPMT | 计算贷款偿还额的本金部分 |
| CUMPRINC | 计算贷款偿还额的本金部分的累计 |
| IPMT | 计算贷款偿还额的利息部分 |
| CUMIPMT | 计算贷款偿还额的利息部分的累计 |
| ISPMT | 计算本金均分偿还时的利息 |
| PV | 计算当前总值 |
| FV | 计算将来的总值 |
| FVSCHEDULE | 计算利率变动存款的将来总值 |
| NPER | 计算等额还款贷款的偿还期数 |
| RATE | 计算贷款的利率 |
| EFFEXT | 计算实际年利率 |
| NOMINAL | 计算名年度单利 |
| SLN | 计算固定资产的折旧费 |
| DB | 用固定余额递减法计算折旧费 |
| DDB | 用双倍余额递减法计算折旧费 |
| SYD | 用年限总和折旧法计算折旧费 |

## 附录 3

# 浙江省大学生计算机等级考试
# 二级办公软件高级应用技术考试大纲(2017)

## 基本要求

1. 掌握 Office 2010 各组件的运行环境、视窗元素等。

2. 掌握 Word 2010 的基础理论知识以及高级应用技术，能够熟练掌握长文档的排版(页面设置、样式设置、域的设置、文档修订等)。

3. 掌握 Excel 2010 的基础理论知识以及高级应用技术，能够熟练操作工作簿、工作表，熟练地使用函数和公式，能够运用 Excel 内置工具进行数据分析，能够对外部数据进行导入导出等。

4. 掌握 PowerPoint 2010 的基础理论知识以及高级应用技术，能够熟练掌握模版、配色方案、幻灯片放映、多媒体效果和演示文稿的输出。

5. 了解 Office 2010 的文档安全知识，能够利用 Office 2010 的内置功能对文档进行保护。

6. 了解 Office 2010 的宏知识、VBA 的相关理论，并能够简单应用 VBA。

## 考试范围：

### 一、Word 2010 高级应用

1. Word 2010 页面设置

正确设置纸张、版心、视图、分栏、页眉页脚、掌握节的概念并能正确使用。

1) 纸张大小。

2) 版心的大小和位置。

3) 页眉与页脚(大小位置、内容设置、页码设置)。

4) 节的概念(节的起始页、奇偶页的页眉/页脚不同、自动编列行号)。

2. Word 2010 样式设置

1) 掌握样式的概念，能够熟练地创建样式、修改样式的格式，使用样式(样式涵盖的各种格式、修改既有样式、新增段落样式、新增字符样式、内建样式)。

2) 掌握模板的概念，能够熟练地建立、修改、使用、删除模板(模板的概念，各种设置的规则、Word 内建模板、Normal.dot、全局模板、模板的管理)。

3) 正确使用脚注、尾注、题注、交叉引用、索引和目录等引用。

(1) 脚注(注及尾注概念、脚注引用及文本)。

(2) 题注(题注样式、题注标签的新增、修改、题注和标签的关系)。

(3) 交叉引用(引用类型、引用内容)。

(4) 索引(索引相关概念、索引词条文件、自动化建索引或手动建索引)。

(5) 目录(自动生成目录、手工添加目录项、目录的更新、图表目录的生成)。

3. Word 2010 域的设置

掌握域的概念,能按要求创建域、插入域、更新域。

1) 域的概念。

2) 域的插入及更新(插入域、更新域、显示或隐藏域代码)。

3) 常用的一些域(Page 域[目前页次]、Section 域[目前节次]、NumPages 域[文档页数]、TOC 域[目录]、TC 域[目录项]、Index 域[索引]、StyleRef 域)。

4) StyleRef 域选项(域选项、域选项的含义、StyleRef 的应用)。

4. 文档修订

掌握批注、修订模式,审阅。

1) 批注、修订的概念。

2) 批注、修订的区别。

3) 批注、修订使用。

4) 审阅的使用。

## 二、Excel 2010 高级应用

1. 工作表的使用

1) 能够正确地分割窗口、冻结窗口,使用监视窗口。

2) 深刻理解样式、模板概念,能新建、修改、应用样式,并从其他工作簿中合并样式,能创建并使用模板,并应用模板控制样式。

3) 使用样式格式化工作表。

2. 单元格的使用

1) 单元格的格式化操作。

2) 创建自定义下拉列表。

3) 名称的创建和使用。

3. 函数和公式的使用

1) 掌握函数的基本概念。

2) 熟练掌握 Excel 内建函数(统计函数、逻辑函数、数据库函数、查找与引用函数、日期与时间函数、财务函数等),并能利用这些函数对文档数据进行统计、分析、处理。

3) 掌握公式和数组公式的概念,并能熟练掌握对公式和数组公式的使用(添加,修改,删除)。

4. 数据分析

1) 掌握 Excel 表格的概念,能设计表格,使用记录单,利用自动筛选、高级筛选以及数据库函数来筛选数据列表,能排序数据列表,创建分类汇总。

2) 了解数据透视表和数据透视图的概念,并能创建数据透视表和数据透视图,在数据透视表中创建计算字段或计算项目,并能组合数据透视表中的项目。

3) 使用切片器对数据透视表进行筛选,使用迷你图对数据进行图形化显示。

5. 外部数据导入与导出

与数据库、XML 和文本的导入与导出。

## 三、PowerPoint 2010 高级应用

1. 模板与配色方案的使用

1）掌握设计模板的使用，并能运用多重设计模板。

2）掌握使用、创建、修改、删除配色方案，包括以下颜色的设置（背景颜色、文本与线条颜色、阴影颜色、标题文本颜色、填充颜色、强调颜色、强调文字与超链接、强调文字与已访问的超链接等）。

2. 母板的使用

掌握标题母板、幻灯片母板的编辑并使用（母板字体设置、日期区设置、页码区设置）。

3. 幻灯片动画设置

自定义动画的设置、动画延时设置、幻灯片切换效果设置、切换速度设置、自动切换与鼠标单击切换设置、动作按钮的使用。

4. 幻灯片放映

幻灯片隐藏、实现循环播放。

5. 演示文稿输出

掌握将演示文稿发布成 WEB 页的方法、掌握将演示文稿打包成 CD 的方法。

## 四、Office 公共组件的使用

1. 安全设置

Word 文档的保护；Excel 中的工作簿、工作表、单元格的保护；演示文稿安全设置：正确设置演示文稿的打开权限、修改权限密码。

1）文档安全权限设置。

2）Word 文档保护机制：格式设置限制、编辑限制。

3）Word 文档窗体保护：分节保护、复选框窗体保护、文字型窗体域、下拉型窗体域。

4）Excel 工作表保护：工作簿保护、工作表保护、单元格保护、文档安全性设置、防打开设置、防修改设置、防泄私设置、防篡改设置。

2. 宏的使用

1）宏概念。

2）宏的制作及应用。

3）宏与文档及模板的关系（与文档及模板关系、宏的存储位置管理）。

4）VBA 的概念（VBA 语法基础、Word 对象及模型概念、常用的一些 Word 对象）。

5）宏安全（宏病毒概念、宏安全性设置）。

## 附录 4

# 浙江省大学生计算机等级考试(二级 AOA)考试真题

**一、单选题**,共 10 题(题目略)

**二、判断题**,共 10 题(题目略)

**三、Word 2010 单项题**

(一) 操作说明

1. 按下列要求操作,及时保存,结果存盘。

2. 所有文件保存在考生文件夹的 Paper/Dword 下。

3. 单击"回答"按钮,将显示考生文件夹的 Paper/Dword 的文件夹,在其中操作。

(二) 操作要求

1. 在考生文件夹 Paper/Dword 下,建立成绩信息"成绩.xlsx",如表 1 所示。要求:

(1) 使用邮件合并功能,建立成绩单范本文件"CJ_T.docx",如图 1 所示。

(2) 生成所有考生的成绩单"CJ.docx"。

**表 1**

| 姓名 | 语文 | 数学 | 英语 |
|---|---|---|---|
| 张三 | 80 | 91 | 98 |
| 李四 | 78 | 59 | 79 |
| 王五 | 87 | 86 | 76 |
| 赵六 | 65 | 97 | 81 |

«姓名»同学

| 语文 | «语文» |
|---|---|
| 数学 | «数学» |
| 英语 | «英语» |

图 1

2. 在考生文件夹 Paper/Dword 下,建立文档"请柬.docx",设计会议邀请函。要求:

(1) 在一张 A4 上,正反面拼页打印,横向对折。

(2) 页面(一)和页面(四)打印在 A4 纸的同一面;页面(二)和页面(三)打印在 A4 纸的另一面;

(3) 四个页面要求依次显示如下内容:

◇ 页面(一)显示"邀请函"三个字,上下左右均居中对齐显示,竖排,字体为隶书,72 号。

◇ 页面(二)显示"汇报演出定于 2013 年 5 月 21 日,在学生活动中心举行,敬请光临!",文字横排。

◇ 页面(三)显示"演出安排",文字横排,居中,应用样式"标题 1"。

◇ 页面(四)显示两行文字,第 1 行为"时间:2013 年 5 月 21 日",第 2 行为"地点:学生活动中心"。竖排,左右居中显示。

## 四、Word 2010 综合题

(一) 操作说明

1. "DWord.docx"文件在考生文件夹的 Paper/Dword 下。

2. 单击"回答"按钮,调出"DWord.docx"文件,按下列要求操作,及时保存,结果存盘。

(二) 操作要求

1. 对正文进行排版。

(1) 使用多级符号对章名、小节名进行自动编号,代替原始的编号。要求:

◇ 章号的自动编号格式为:第 X 章(例:第 1 章),其中 X 为自动排序,阿拉伯数字,对应级别 1,居中显示。

◇ 小节名自动编号格式为:X.Y,X 为章数字序号,Y 为节数字序号(例:1.1),X、Y 均为阿拉伯数字。对应级别 2,左对齐显示。

(2) 新建样式,样式名为:"样式"+"考生准考证号后 5 位"。其中:

◇ 字体:中文字体为"楷体",西文字体为"Times New Roman",字号为"小四";

◇ 段落:首行缩进 2 字符,段前 0.5 行,段后 0.5 行,行距 1.5 倍;两端对齐。其余格式为默认设置。

(3) 对正文中的图添加题注"图",位于图下方,居中。要求:

◇ 编号为"章序号"-"图在章中的序号",(例如第 1 章第 2 幅图,题注编号为 1-2);

◇ 图的说明文字使用图下一行的文字,格式同编号;

◇ 图居中显示。

(4) 对正文中出现的"如下图所示"的"下图"两字,使用交叉引用。

◇ 改为"图 X-Y",其中 X-Y 为图题注的编号。

(5) 对正文中的表添加题注"表",位于表上方,居中。

◇ 编号为"章序号"-"表在章中的序号"(如第 1 章第 1 张表,题注编号为 1-1)。

◇ 表的说明使用表上一行的文字,格式同编号。

◇ 表居中显示,表中文字不要求居中。

(6) 对正文中出现的"如下表所示"的"下表"两字,使用交叉引用。

◇ 改为"表 X-Y",其中 X-Y 为表题注的编号。

(7) 对正文中首次出现"Visio"的地方插入脚注.

◇ 脚注内容为"Visio 可以绘制图形。"

(8) 将(2)中创建的样式应用到正文无编号的文字。注意:不包括章名、小节名、表文字、表和图的题注、脚注。

2. 在正文前按序插入三节,使用 Word 提供的功能,自动生成如下内容:

(1) 第 1 节:目录。其中"目录"使用样式"标题 1",并居中;"目录"下为目录项。

(2) 第 2 节:图索引。其中:"图索引"使用样式"标题 1",并居中;"图索引"下为图索引项。

(3) 第 3 节:表索引。其中:"表索引"使用样式"标题 1",并居中;"表索引"下为表索引项。

3. 使用合适的分节符,对正文进行分节。添加页脚,使用域插入页码,居中显示。要求:

(1) 正文前的节,页码采用"i,ii,iii,……"格式,页码连续;

(2) 正文中的节,页码采用"1,2,3……"格式,页码连续;

(3) 正文中每章为单独一节,页码总是从奇数开始;

(4) 更新目录、图索引和表索引。

4. 添加正文的页眉。使用域,按以下要求添加内容,居中显示。其中:

（1）对于奇数页，页眉中的文字为：章序号章名（例：第1章　XXX）。

（2）对于偶数页，页眉中的文字为：节序号节名（例：1.1　XXX）。

## 五、Excel 2010 综合题

（一）操作说明

1.“DExcel.xlsx”文件在考生文件夹的 Paper/Dword 下。

2.单击“回答”按钮，调出“DExcel.xlsx”文件，按下列要求操作，及时保存，结果存盘。

3.考生在做题时，不得将数据表进行随意更改。

（二）操作要求

1.在 Sheet5 中的 A1 单元格中设置为只能录入5位数字或文本。当录入位数错误时，提示错误原因，样式为“警告”，错误信息为“只能录入5位数字或文本”。

2.在 Sheet5 的 B1 单元格中输入分数 1/3。

3.使用数组公式，对 Sheet1 中“教材订购情况表”的订购金额进行计算。

*将结果保存在该表的“金额”列当中。

* 计算方法为：金额＝订数*单价。

4.使用统计函数，对 Sheet1 中“教材订购情况表”的结果按以下条件进行统计，并将结果保存在 Sheet1 中的相应位置。要求：

*统计出版社名称为“高等教育出版社”的书的种类数，并将结果保存在 Sheet1 中的 L2 单元格中；

*统计订购数量大于110且小于850的书的种类数，并将结果保存在 Sheet1 中的 L3 单元格中。

5.使用函数，计算每个用户所订购图书所需支付的金额，并将结果保存在 Sheet1 中的“用户支付情况表”的“支付总额”列中。

6.使用函数，判断 Sheet2 中的年份是否为闰年，如果是，结果保存“闰年”；如果不是，则结果保存“平年”，并将结果保存在“是否为闰年”列中。

*闰年定义：年数能被4整除而不能被100整除，或者能被400整除的年份。

7.将 Sheet1 中的“教材订购情况表”复制到 Sheet3 中，对 Sheet3 进行高级筛选。

（1）要求：

*筛选条件为“订数＞＝500，且金额＜＝30000”；

*将筛选结果保存在 Sheet3 中。

（2）注意：

*无须考虑是否删除或移动筛选条件；

*复制过程中，将标题项“教材订购情况表”连同数据一同复制；

*数据表必须顶格放置；

*复制过程中，数据保持一致。

8.根据 Sheet1 中的“教材订购情况表”的结果，在 Sheet4 中新建一张数据透视表。要求：

*显示每个客户在每个出版社所订的教材数目；

*行区域设置为“出版社”；

*求和项为“订数”；

*数据区域设置为“订数”。

## 六、PowerPoint 2010 综合题

（一）操作说明

1.“DPPT.pptx”文件在考生文件夹的 Paper/Dword 下。

2.单击“回答”按钮，调出“DPPT.pptx”文件，按下列要求操作，及时保存，结果存盘。

3. 考生在做题时，不得将数据表进行随意更改。

（二）操作要求

1. 幻灯片的设计模板主题设置为“流畅”。

2. 给幻灯片插入日期（自动更新，格式为 X 年 X 月 X 日）；

3. 设置幻灯片的动画效果，要求：

针对第二页幻灯片，按顺序设置以下的自定义动画效果：

◇ 将文本内容“RPC 背景”的进入效果设置成“中央向左右展开劈裂”；

◇ 将文本内容“RPC 概念”的强调效果设置成“放大/缩小”；

◇ 将文本内容“RPC 数据表示”的退出效果设置成“飞出”；

◇ 在页面中添加“前进”（后退或前一项）与“后退”（前进或下一项）的动作按钮。

4. 按下面要求设置幻灯片的切换效果：

◇ 设置所有幻灯片的切换效果为“居中涟漪”；

◇ 实现每隔 3 秒自动切换，也可以单击鼠标进行手动切换。

5. 在幻灯片最后一页后，新增加一页，设计出如下效果。单击鼠标，文字从底部垂直向上显示，默认设置。效果分别为图(1)～(4)。

注意：字体、大小和颜色等自定。

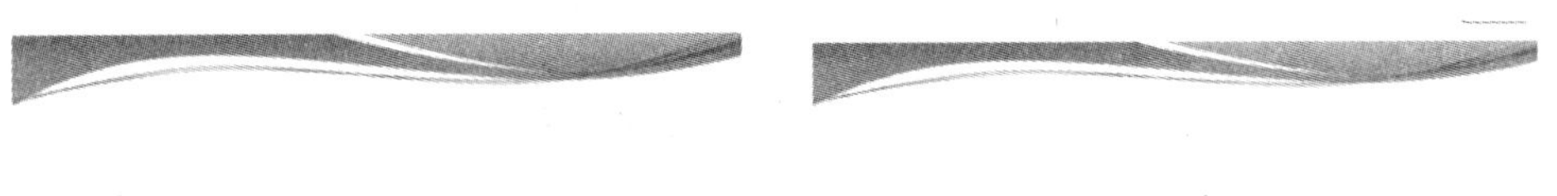



图（1） 字幕在底端，未显示出

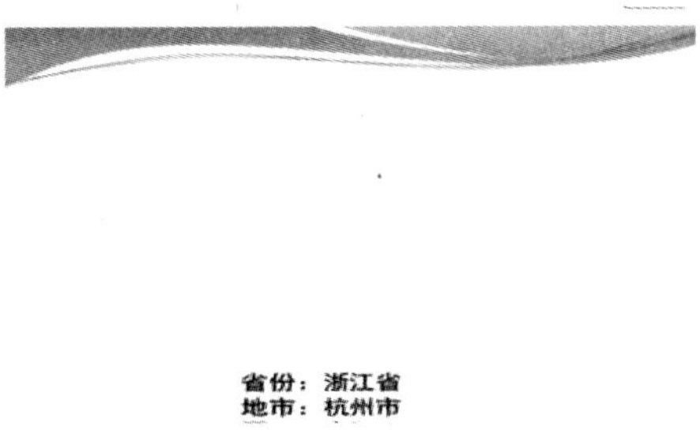

图（2） 字幕开始垂直向上

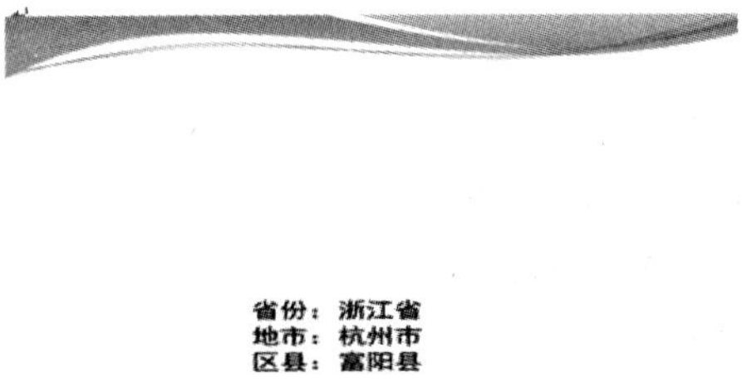

图（3） 字幕继续垂直向上

图（4） 字幕垂直向上，最后消失

# 附录 5

## Office 客观题选

### 一、单选题

1. 对 Word 中的形状，可进行的“形状填充”效果不包括下列(　　)选项。

A. “渐变”填充　　B. “对比度”填充

C. “图片”填充　　D. “纹理”填充

2. 在对 Word 文档操作时，应该在什么时候保持文档呢？(　　)

A. 开始工作后不久　　B. 完成所有文字键入时

C. 完成所有样式设置时　　D. 无关紧要

3. 在 Word 中，有关目录、索引和题注的命令都是在(　　)功能区里的。

A. 插入　　B. 页面布局　　C. 引用　　D. 视图

4. 在 Word 中，关于“样式”，下列说法错误的是(　　)。

A. 样式分为内置样式和自定义样式

B. 文字、段落、表格和图片都可以使用样式

C. 当不需要时，可删除内置样式

D. 可使用样式检查器比较两段文本的格式区别

5. 用 Word 编辑长文档时，一般认为最佳的撰写视图组合是(　　)。

A. 导航窗格与页面视图　　B. 导航窗格与大纲视图

C. 大纲视图与主控文档视图　　D. 导航窗格与草稿视图

6. 关于 Word 文档的保存和发送，下列说法不正确的是(　　)。

A. 可将文档保存成 PDF 格式　　B. 可将文档作为邮件附件发送

C. 可将文档发布为博客文章　　D. 可将文档保存成 wps 格式

7. 在 Word 中，关于主控文档和子文档，下列说法错误的是(　　)。

A. 子文档其实是一个单独的文档

B. 可将两个子文档合并成一个子文档

C. 可将已有的文档转换成主控文档

D. 采用主控文档的方式安全性好，但文档启动会变慢

8. 下面不属于 Word 的视图方式是(　　)。

A. 普通视图　　B. 页面视图

C. 备注页视图　　D. 大纲视图

9. 在 Word 中，可以进行交叉引用的对象不包括(　　)。

A. 脚注　　B. 题注　　C. 页脚　　D. 编号项

10. 在 Word 中，关于域的说法，错误的是(　　)。

A. 域的实质是一段程序代码，文档中显示的内容是域代码的运行结果

B. 使用域可以提高文档的智能性

C. 域代码一般由域名、域参数和域开关组成

D. 使用域时，必须先手动输入"{}"

11. 在 Word 中，Page 域的作用是(　　)。

A. 插入当前页的页码　　B. 插入文档的总页数

C. 插入当前节的编号　　D. 建立并插入目录

12. 对 Word 文档，在默认的打印设置下，下列哪个对象不会被打印出来？(　　)

A. 分栏　　B. 底纹　　C. 批注　　D. 题注

13. 关于 Word"页面设置"对话框，其中"应用于"下拉菜单选项中不会包括(　　)。

A. 本节　　B. 整篇文档　　C. 插入点之后　　D. 选中的图形

14. 以下哪一个选项卡不是 Word 的标准选项卡(　　)。

A. 审阅　　B. 图表工具　　C. 页面布局　　D. 开始

15. 如果要将某个新建样式应用到文档中，以下哪种方法无法完成样式的应用(　　)。

A. 使用快速样式库或样式任务窗格直接应用

B. 使用查找与替换功能替换样式

C. 使用格式刷复制样式

D. 使用 Ctrl＋W 快捷键重复应用样式

16. 关于 Word 的页码设置，以下表述错误的是(　　)。

A. 页码可以被插入到页眉页脚区域

B. 页码可以被插入到左右页边距

C. 如果希望首页和其他页页码不同，只能设置"首页不同"

D. 可以自定义页码并添加到构建基块管理器中的页码库中

17. Word 文档的编辑限制包括(　　)。

A. 格式设置限制　　B. 编辑限制

C. 设置文件修改密码　　D. 以上都是

18. 在 Word 中，下列哪种目录不是通过标记引用项所在的位置生成的目录(　　)。

A. 图表目录　　B. 索引目录　　C. 书目　　D. 章节目录

19. 在 Word 中，下列哪项无法通过设置内置标题样式来实现？(　　)

A. 自动生成题注编号　　B. 自动生成脚注编号

C. 自动显示文档结构　　D. 自动生成目录

20. 在 Word 的同一个页面中，如页面上半部为一栏，后半部为两栏，则应插入的分隔符号为(　　)。

A. 分页符　　B. 分栏符

C. 分节符(连续)　　D. 分节符(奇数页)

21. 在 Word 新建段落样式时，下列不属于段落样式属性的是(　　)。

A. 语言　　B. 编号　　C. 制表位　　D. 文本框

22. 用 Word 进行书籍杂志排版，为将页边距根据页面的内侧、外侧进行设置，可将页面设置为(　　)。

A. 对称页边距　　B. 拼页　　C. 书籍折页　　D. 反向书籍折页

23. 在 Word 中，关于导航窗格，以下表述错误的是(　　)。

A. 能够浏览文档中的标题

B. 能够浏览文档中的各个页面

C. 能够浏览文档中的关键文字和词

D. 能够浏览文档中的脚注、属注和题注等

24. 在 Word 中，SmartArt 图形不包含(　　)项。

A. 图表　　B. 流程图　　C. 循环图　　D. 层次结构图

25. Excel 中，如果某单元格显示为若干个"#"号(如#########)，这表示(　　)。

A. 公式错误　　B. 数据错误　　C. 列宽不够　　D. 行高不够

26. Excel 中，若某单元格中的公式为"=IF("教授">"助教",TRUE,FALSE)"，其计算结果为(　　)。

A. 教授　　B. 助教　　C. TRUE　　D. FALSE

27. Excel 中，在单元格中输入公式，要以(　　)开头。

A. 大于号　　B. 数字　　C. 等号　　D. 字母

28. 在 Excel 工作表中，(　　)是单元格的混合引用。

A. B10　　B. $B$10　　C. B$10　　D. B10$

29. 在 Excel 中，函数 COUNTIF 的功能是(　　)。

A. 计算某区域中满足给定条件的单元格的数目

B. 计算平均值

C. 求最大值

D. 计算单元格的数目

30. 在 Excel 中，如果想在单元格中输入一个编号 00010，应该先输入(　　)。

A. =　　B. ′　　C. "　　D. (

31. 在 Excel 中，如果单元格 F5 中输入的是"=$C5"，将其复制到 C6 中去，则 C6 中的内容是(　　)。

A. $D6　　B. D6　　C. $C6　　D. $C5

32. 在 Excel 中，如果某单元格显示为#VALUE! 或#DIV/0!，这表示(　　)。

A. 公式错误　　B. 格式错误　　C. 行高不够　　D. 列宽不够

33. Excel 中，如果将 B3 单元格中的公式"=C3+$D5"复制到同一工作表的 D7 单元格中，该单元格公式为(　　)。

A. =C3+$D5　　B. =D7+$E9　　C. =E7+$D9　　D. =E7+$D5

34. Excel 中，在当前工作表上有一学生情况数据列表(包含学号、姓名、专业、3 门主课成绩等字段，如欲查询专业的每门课的平均成绩，以下最合适的方法是(　　)。

A. 数据透视表　　B. 筛选　　C. 排序　　D. 建立图表

35. 在 Excel 中，制作图表的数据可取自(　　)。

A. 分类汇总隐蔽明细后的结果　　B. 透视表的结果

C. 工作表的数据　　D. 以上都可以

36. 在 Excel 中，为了取消分类汇总的操作，必须(　　)。

A. 选择"编辑－清除"命令

B. 按 Del 键

C. 在"分类汇总"对话框中单击"全部删除"按钮

D. 以上都不可以

37. 在 Excel 中，为了输入一批有规律的递减数据，在使用填充柄实现时，应先选中（　　）。

A. 有关系的相邻区域　　B. 任意有值的一个单元格

C. 不相邻的区域　　D. 不要选择任意区域

38. 在 Excel 中，要在当前工作表（Sheet1）的 A2 单元格中引用另一个工作表（Sheet4）中 A2 到 A7 单元格的和，则应在当前工作的 A2 单元格中输入表达式（　　）。

A. ＝SUM(Sheet4：A2：A7)　　B. ＝SUM(Sheet4！A2：Sheet4！A7)

C. ＝SUM((Sheet4)A2：A7)　　D. ＝SUM(Sheet4！(A2：A7))

39. 在 Excel 中，在复制公式时，不想改变公式中的部分数据，要用到（　　）。

A. 相对引用　　B. 绝对引用

C. 混合引用　　D. 三维引用

40. 在 Excel 中，在单元格 G3 中有公式"＝IF(G2＝0,"脱销",IF(G2＜＝5,"库存不足",IF(G2＞20,"滞销","库存正常")))"，若 G2 中数据为 20，则 G3 中结果为（　　）。

A. 脱销　　B. 库存不足　　C. 滞销　　D. 库存正常

41. 下列函数中，（　　）函数不需要参数。

A. DATE　　B. DAY　　C. TODAY　　D. TIME

42. 某单位要统计各科室人员工资情况，按工资从高到低排序，若工资相同，以工龄降序排序，则以下做法正确的是（　　）。

A. 主要关键字是"科室"，次要关键字是"工资"，第二个次要关键字为"工龄"

B. 主要关键字是"工资"，次要关键字是"工龄"，第二个次要关键字为"科室"

C. 主要关键字是"工龄"，次要关键字是"工资"，第二个次要关键字为"科室"

D. 主要关键字是"科室"，次要关键字是"工龄"，第二个次要关键字为"工资"

43. 关于 Excel 表格，下面说法不正确的是（　　）。

A. 表格的第一行为列标题(仅字段名)

B. 表格中不能有空行

C. 表格与其他数据间至少留有空行或空列

D. 为了清晰，表格总是把第一行作为列标题，而把第二行空出来

44. 计算贷款指定期数应付的利息额要使用（　　）函数。

A. FV　　B. PV　　C. IPMT　　D. PMT

45. 在一个表格中，为了查看满足部分条件的数据内容，最有效的方法是（　　）。

A. 选中相应的单元格　　B. 采用数据透视表工具

C. 采用数据筛选工具　　D. 通过宏来实现

46. 使用 Excel 的数据筛选功能，是将（　　）。

A. 满足条件的记录显示出来，而删掉不满足条件的数据

B. 不满足条件的记录暂时隐藏起来，只显示满足条件的数据

C. 不满足条件的数据用另外一个工作表来保存起来

D. 将满足条件的数据突出显示出来

47. VLOOKUP 函数从一个数组或表格的（　　）中查找含有特定值的字段，再返回同一列中某一指定单元格中的值。

A. 第一行　　B. 最末行　　C. 最左列　　D. 最右列

48. 有关表格排序的说法正确的是(　　)。

A. 只有数字类型可以作为排序的依据　　B. 只有日期类型可以作为排序的依据

C. 笔画和拼音不能作为排序的依据　　D. 排序规则有升序和降序

49. 关于筛选,叙述正确的是(　　)。

A. 自动筛选可以同时显示数据区域和筛选结果

B. 高级筛选可以进行更复杂条件的筛选

C. 高级筛选不需要建立条件区,只有数据区域就可以了

D. 自动筛选可以将筛选结果放在自动的区域

50. 将数字向上舍入到最接近的偶数的函数是(　　)。

A. EVEN　　B. ODD　　C. ROUND　　D. TRUNC

51. 将数字向上舍入到最接近的奇数的函数是(　　)。

A. ROUND　　B. TRUNC　　C. EVEN　　D. ODD

52. 关于分类汇总,叙述正确的是(　　)。

A. 分类汇总前首先应按分类字段值对记录排序

B. 分类汇总可以按多个字段分类

C. 只能对数值型字段分类

D. 汇总方式只能求和

53. 在一工作表中筛选出某项的正确操作方法是(　　)。

A. 鼠标单击数据表外的任一单元格,执行“数据－筛选”菜单命令,鼠标单击想查找列的向下箭头,从下拉菜单中选择筛选项

B. 鼠标单击数据表中的任一单元格,执行“数据－筛选”菜单命令,鼠标单击想查找列的向下箭头,从下拉菜单中选择筛选项

C. 执行“查找与选择－查找”菜单命令,在“查找”对话框的“查找内容”框输入要查找的项,单击“关闭”按钮

D. 执行“查找与选择－查找”菜单命令,在“查找”对话框的“查找内容”框输入要查找的项,单击“查找下一个”按钮

54. 以下哪种方式可在 Excel 中输入文本类型的数字"0001"

A. "0001"　　B. '0001　　C. \0001　　D. \\0001

55. 返回参数组中非空值单元格数目的函数是(　　)。

A. COUNT　　B. COUNTBLANK　　C. COUNTIF　　D. COUNTA

56. 为了实现多字段的分类汇总,Excel 提供的工具是(　　)。

A. 数据地图　　B. 数据列表　　C. 数据分析　　D. 数据透视图

57. Excel 一维垂直数组中元素用(　　)分开。

A. \　　B. \\　　C. ,　　D. ;

58. 一个工作表各列数据均含标题,要对所有列数据进行排序,用户应选取的排序区域是(　　)。

A. 含标题的所有数据区　　B. 含标题的任一列数据

C. 不含标题的所有数据区　　D. 不含标题任一列数据

59. 以下哪种方式可在 Excel 中输入数值－6?(　　)

A. "6　　B. (6)　　C. \6　　D. \\6

60. Excel 图表是动态的,当在图表中修改了数据系列的值时,与图表相关的工资表中的数据是(　　)。

A. 出现错误值　　B. 不变　　C. 自动修改　　D. 用特殊颜色显示

61. 在 PPT 设置自定义动画时，下列哪项不是动画功能区的“计时”→“开始”下的选项？（　　）

A. 单击时　　B. 与上一动画同时　　C. 动画延迟　　D. 上一动画之后

62. PowerPoint 中，要改变超链接文本的颜色，需要在（　　）中进行设置。

A. 幻灯片母板　　B. 幻灯片模板　　C. 主题颜色　　D. 幻灯片版式

63. PowerPoint 中，下列关于触发器，说法错误的是（　　）。

A. 触发器是指通过设置可以在单击指定对象时播放动画

B. 幻灯片中只要包含动画效果、视频或声音，就可以为其设置触发器

C. 触发器可以实现与用户之间的双向互动

D. 触发器设置好后，只能使用一次。

64. 在“幻灯片浏览视图”中，可以在屏幕上同时看到演示文稿中的所有幻灯片，这些幻灯片是以（　　）形式显示的。

A. 图片　　B. 缩略图　　C. 大纲　　D. 备注

65. PowerPoint 中，下列哪种动画效果不能应用于图片对象？（　　）

A. 飞入　　B. 缩放　　C. 波浪形　　D. 飞出

66. PowerPoint 中，可以对幻灯片进行移动、删除、添加、复制、设置动画效果，但不能编辑幻灯片中具体内容的视图是（　　）。

A. 普通视图　　B. 幻灯片浏览视图

C. 幻灯片放映视图　　D. 大纲视图

67. 在 PowerPoint 中选择不连续的多张幻灯片，应借助于（　　）键。

A. Tab　　B. Ctrl　　C. Alt　　D. Shift

68. PowerPoint 中，幻灯片母版是（　　）。

A. 用户定义的第一张幻灯片以使其他幻灯片调用

B. 可统一文稿各种格式的特殊幻灯片

C. 幻灯片模版的总称

D. 用户自行设计的幻灯片模版

69. 在 PowerPoint 中，可以为文本、图形等设置动画效果，使用（　　）选项卡中的“添加动画”命令。

A. 动画　　B. 视图　　C. 切换　　D. 放映

70. PowerPoint 中，如果想让公司徽标出现在每个幻灯片中，可把该徽标加入到（　　）中。

A. 标题母版　　B. 备注母版　　C. 幻灯片母版　　D. 讲义母版

71. PowerPoint 中，对幻灯片母版上文本格式的改动，（　　）。

A. 会影响设计模板　　B. 不会影响标题母版

C. 不会影响幻灯片　　D. 会影响标题母版

72. PowerPoint 中，如果要对多张幻灯片进行同样的外观修改，（　　）。

A. 只需更改标题母版的版式

B. 没法修改，只能重新制作

C. 只需在幻灯片母版上做一次修改

D. 必须对每张幻灯片进行修改

73. 如果将演标文稿保存为（　　）格式，则当打开这类文件时，它们会自动放映。

A. ppsx　　B. pptx　　C. potx　　D. wmf

74. 幻灯片模板文件的默认扩展名是(　　)。

A. .ppsx　　B. .pptx　　C. .potx　　D. .docx

75. 在一个演示文稿中选择了一张幻灯片，按下 DELETE 键，则(　　)。

A. 这张幻灯片被删除，且不能恢复

B. 这张幻灯片被删除，但能恢复

C. 这张幻灯片被删除，但可以利用回收站恢复

D. 这张幻灯片被移到回收站内

76. 在 PowerPoint 中如果希望在演示过程中终止幻灯片的放映，则随时可以按(　　)键。

A. Esc　　B. Alt+F4　　C. Ctrl+C　　D. Delete

77. 在幻灯片中插入内置的动作按钮，应使用插入选项卡中(　　)下拉列表中的“动作按钮”。

A. 幻灯片放映　　B. 形状　　C. 视图　　D. 工具

78. 在“切换”选项卡内，可设置“持续时间”，持续时间是指(　　)。

A. 幻灯片放映停留时间　　B. 文字演示速度

C. 声音播放速度　　D. 换片速度

79. 插入超级链接，除了使用超级链接命令外，还可以使用(　　)。

A. 动画效果　　B. 幻灯片效果　　C. 幻灯片预览　　D. 动作设置

80. 在 PowerPoint 中，插入的图片必须满足一定的格式，在下列选项中，不属于图片格式的后缀是(　　)。

A. bmp　　B. gif　　C. mps　　D. jpg

81. 在 PowerPoint 中，对于已经创建的多媒体演示文档可以用(　　)命令转移到其他未安装 PowerPoint 的机器上放映。

A. 打包成 CD　　B. 发送

C. 复制　　D. 幻灯片放映/设置幻灯片放映

82. 在 PowerPoint 的(　　)下，可以用拖动方法改变幻灯片的顺序。

A. 阅读视图　　B. 备注页视图

C. 幻灯片浏览视图　　D. 幻灯片放映

83. 在 PowerPoint 中，使用“开始”选项卡中的(　　)可以用来改变某一幻灯片的布局。

A. 背景　　B. 幻灯片版式

C. 幻灯片配色方案　　D. 字体

84. 在 PowerPoint 的打印设置中，不是合法的打印内容选项是(　　)。

A. 备注页　　B. 大纲　　C. 讲义　　D. 幻灯片浏览

85. 在 PowerPoint 中，可通过(　　)按钮改变幻灯片中插入图表的类型。

A. 表格　　B. 绘图　　C. 文档结构图　　D. 图表类型

86. 在 PowerPoint 中，不属于文本占位符的是(　　)。

A. 标题　　B. 副标题　　C. 图　　D. 普通文本

87. 在(　　)状态下，不允许进行“幻灯片删除”的操作。

A. 幻灯片放映视图　　B. 普通视图的大纲窗格

C. 普通视图的幻灯片窗格　　D. 幻灯片浏览视图

88. 幻灯片母版中一般都包含(　　)占位符，其他的占位符可根据版式而不同。

A. 页脚　　B. 标题　　C. 文本　　D. 图标

89. 对 PowerPoint 的描述，下列说法错误的是（　　）。

A. 可以动态显示文本和对象

B. 可以更改动画对象的出现顺序

C. 图表中的元素不可以设置动画效果

D. 可以设置幻灯片切换效果

90. 幻灯片放映过程中，单击鼠标右键，选择“指针选项”中的荧光笔，在讲解过程中可以进行写和画，其结果是（　　）。

A. 对幻灯片进行了修改

B. 不会对幻灯片进行修改

C. 写和画的内容将留在幻灯片上，下次放映还会显示出来

D. 写和画的内容可以保存起来，以便下次放映时显示出来

91. 幻灯片中占位符的作用是（　　）。

A. 表示文本长度　　B. 限制插入对象的数量

C. 表示图形大小　　D. 为文本、图形预留位置

92. 在 PowerPoint 中，PowerPoint 文档保护方法包括（　　）。

A. 用密码进行加密　　B. 转换文件类型

C. IRM 权限设置　　D. 以上都是

93. 在 PowerPoint 中，不是动画效果基本类型的是（　　）。

A.“进入”型　　B.“退出”型　　C.“强调”型　　D.“混合”型

## 二、判断题

1. 在 Word 的草稿视图方式下，页与页之间的分页符是用一条虚线表示的。

2. Word 中，在大纲视图下处理主控文档和子文档是最方便的。

3. 对 Word 中的修订，用户可以根据需要接受或拒绝每一处的更改。

4. Word 中，主控文档与子文档之间的关系类似于索引和正文的关系.子文档既是主控文档中的一个部分，又是一份独立的文档。

5. Word 中，“节”是文档版面设计的最小有效单位，可以为节设置页边距、纸型或方向、打印机纸张来源，页面边框、页眉页脚等多种格式类型。

6. Word 中的“样式”，实际上是一系列预置的排版命令，使用样式的目的是为了确保所编辑的文稿格式编排具有一致性。

7. 在建立新文档时，Word 将整篇文档默认为一节，在同一节中只能应用相同的版面设计。

8. Word 2010 中，可以将文档保存为“纯文本”类型。

9. 关于样式，Word 中提供的标准样式可以被修改，也可以被删除。

10. Word 中，在修订状态下，对文档的任何操作都会被标记出来。

11. Word 中，Word 无法识别手动输入的章节号数字，只能识别系统的自动编号。

12. Word 中，目录的生成可以根据标题样式生成，也可以通过大纲级别生成。

13. Word 中，“邮件合并”功能，实际上是通过“邮件合并域”实现的。

14. Word 中，域代码是包含在一对花括号“{}”中的，“{}”必须手工输入，否则无效。

15. Word 中，分页符、分节符等编辑标记只能在草稿视图中查看。

16. 在 Word 2010 中，dotx 格式为启用了宏的模板格式，而 dotm 格式为无法启用宏的模板格式。

17. Word 中，文档的任何位置都可以通过运用 TC 域标记为目录项后建立目录。

18. Word 中,按一次 Tab 键就右移一个制表位,按一次 Delete 键就左移一个制表位。

19. Word 中,文档右侧的批注框只用于显示批注。

20. Word 中,拒绝修订的功能等同于撤销操作。

21. Word 中,位于每节或者文档结尾,用于对文档中某些特定字符、专有名词或术语进行注解的注释,就是脚注。

22. Word 2010 的屏幕截图功能可以将任何最小化后收藏到任务栏的程序屏幕视图等插入到文档中。

23. Word 中的域就像一段程序代码,文档中显示的内容是域代码运行的结果。

24. Word 中的书签名必须以字母、数字或者汉字开头,不能有空格,可以有下划线字符来分隔文字。

25. Word 中,如需使用导航窗格对文档进行标题导航,必须预先为标题文字设定大纲级别。

26. Word 在文字段落样式的基础上新增了图片样式,可自定义图片样式并列入图片样式库中。

27. Word 中,图片被裁剪后,被裁剪的部分仍作为图片文件的一部分被保存在文档中。

28. Word 中,中国的引文样式标准是 ISO690。

29. Word 中,如果需要对某个样式进行修改,可以单击插入选项卡中的"更新样式"按钮。

30. Word 中,如在文档中单击构建基块库中已有的文档部件,会出现构建基块框架

31. Word 中,如文档的左边距为 3cm,装订线为 0.5cm,则版心左边距离页面左边沿的实际距离为 3.5cm。

32. Word 中,如文档的下边距为 3cm,页脚区为 0.5cm,则版心底部距离页面底部的实际距离为 2.5cm。

33. 在 Excel 中,对单元格 $B$1 的引用是混合引用。

34. 在 Excel 中,函数 SUMIF 的功能是条件求和。

35. 在 Excel 中,进行自动填充时,鼠标的指针是黑十字形。

36. 在 Excel 中,排序时,只能指定一种关键字。

37. 在 Excel 中,在分类汇总前,需要先对数据按分类字段进行排序。

38. 在 Excel 中,B4 中为"50",C4 中为"=$B4",D4 中为"=B4",则 C4 和 D4 中最后显示的数据没有区别。

39. 在 Excel 中,在某个单元格中输入公式"=SUM($A$1:$A$10)"或"=SUM(A1:A10)",最后计算出的值是一样的。

40. 在 Excel 所选单元格中创建公式,首先应键入":"。

41. 在 Excel 中,如果想在单元格中输入一个负数"-1",可以输入"(1)"。

42. 在 Excel 中,将行或列隐藏起来后,数据已经被删除。

43. 在 Excel 中,对数据进行筛选后,未显示数据已经被删除。

44. 如需编辑公式,可以单击"插入"选项中"π"图标启动公式编辑器。

45. Excel 中的数据库函数都以字母 D 开头。

46. Excel 中使用数组公式进行计算区域的单元格可以单独编辑。

47. 只有每列数据都有标题的工作表才能使用记录单功能。

48. 修改了图表数据源单元格的数据,图表会自动跟着刷新。

49. 在 Excel 中,符号"&"是文本运算符。

50. Excel 中提供了保护工作表、保护工作簿和保护特定工作区域的功能。

51. 数据透视表中的字段是不能进行修改的。

52. HLOOKUP 函数是在表格或区域第一行搜寻特定值。

53. 分类汇总只能按一个字段分类。

54. Excel 中数组常量中的值可以是常量和公式。

55. 当原始数据发生变化后,只需要单击"更新数据"按钮,数据透视表就会自动更新数据。

56. Excel 的同一个数组常量中不可以使用不同类型的数值。
57. 在 Excel 中，数组常量不得含有不同长度的行或列。
58. 在 Excel 中，高级筛选不需要建立条件区，只需要指定数据区域就可以。
59. 在 Excel 中，数组常量可以分为一维数组和二维数组。
60. 在排序“选项”中可以指定关键字段按字母排序或笔画排序。
61. 在 Excel 中排序时如果有多个关键字段，则所有关键字段必须选用相同的排序趋势(递增/递减)。
62. 自动筛选的条件只能是一个，高级筛选的条件可以是多个。
63. 在 Excel 中，不同字段之间进行“与”运算的条件必须使用高级筛选。
64. 在 Excel 中，不同字段之间进行“或”运算的条件必须使用高级筛选。
65. 幻灯片在放映时，如果使用画笔，那么单击鼠标不会换片。
66. PowerPoint 中，占位符是指应用版式创建新幻灯片时出现的虚线方框。
67. PowerPoint 中，要修改已创建超级链接的文本颜色，可以通过修改主题颜色中的配色方案来完成。
68. PowerPoint 中，如果用户对已定义的版式不满意，只能重新创建新演示文稿，无法重新选择自动版式。
69. PowerPoint 中，在幻灯片浏览视图方式下是不能修改幻灯片内容的。
70. PowerPoint 自动版式提供的正文文本往往带有项目符号，并以列表的形式出现。
71. PowerPoint 2010 的演示文稿是以.“pps”为默认文件扩展名保存的。
72. 演示文稿中的每张幻灯片都有一张备注页。
73. PowerPoint 中，设置循环放映时，可按 Esc 键终止放映。
74. 在 PowerPoint 中，更改背景和配色方案时，“全部应用”和“应用”按钮的作用是一样的。
75. PowerPoint 中，对设置了排练时间的幻灯片，也可以手动控制其放映。
76. PowerPoint 中的自动版式提供的正文文本往往带有项目符号，项目符号不可以取消。
77. 在 PowerPoint 中可以将幻灯片保存为网页文件。
78. 插入到 PowerPoint 中的图片可以直接在 PowerPoint 编辑窗口中旋转。
79. 在 PowerPoint 中对标题母版所做的修改会影响到所有的幻灯片
80. PowerPoint 中，通过选择“插入－媒体”能够将音频文件添加到演示文稿中。
81. 在 PowerPoint 中，若想在一张纸上打印多张幻灯片必须按大纲方式打印。
82. 在放映方式中，“演讲者放映”、观众自行浏览和在展台浏览均以全屏方式显示。
83. 如果要从一个幻灯片淡出并淡入到下一个幻灯片，应使用“切换”选项卡进行设置。
84. 打包文件必须在 PowerPoint 环境下才能解包。
85. 通过排练计时设定幻灯片切换时间后，无法通过单击鼠标提前切换到下一张幻灯片。
86. PowerPoint 中，如果需要插入旁白，可通过在“幻灯片放映”选项卡中进行设置。
87. PowerPoint 中，对设置了排练时间的幻灯片，不可以手动控制其放映。
88. 在 PowerPoint 中，如果需要在占位符以外的其他位置增加标识或文字，可以使用文本框来实现。
89. 在 PowerPoint 中，用户可以自己设计模板，自定义的设计模板可以保存在 Templates 文件夹中。
90. 如果要想使某个幻灯片与其母版的格式不同，可以直接修改该幻灯片。
91. 在幻灯片放映视图下，要打开放映控制菜单，可以单击屏幕上除“放映控制”按钮外的任意位置。
92. 演示文稿背景色最好采用统一的颜色。
93. PowerPoint 中，对幻灯片母版的设置，可以起到统一标题内容的作用。
94. PowerPoint 中，可以改变单个幻灯片背景的图案和字体。
95. 在幻灯片中，超链接的颜色设置是不能改变的。

96. 当在一个幻灯片中将某文本行降级时，使该行缩进一个幻灯片层。
97. 在 PowerPoint 中，旋转工具能旋转文本和图形对象。
98. PowerPoint 中，在自定义动画时，可以通过设置触发器来启动相应的动画效果。
99. PowerPoint 中，在为某对象设置动画时，可以打开该动画对应的对话框进行设置。
100. PowerPoint 中，每个自定义动画都有一个对应的动画效果对话框，不过所有动画效果的对话框都一样。

# 参考答案

## 单选题答案

| 题号 | 1 | 2 | 3 | 4 | 5 | 6 | 7 | 8 | 9 | 10 |
|---|---|---|---|---|---|---|---|---|---|---|
| 0+ | B | A | C | C | A | D | D | C | C | D |
| 10+ | A | C | D | B | D | C | D | C | B | C |
| 20+ | A | A | D | A | C | D | C | C | A | B |
| 30+ | C | A | C | A | D | C | A | B | B | D |
| 40+ | C | A | D | C | C | B | C | D | B | A |
| 50+ | D | A | B | B | D | D | D | A | B | C |
| 60+ | C | C | D | B | C | B | B | B | A | C |
| 70+ | B | C | A | C | B | A | B | D | D | C |
| 80+ | A | C | B | D | D | C | A | A | C | D |
| 90+ | D | D | D | | | | | | | |

## 判断题答案

| 题号 | 1 | 2 | 3 | 4 | 5 | 6 | 7 | 8 | 9 | 10 |
|---|---|---|---|---|---|---|---|---|---|---|
| 0+ | 对 | 对 | 对 | 对 | 对 | 对 | 对 | 对 | 错 | 对 |
| 10+ | 对 | 对 | 对 | 错 | 错 | 错 | 错 | 错 | 对 | 对 |
| 20+ | 错 | 错 | 对 | 错 | 对 | 错 | 对 | 错 | 错 | 对 |
| 30+ | 错 | 错 | 错 | 对 | 对 | 错 | 对 | 对 | 对 | 错 |
| 40+ | 对 | 错 | 错 | 对 | 对 | 错 | 对 | 对 | 对 | 对 |
| 50+ | 错 | 对 | 错 | 对 | 对 | 错 | 对 | 错 | 对 | 对 |
| 60+ | 错 | 错 | 错 | 对 | 对 | 对 | 对 | 错 | 对 | 对 |
| 70+ | 错 | 对 | 对 | 错 | 对 | 错 | 对 | 对 | 错 | 对 |
| 80+ | 错 | 错 | 对 | 错 | 错 | 对 | 错 | 对 | 对 | 对 |
| 90+ | 错 | 对 | 错 | 对 | 错 | 对 | 对 | 对 | 对 | 错 |